泥石流数据传输与自主识别技术及工程实践

韩运忠　胡凯衡 ◎ 编著

TECHNOLOGY AND ENGINEERING PRACTICE OF DEBRIS FLOW DATA TRANSMISSION AND AUTONOMOUS IDENTIFICATION

北京理工大学出版社
BEIJING INSTITUTE OF TECHNOLOGY PRESS

内容简介

本书在科技部国家重点研发计划课题“基于多网融合的泥石流数据传输和自主识别技术”（编号：2018YFC1505204）的具体实践工作基础上编写而成，系统全面地介绍了“基于多网融合的泥石流数据传输和自主识别技术”的总体设计、技术研发、产品研制以及装备集成示范等内容。在前言中首先简要讲述了项目和课题的来源、主要任务、任务之间的相互关系以及本书各章节内容；接着总体介绍了本课题的主要工作内容、研究路线以及研究成果。之后逐一详细介绍了泥石流监测预警中的传感器技术、可靠通信技术、自主健康管理与遥测遥控技术、供电系统设计技术、数据管理技术、装备集成技术以及部分新技术发展展望等内容。

本书内容新颖实用，按照研制流程进行编排，体系结构完整，可作为高等院校相关专业（地质工程类）研究生、教师参考用书，也适合打算进入以及正在从事泥石流、滑坡、溃坝、塌陷等地质灾害监测预警行业的研发或从业人员阅读。

图书在版编目(CIP)数据

泥石流数据传输与自主识别技术及工程实践 / 韩运忠，胡凯衡编著. -- 北京 : 北京理工大学出版社，2022.1

ISBN 978-7-5763-0866-2

Ⅰ. ①泥… Ⅱ. ①韩… ②胡… Ⅲ. ①泥石流-地质灾害-监测预报 Ⅳ. ①P642.23

中国版本图书馆CIP数据核字(2022)第014890号

出版发行 / 北京理工大学出版社有限责任公司
社　　址 / 北京市海淀区中关村南大街5号
邮　　编 / 100081
电　　话 / (010) 68914775（总编室）
(010) 82562903（教材售后服务热线）
(010) 68944723（其他图书服务热线）
网　　址 / http://www.bitpress.com.cn
经　　销 / 全国各地新华书店
印　　刷 / 保定市中画美凯印刷有限公司
开　　本 / 710毫米×1000毫米　1/16
印　　张 / 17.5
字　　数 / 304千字
版　　次 / 2022年1月第1版　2022年1月第1次印刷
定　　价 / 98.00元

责任编辑 / 徐　宁
文案编辑 / 李颖颖
责任校对 / 周瑞红
责任印制 / 李志强

图书出现印装质量问题，请拨打售后服务热线，本社负责调换

前 言

PREFACE

我国山地丘陵地区约占国土面积的65%，地质构造活动频繁，泥石流、滑坡、地面塌陷等地质灾害频发，已经查明并登记在册的境内泥石流数量近万条，分布于四川、云南、西藏、辽宁、重庆、北京、新疆、甘肃、陕西和河南等省区市，特别集中在西南地区的四川、云南和西藏三个地区。西南山区重要交通干线、水电工程以及旅游风景区等关键目标，如川藏铁路、雅西高速、九寨沟景区、西藏波密地区等，尚存在泥石流灾害精细化专业监测预警方面的空白，亟须研发适用于复杂山区，具有高可靠性、高智能化水平的泥石流监测预警技术和装备。

针对复杂山区低频泥石流隐蔽性强、物源识别困难、监测预警指标不协同、恶劣气象条件下设备和数据传输易失效等，2018年11月，科技部批准设立了国家重点研发计划项目“复杂山区泥石流灾害监测预警与技术装备研发”（编号：2018YFC1505200），项目由中国科学院、水利部成都山地灾害与环境研究所（以下简称“成都山地所”）牵头负责，中国地质调查局水文地质环境地质调查中心（以下简称“水环中心”）、北京空间飞行器总体设计部（以下简称“总体设计部”）等9家单位参加。项目共分为五个课题，其中的课题四“基于多网融合的泥石流数据传输和自主识别技术”（编号：2018YFC1505204）由总体设计部牵头负责，水环中心、中国科学院上海微系统与信息技术研究所（以下简称“上海微系统所”）共同参与完成。研究团队在整个项目组的支持下，经过3年多的工作，顺利完成了项目赋予课题的技术研发、产品研制和装备集成示范等任务。

针对复杂山区低频泥石流隐蔽性强、物源识别困难、监测预警指标单一、恶劣气象条件下设备和数据传输易失效等难点，经系统性研究分析提炼出关键科学问题和关键技术，根据系统任务特点以及参与单位的具体情况，整个系统性任务分为五个方面的具体课题任务展开研究，具体如下。

课题一：复杂山区泥石流起动条件与监测预警方法。分析复杂山区不同物源类型泥石流起动条件，揭示其起动机理，建立起动预测判识方法；研究演进过程中能量转化和物质迁移规律，明确演进关键转换节点和条件；提炼起动和演进过程中的监测预警指标，构建多级多指标监测预警理论和方法。

课题二：复杂山区泥石流物源量估算与预判关键技术。融合光学遥感、InSAR（干涉合成孔径雷达）、无人机和 LiDAR（激光雷达）等多源探测技术，建立空天一体泥石流物源探测和识别技术、多成因物源量估算方法；研究物源类型、级配等对泥石流发育的影响机制，建立单沟泥石流判识模型；研究地震和极端气候等对物源的影响，揭示物源动态变化规律，建立泥石流区域动态预测模型。

课题三：复杂山区泥石流监测预警关键技术和设备研发。研究基于微波雷达的运动目标检测技术，研发可远距离侦测泥石流的监测预警雷达；研究电磁波雷达泥位测量技术，结合流速、雨量等传感器研发基于演进过程的监测预警设备，进而研发泥石流多指标智能预警设备；基于雨量、含水率等传感器开展多维度协同监测与智能分析技术。

课题四：基于多网融合的泥石流数据传输和自主识别技术。基于通信卫星、4G 公网、北斗卫星、自组网、局域网等通信技术建立高可靠、多网融合、自组网的数据传输系统；研究基于高感光度图像传感器、数据无损传输的视频数据采集融合技术，开发泥石流的机器视觉自主识别技术，实现泥石流图像自动化识别；基于综合控制和远程管理技术，实现恶劣环境下监测预警设备的自主健康管理。

课题五：复杂山区泥石流监测预警技术装备集成与示范。综合泥石流物源估算、智能监测预警、多网融合数据传输、图像自主识别等研究成果，集成泥石流监测预警技术装备；总结监测预警模式，基于大数据、人工智能和云计算等技术建立精细化泥石流监测预警系统平台，在九寨沟景区和川藏交通廊道波密段各选择 2～3 处典型流域，开展示范应用。

项目按照“理论方法研究→关键技术→设备研制→装备集成→应用示范”的研究链条，将五个方面的研究内容有机结合在一起，项目研究内容与技术路线图如图 0－1 所示。

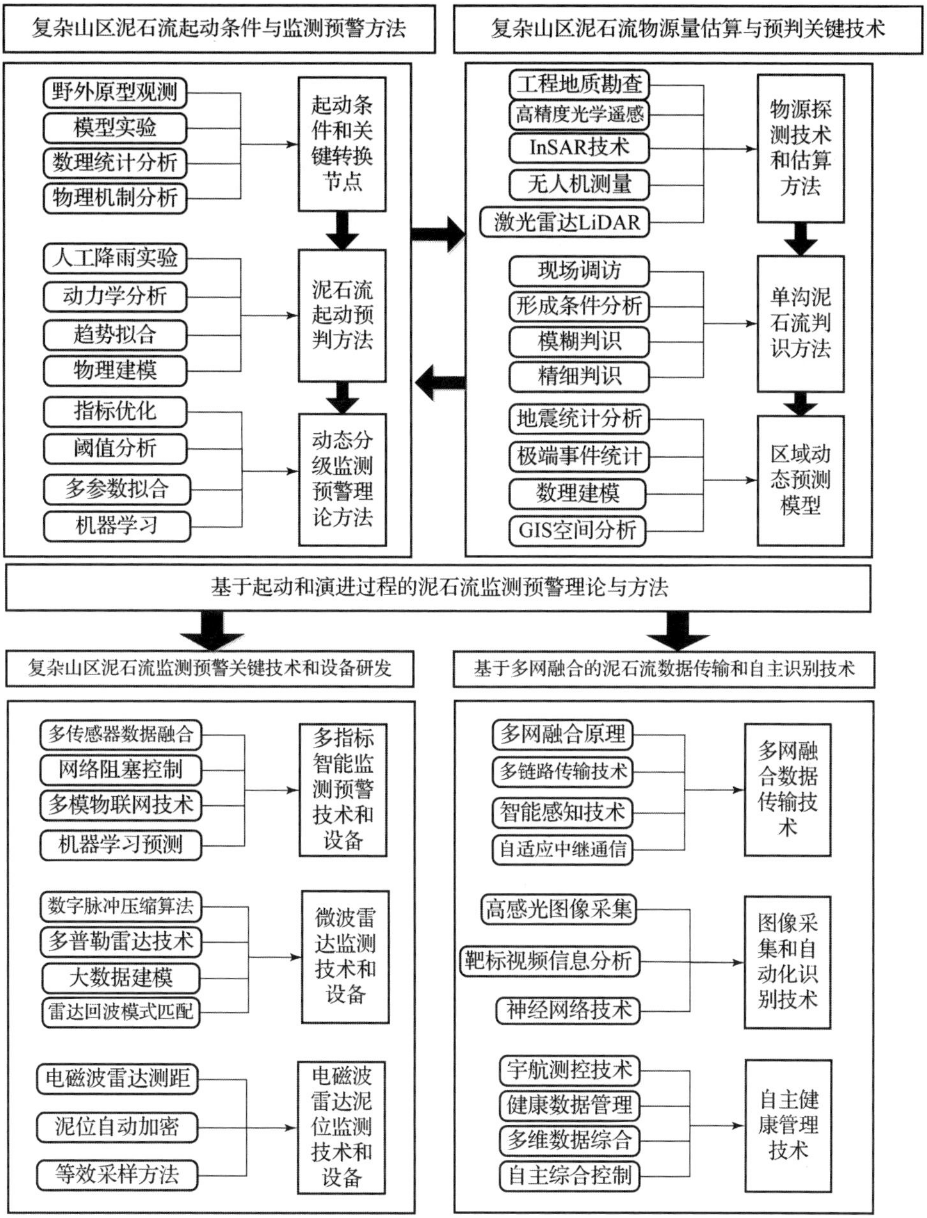

复杂山区泥石流起动条件与监测预警方法

野外原型观测
模型实验
数理统计分析
物理机制分析
→ 起动条件和关键转换节点

人工降雨实验
动力学分析
趋势拟合
物理建模
→ 泥石流起动预判方法

指标优化
阈值分析
多参数拟合
机器学习
→ 动态分级监测预警理论方法

复杂山区泥石流物源量估算与预判关键技术

工程地质勘查
高精度光学遥感
InSAR技术
无人机测量
激光雷达LiDAR
→ 物源探测技术和估算方法

现场调访
形成条件分析
模糊判识
精细判识
→ 单沟泥石流判识方法

地震统计分析
极端事件统计
数理建模
GIS空间分析
→ 区域动态预测模型

基于起动和演进过程的泥石流监测预警理论与方法

复杂山区泥石流监测预警关键技术和设备研发

多传感器数据融合
网络阻塞控制
多模物联网技术
机器学习预测
→ 多指标智能监测预警技术和设备

数字脉冲压缩算法
多普勒雷达技术
大数据建模
雷达回波模式匹配
→ 微波雷达监测技术和设备

电磁波雷达测距
泥位自动加密
等效采样方法
→ 电磁波雷达泥位监测技术和设备

基于多网融合的泥石流数据传输和自主识别技术

多网融合原理
多链路传输技术
智能感知技术
自适应中继通信
→ 多网融合数据传输技术

高感光图像采集
靶标视频信息分析
神经网络技术
→ 图像采集和自动化识别技术

宇航测控技术
健康数据管理
多维数据综合
自主综合控制
→ 自主健康管理技术

图 0－1　项目研究内容与技术路线图

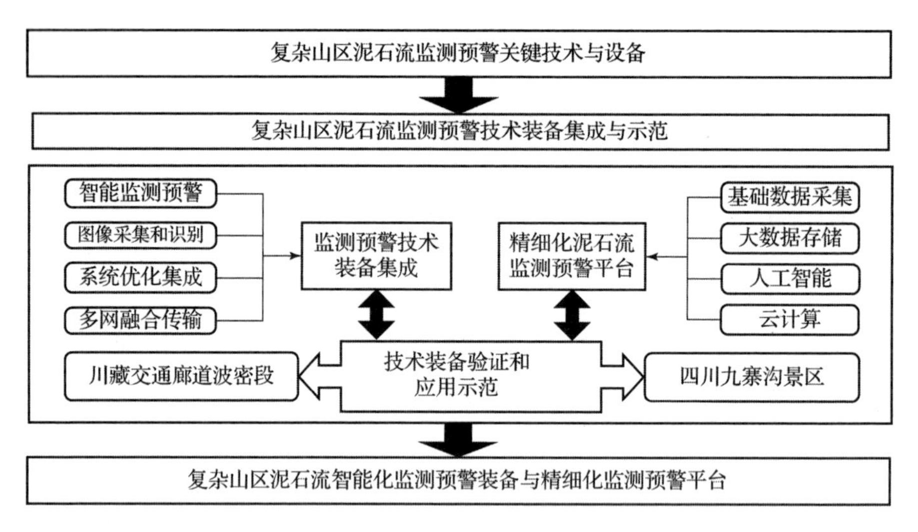

图 0－1　项目研究内容与技术路线图（续）

课题研究内容既保持相互独立又有机结合在一起，总体设计部在承担课题四任务的同时，还承担了课题三微波雷达的研制工作以及课题五野外供电技术论证和部分装备集成工作。本书在系统总体设计框架下，按照技术研究及产品研制顺序，对本项目研制过程中的新技术、新产品进行重点介绍，力求反映科研项目的最新成果。

本书第 1 章为概述，简要介绍了课题四的主要研究目标、研究内容、研究方法、研究成果等内容，是课题四的总体实施方案，也是对本书所涉及各项技术的总体概述，由韩运忠负责编写。第 2 章为泥石流监测预警传感器技术，对雨量、地声、泥水位等常规传感器进行简单介绍，着重介绍了本项目中首次研发的具备自主识别功能的雷达传感器和视频传感器，由蒋帅、胡育昱、董翰川负责编写。第 3 章为泥石流监测预警可靠通信技术，介绍了针对复杂应用环境的通信方案及产品实现过程，由张橹、薛欣负责编写。第 4 章为泥石流监测预警自主健康管理与遥测遥控技术，介绍了设备自主健康管理技术和遥控遥测技术的实现，由雪霁、刘双负责编写。第 5 章为泥石流监测预警供电系统设计技术，介绍了自供电和储能技术，以及光伏供电系统的设计思路，由马亮、夏宁负责编写。第 6 章为泥石流监测预警数据管理技术，介绍了数据平台的架构以及信息系统的软件设计，由朱泉江、汪洋负责编写。第 7 章为泥石流监测预警装备集成技术，介绍了泥石流监测预警装备结构特点、装备集成和现场安装的经验教训，由段江年、胡凯衡负责编写。第 8 章为地质灾害监测预警新技术发展，结合近年迅速发展的干涉雷达技术、物联网卫星技术等，探讨后续天空地一体化的地质灾害监测预警技术，由周怀安、葛永刚负责编写。

本书由韩运忠负责统稿，在编写过程中得到高文军等指导，在此表示感谢。另外由于作者水平有限，书中疏漏在所难免，恳请读者批评指正。

韩运忠
2021 年 1 月

目　录
CONTENTS

第1章
概　　述

“基于多网融合的泥石流数据传输和自主识别技术”是科技部重点研发计划项目“复杂山区泥石流灾害监测预警与技术装备研发”的子课题。研究内容包括基于监测站遥测数据采集、健康数据管理、多维度数据综合判决以及监测站自主综合控制技术，研发适应野外恶劣工作环境的、具有自主健康管理能力的无人值守综合监测系统；基于机器视觉领域的先进技术和分析手段，研发低可见度环境、山地特征下可见光视频数据采集、分析与泥石流智能识别系统；基于卫星通信、4G 通信、自组网通信、局域网、物联网（IoT）等新技术，研发全天时、全天候、空天地一体化的多网融合，快速自组网的数据传输系统。研究目标是形成环境适应能力强、识别精度高、通信稳定可靠的泥石流数据传输和智能识别系统技术，为提升泥石流监测预警的及时性、可靠性和准确率提供技术支撑。

本章主要对泥石流监测预警的研究背景和意义、研究内容、研究路线和研究成果进行了简单介绍。

1.1　研究背景和意义

我国西南大部分山区地质环境脆弱、地形条件复杂、局地气候效应显著，泥石流灾害隐蔽性强、早期识别困难。目前以降雨指标为主的群专结合的监测预警模式存在设备可靠性差、信息传递不及时和误报率高等问题。群测群防的模式更是难以满足复杂山区泥石流防灾需求。

在雨量计、地声等传统监测传感器之外，发展可见光图像传感器、雷达传感器进行泥石流监测预警，具有直观、准确、优势互补、避免误判等特点。采用可见光视频系统准确地采集泥石流图像并自动给出及时准确的识别，是实现泥石流灾害精确自动化预警的关键环节之一。同时，泥石流发生时经常存在雨天、雾天和夜晚等低可见度条件，需要研究高感光度传感器图像采集技术，发展数据无损传输的视频数据采集融合技术以及基于机器视觉的泥石流自主识别技术，实现对泥石流图像自动化识别，以确保在恶劣天气条件下以及夜间对泥石流进行监测和预警，从而解决传统泥石流监测预警环境适应性差、可靠性低、自主识别能力弱的问题。

在高山沟谷中布设泥石流监测预警装备，如果布置点位于泥石流发生源头或接近于源头位置将有最佳效果，但是对于川藏地区的高山泥石流易发生地，其源头多位于冰川上游或山脉中部以上等不易进入的地区，而这些地区通常市电应用受限、太阳光照有限、供电能力差。即使退而求其次，将监测预警设备布设于沟内尽可能深的地方，也往往因供电能力受限无法布设大功耗的设备。同时，位于山区的监测站点大都交通不便，监测现场条件有限，安装困难，无法布设体积大、重量重的设备。因此，要实现尽可能早地发现泥石流即将发生的迹象，就需要开发小而轻且功耗低的设备，对于预警设备如此，对于通信设备也是如此。

泥石流监测数据传输是泥石流监测中的重要环节，当前4G物联网技术的发展推动了泥石流监测领域通信能力的提升。但是对于如川藏等地的高山地区，受限于基站布设、供电能力等因素，4G信号覆盖并非足够理想，4G信号差、信号延迟、信号中断时有发生等。比如在考察位于波密的迫龙沟等地时，发现在靠近沟口不远处白天有4G，但夜间存在一定时长没有4G的情况，在某些天中移动4G有信号而电信4G无信号，而有时候相反，有时候则全无。尤其在高山深处，往沟内延伸较远时，信号更弱，甚至没有。

当前随着北斗卫星组网的完成，北斗短报文的应用也越来越广泛，越来越多的信息监测预警领域采用了北斗短报文传输预警信息的方式。但是北斗短报文设备的传输信息有限，不能传输图像。

当前还存在多种方式的卫星通信，这些方式同样具有北斗短报文覆盖范围广、对地面基站需求少等优势，相比北斗短报文还具有可以传输图像的优势，但同时也具有功耗大、使用成本高的劣势。

不同沟内，同一沟内的不同位置，泥石流监测的参数门限阈值存在一定的差异性，大多没有可供直接应用的成熟的参数阈值，在监测过程中，需要根据实际监测结果不断对监测参数阈值进行调整优化。此外，泥石流监测设备安装于户外，在使用过程中可能会发生一些设备自身故障、外因故障等，需要维护，而泥石流监测区域环境大都较为恶劣，监测现场一般为无人值守状态。对于我国中部和东部地区，由于外部交通相对较好，偶尔派人去对设备进行检查维护还具有一定的可行性。但对于西南山区，由于整体交通条件受限，人工开展设备检查维护是相当困难的，尤其是当雨季来临时，作为当地主要交通依托的318国道，时常发生道路坍塌阻塞等情况，交通管制时有发生，现场检查维护存在极大的不便。因此，设备的自主健康管理功能至关重要，开展远程升级、自主管理，减少现场维护升级量，对于提升设备的有效监测时长、尽可能发挥设备的监测功能具有很重要的意义。

山区泥石流监测区域大多具有环境温差大、户外雨雪可能导致设备存在受潮的可能性、白天强光照加上设备本身工作时的发热可能造成设备工作温度的升高、安装于户外的设备可能受到外界物体如小动物的干扰等问题。对于通信设备，由于连接到其上的传感器种类众多，存在接口多、连接复杂的特点，因而在泥石流监测设备研发方面，产品除了关注自身技术实现外，重点考虑设备的可靠性设计、环境适应性设计、长寿命设计以及好用易用设计。

设备的小型化、轻量化、低功耗以及耐高低温等可靠性方面，包括经济性方面，均需要按实际应用需求开展相应研究、设计以及测试试验验证，以满足野外无人值守站泥石流监测应用，同时也使得产品在进入市场后，能在与市场上近似功能的产品竞争中不被价格低、功能弱的产品所击败，为人民生命财产保驾护航。

1.2 研究内容

根据研究目标和需求分析，本节简要介绍四个方面的研究内容：①面向野外环境无人值守可靠应用需求的系统自主健康管理技术；②基于机器视觉的可见光视频数据采集融合与泥石流自动识别技术；③基于多网融合传输与多模通信手段的高可靠数据传输技术；④轻小型低功耗低成本高可靠设备研发。

1. 面向野外环境无人值守可靠应用需求的系统自主健康管理技术

在宇航应用中，地面站通过测控链路对航天器进行远程的控制，但由于航天器并不时时都处在可测控区域内，或者航天器与地面之间通信的链路长，如深空探测任务中，较大的通信时延要求航天器具有一定的自主健康管理能力，能够自主地发现故障、诊断故障、隔离故障并切换工作模式，降低或避免故障对整个航天器任务的影响。面向野外环境，将宇航领域的测控和综合电子技术引入无人值守的泥石流监控系统中，类比于地面站对航天器的测控方法，研发对野外泥石流监测系统的远程测控与自助健康管理技术，对泥石流灾害监测平台及各个传感器状态进行实时监控，通过运行状态感知，进行自主控制、管理和维护。借鉴宇航领域较为成熟的技术路线，针对地面应用场景，进一步进行理论研究，完成技术优化。结合监测站实际需求与环境约束，进行算法应用与迭代完善。

2. 基于机器视觉的可见光视频数据采集融合与泥石流自动识别技术

首先进行初步的自动化识别系统原型设计，在此基础上，以神经网络技术完成图像增强、噪声抑制、背景建模分析以及目标和运动监测等视频信号处理，再以此完善自动化识别系统原型设计，得到分析结果和测控数据，交由数据传输子系统向控制中心进行传输。

3. 基于多网融合传输与多模通信手段的高可靠数据传输技术

结合4G通信技术、卫星通信技术、北斗短报文通信技术、局域网技术、物联网技术等多种方式，凭借多链路信息传输技术，智能感知上述不同信道的通信质量，从而进行通信信道的最优选取。必要时，可以采用中继通信的方式，以多种模式完成数据的传输，有效地避免了由恶劣环境中自然损坏而导致传输中断的问题。

4. 轻小型低功耗低成本高可靠设备研发

在基于上述技术研究开展的设备研发中，贯彻低成本、低功耗、小型化、轻量化、高可靠度的设计理念，实现轻小型低功耗低成本设备研发：参考航天产品可靠性保证相关保障措施，开展充分的测试试验验证，保障产品环境适应性及可靠性；通过设计迭代优化结合实物验证，不断提升设备在小型化、轻量化、低功耗和低成本方面的指标。

1.3 研究路线

拟解决的关键科学技术问题包括以下两方面。

1. 复杂山区环境下弱可见光视频数据采集与泥石流自动化识别理论与技术

传统的视频图像识别方法，针对单一数据源进行处理和分析，对于信号质量有较高的要求，当信噪比低于识别门限时，识别性能将急剧恶化。应用机器视觉领域中神经网络技术等先进技术和分析手段，以其灵敏度高、分辨率精、强化处理能力强等优点实现视频信息融合处理，目标图像增强显示，背景建模，噪声抑制以及目标检测、运动检测等能力，达到复杂山区环境下弱可见光泥石流可靠监测与精确识别的效果。

2. 复杂山区环境下数据采集、实时应急传输及监测站动态组网理论与技术

当前泥石流灾害数据传输主要依靠公共无线网络与北斗短报文相结合的方式，数据传输手段单一，仅能传输少量监测数据，且每分钟只能完成一次数据通信，导致监测预警实时性和有效性都受到严重影响。应用天地一体化的多模式通信融合技术，引入物联网领域的最新研究成果，研发多源数据的

多链路实时应急传输技术、通信环境智能感知与通信模式自适应切换技术、对抗恶劣通信环境的智能组网中继通信技术体系，达到复杂山区环境下泥石流监测系统可靠组网与实时传输的效果。

总体研究路线与实施方案具体如下。

针对复杂山区低频泥石流隐蔽性强、物源识别困难、监测预警指标单一、恶劣气象条件下设备和数据传输易失效等难点，按照“需求分析→指标分解→系统设计→技术攻关→系统融合→性能验证→应用示范”的思路，研发基于多网融合的数据传输技术、泥石流图像采集和自主识别技术，建立具有自主健康管理能力的泥石流远程综合监测系统。

首先，引入宇航产品高可靠的测控与综合电子系统设计思路，结合监测站实际需求与环境约束，采用高可靠总线技术设计监测站遥测数据采集系统与遥控指令分发系统；运用系统理论、决策控制等原理，融合宇航综合电子系统遥测判决和工作模式自主切换技术，探索野外布局的无人值守监测平台自主健康管理技术；基于卫星测控与数据管理系统设计理念，研发人在环路的远程测控与数据管理技术，实现泥石流灾害监测系统的远程控制、站上数据维护和自主健康管理。研发适应野外恶劣工作环境的、具有自主健康管理能力的无人值守综合监测系统。

其次，利用机器视觉领域包括神经网络在内的先进技术和分析手段，解决传统的视频图像识别方法只能通过视频数据的逐帧比对（如动目标监测等），或者通过关键特征点的识别与定位（如车牌识别、人脸识别等）锁定监测目标，完成针对单一数据源进行处理和分析的问题。研究基于靶标视频信息分析的泥石流流体特征监测技术，针对光学监测站点设置约束条件导致的泥石流监测距离远、预警高发期气象条件恶劣、光照条件差的应用特点，研究针对山地特征的低光照环境可见光视频数据采集和融合分析难题，实现泥石流流体的位移和运动的高精度监测技术，研发低可见度环境，山地特征下可见光视频数据采集、分析与泥石流智能识别系统。

融合卫星通信、4G 通信、北斗短报文、自组网、物联网等多种通信技术，研发有无公网覆盖和极端环境条件下泥石流多元监测信息的多链路（4G 等公网、北斗数据链、通信卫星链路、局域网中继链路）传输技术，适应野外复杂地理环境和恶劣气候条件，利用通信质量的智能感知技术实现通信信道的最优选取，结合局域网、物联网以及中继通信技术，构建基于多网融合、智能组网的高可靠数据传输系统，在监测站与控制中心间实现更加灵活的信息路由和更加稳定可靠的数据传输。形成环境适应能力强、识别精度高、通信稳定可靠的泥石流数据传输和智能识别系统技术。

技术路线图如图 1－1 所示。

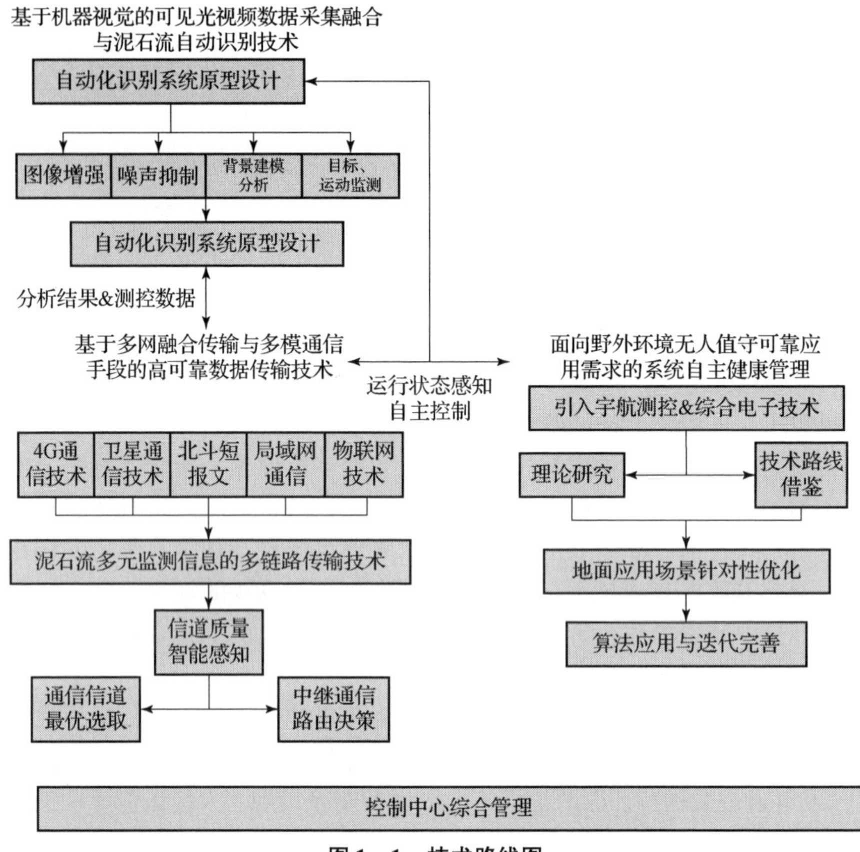

图 1-1　技术路线图

1.4　研究成果

按照以上技术路线和任务要求，开展了相关研究。完成了包括自主健康管理技术、可见光泥石流自动识别技术和基于多网融合多模通信的高可靠数据传输技术研究。同时完成了基于上述技术研究的硬件设备研发，包括多模通信单元 A、B、C 和可见光泥石流监测系统。

自主健康管理技术方面：引入航天测控技术，实现了泥石流监测遥测数据采集与遥控指令分发技术；完成了基于多维数据综合技术研究，通过与正常状态模型对比，判识模块工作状态、异常情况；完成了基于航天器能量平衡设计法等技术研究，实现了各设备的故障隔离、模式切换；完成了人在环路的远程测控与数据管理技术研究，实现了泥石流沟监测参数差异化管理、系统高可靠运行、监测参数不断优化升级。

可见光泥石流自动识别技术方面：完成了可见光泥石流监测对象特征研

究，明确了通过监测靶标的微小位移，实现了低光照环境下图像的预处理、低照度图像量化等，改善了图像的视觉效果，增加靶标位移监测的准确性。完成了基于视频分析的泥石流自主识别技术研究，实现了泥石流流体特征监测的智能判断与实时报警。

高可靠数据传输技术方面：完成了有无公网覆盖、极端环境条件下，泥石流多元监测信息的多链路传输技术研究，通信模式包括卫星通信、北斗短报文、4G 通信、自组网通信、基于物联网的中继通信等；完成了通信质量智能感知与信道最优选取技术研究，通过感知算法对各种通信信道的质量进行评估，通过调度功能按照优先级策略，选择当前通信模式；完成了基于物联网的自适应中继通信技术研究，实现传感器在整个检测区域的低成本、有效布置。

设备研发方面：完成了自主健康管理技术和高可靠性数据传输技术验证载体多模通信单元 A、B、C 研制及相关试验验证，实现了多种通信模式智能自主切换、无公网环境下数据中继传输，并通过多轮设备优化设计，降低了设备功耗与重量和体积，实现了难操作环境下高可靠设备的便利携带与安装；完成了可见光泥石流自动识别技术载体可见光泥石流监测系统的研制及相关试验验证，实现了基于泥石流靶标位移识别技术的泥石流监测。

1.5　本章小结

本章对本书的研究内容及相关的研究背景、意义、路线和成果进行了全面的概述，以期形成对全书内容的基本概要。

第2章
泥石流监测预警传感器技术

2.1 引言

泥石流监测是灾害防范最重要的环节，目前用于泥石流监测的传感器有很多，有直接传感器也有间接传感器，有接触式传感器也有非接触式传感器。接触式传感器通过直接接触的方式实现对泥石流的监测，主要包括钢索传感器、压力式泥水位传感器以及冲击力传感器。非接触式传感器是指在不接触泥石流的状态下，通过仪器获取泥石流的声音、影像、振动、泥位等相关信息，以对泥石流的发生概率及规模进行判定。非接触式传感器主要包括超声波（激光）泥水位传感器、地声传感器、次声警报器、泥石流监测视频传感器、泥石流监测雷达传感器等。

本章首先介绍了泥石流监测传感器技术发展历程，并对常规泥石流监测传感器进行简单介绍；之后重点介绍了泥石流监测视频传感器技术和泥石流监测雷达传感器技术，并对泥石流监测视频传感器技术和泥石流监测雷达传感器技术的工作原理、技术方案以及测试验证情况进行介绍；最后，对本章内容进行了系统性总结。

2.2 泥石流监测传感器技术发展

国内外对降雨型泥石流的判识与解译研究较为深入，技术方法相对成熟，各类传感器技术的研发以及这些技术在泥石流灾害领域的应用取得了巨大进展。从传统传感器到视频、雷达等传感器，从低分辨率到高分辨率，从单一数据源发展到多源数据，泥石流信息提取及监测技术实现了质的飞跃。

目前，可用于泥石流监测的传感器较多（表2－1），常用的主要包括泥水位传感器、次声传感器、土壤水分传感器、雨量计传感器、地声传感器及断线传感器等。

表 2－1　泥石流监测传感器一览表

监测内容		传感器
物理场监测	次声监测	次声传感器
诱发因素监测	降雨监测	雨量计传感器
其他监测	土壤含水率监测	土壤水分传感器
	地声监测	地声传感器
	泥石流变化监测	泥石流监测雷达传感器 泥石流监测视频传感器
	泥位监测	泥水位传感器

1. 泥水位传感器

泥水位传感器主要对泥石流发生初期的泥水位变化进行检测，泥水位探头通过探针倾斜实现对沟道内泥水位或饱和泥水位进行报警。利用泥水位计来监测泥石流的泥水位变化，以回波测距作为基础，得到泥石流沟道横截面上的流体厚度，进而可以计算出泥石流的规模。泥水位传感器获取的数据可直观体现沟道内的泥水位高度，进而减少泥石流造成的损害。

2. 次声传感器

次声波在空气中传播会引起空气稠密和稀疏的变化，导致空气密度、压力和分子状态等的改变，其中声压的变化可以利用传感器来获取。电容式次声传感器是应用最普遍的设备。电容式次声传感器具有结构简单、灵敏度高、动态响应好、抗过载能力强及对机械振动不敏感等特点，目前广泛应用于地震次声预报、核爆炸监测、大气运动监测及泥石流滑坡等自然灾害监测诸多领域中。泥石流在孕育形成的过程中，由于内部岩土挤压、摩擦或断裂以及流滑体与河床碰撞、摩擦，会产生声信号，其中次声信号能量占比高、衰减慢、穿透能力强，可以在很远的距离（几千米甚至几十千米）外被次声传感器获取。通过次声传感器阵列可准确获取泥石流灾害事件的位置和强度等信息。

3. 土壤水分传感器

泥石流的发生是土壤中水分激增的结果，它们之间的吸力发生了改变，会对土壤结构造成一定的影响，对泥石流的发生起着很大的作用。随着土壤含水率的增加，土壤水吸力变得越来越小，土壤之间的吸力也变小，土壤之间的结构会发生改变，在暴雨或者持续降雨的情况下就容易发生泥石流。土壤水分传感器是用来监测土壤中的含水量，土壤含水量是指土壤中所含水分的数量，即在土壤中所占的比重。通过土壤水分传感器获取的数据，可以计算出发生泥石流的概率等信息。

4. 雨量计传感器

长期且连续的强降雨或者暴雨是引发泥石流的重要原因之一，所以通过对降雨量的监控，实现泥石流监测预警成为一种重要的手段。雨量计传感器是测量地面降雨，同时将降雨量转换为数字信息，以满足信息传输、处理、记录和显示等需要的一种水文、气象仪器。雨量计一般用作国家水文、气象站网雨量数据长期收集的工具，能准确地检测单位时间内的降雨强度以及每天的累积降雨量。

5. 地声传感器

地声传感器用来接收地面振动声波，并将接收到的信号转换为电信号来显示地声的幅度及频率等信息。泥石流发生时会产生地声，因此在泥石流监测过程中可采用地声传感器和数据采集仪，经地声传感器监测到的声波变成电信号送入数据采集仪。根据地声频率的变化进行泥石流的预警，以减少泥石流的伤害面积。

6. 断线传感器

断线传感器是通过计算传感器两端电阻值来实现对状态的判断的，断线传感器导通时，采集点两端的电阻很小，相当于一根普通导线；断线传感器断开时，采集点两端的电阻很大，相当于不导通。将断线传感器放置在容易发生泥石流的位置，通过监测断线传感器两端的电阻，即可实现对泥石流灾害的监测。

2.3 泥石流监测视频传感器技术

随着视频技术的发展，出现了新型的泥石流监测传感器，视频传感器就是其中较为先进的一种。泥石流监测视频传感器一般使用红外一体化摄像机，在野外恶劣的环境下仍能正常工作，实现 24 小时实时获取图像。利用摄像机对泥石流灾害区域进行实时监控，可以直观清楚地监测灾害的发生，如图 2－1 所示。

2.3.1 工作原理

泥石流监测视频传感器通过图像增强、噪声抑制、背景建模分析和目标检测、运动检测等技术手段实现对泥石流监测，利用机器视觉领域包括神经

图 2－1　视频监测示意图

网络在内的先进技术和分析手段，完成基于靶标视频信息分析的泥石流流体特征监测。针对光学监测站点设置约束条件导致的泥石流监测距离远、预警高发期气象条件恶劣、光照条件差的应用特点，以及山地特征的低光照环境可见光视频数据采集和融合分析难题，完成泥石流流体的位移和运动的高精度监测，为泥石流等山地灾害的监测提供准确预警。

实现泥石流流体特征监测的智能判断与实时报警，核心在于智能处理算法，包括图像增强、图像去噪、特征提取（feature extraction）、目标检测、目标跟踪和图像信息融合（image information fusion）等。

1. 图像增强

图像增强技术从增强的作用域出发，可分为空间域增强和频率域增强两种。

空间域图像增强就是调整灰度图像的明暗对比度，是对图像中各个像素的灰度值直接进行处理，最常用的方法包括灰度变换增强和直方图增强。灰度变换增强是在空间域内对图像进行增强的一种简单而有效的方法。灰度变换增强不改变原图像中像素的位置，只改变像素点的灰度值，并逐点进行，和周围的其他像素点无关。直方图增强的基本思想是根据输入图像的灰度概率分布来确定其对应的输出灰度值，通过扩展图像的动态范围达到提升图像对比度的目的。

频率域图像增强主要是以修改图像的傅里叶变换为基础的方法，通过对图像的傅里叶频谱进行低通滤波来滤除噪声，通过对图像的傅里叶频谱进行高通滤波，突出图像中的边缘和轮廓。频率域图像增强的滤波器主要可以分为频率域平滑滤波器、频率域锐化滤波器和同态滤波器。理想的低通滤波器会产生振铃现象，使图像变得模糊。相对而言，频率域平滑滤波器没有陡峭的变化，图像边缘的模糊程度减小。频率域锐化滤波器的效果较理想高通滤波器好一点。同态滤波把频率滤波和灰度变换结合，以应用于消除光照不足带来的影响，同时又不损失图像细节。

在泥石流监测的区域，环境复杂的因素，要求图像增强的目的是提高图像亮度，而卷积神经网络（CNN）RetinexNet 对低光照的图像增强有很好的作用。

Retinex 理论的基础是：物体的颜色是由物体对长波（红色）、中波（绿色）、短波（蓝色）光线的反射能力来决定的，而不是由反射光强度的绝对值来决定的，物体的色彩不受光照非均匀性的影响，具有一致性，即 Retinex 是以色感一致性（颜色恒常性）为基础的。不同于传统的线性、非线性的只能增强图像某一类特征的方法，Retinex 可以在动态范围压缩、边缘增强和颜色恒常三个方面达到平衡，因此可以对各种不同类型的图像进行自适应的增强。

2. 图像去噪

图像去噪是在去除图像噪声的同时，尽可能地保留图像细节和结构的处理技术。常见的降噪算法有 BM3D（块匹配与三维滤波）降噪、DCT 降噪（离散余弦变换）、PCA（主成分分析）降噪、K - SVD（K - 均值奇异值分解）降噪、小波变换等。

在泥石流监测中用到的降噪方法为小波变换。小波变换作为一种新的时频分析方法，具有多尺度、多分辨率分析的特点，为信号处理提供了一种新的强有力手段。小波变换在图像降噪领域的成功应用主要得益于其具有低熵性、多分辨率特性、去相关性和选基灵活性的优点。小波降噪本质上是一个信号的滤波问题，实际上是特征提取和低通滤波的综合。

小波降噪的基本思想是将信号通过小波变换（采用 Mallat 算法）后，信号产生的小波系数含有信号的重要信息，其中信号的小波系数较大，噪声的小波系数较小，并且噪声的小波系数要小于信号的小波系数，通过选取一个合适的阈值，大于阈值的小波系数被认为是由信号产生的，应予以保留，小于阈值的则认为是噪声产生的，置为零，从而达到去噪的目的。一个含噪的模型可以表示如下：

$$s(k)=f(k)+\varepsilon\times e(k), k=0,1,K,n-1 \tag{2-1}$$

式中，$f(k)$为有用信号；$s(k)$为含噪声信号；$e(k)$为噪声；ε为噪声系数的标准偏差。通常情况下有用信号表现为低频部分或是一些比较平稳的信号，而噪声信号则表现为高频的信号。对$s(k)$信号进行小波分解的时候，噪声部分通常包含在 HL、LH、HH 中，如图2－2 所示，只要对 HL、LH、HH 做相应的小波系数处理，然后对信号进行重构，即可以达到消噪的目的。

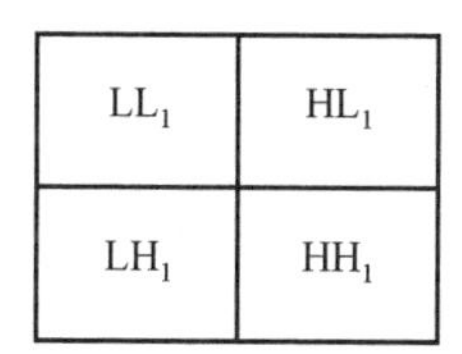

图2－2　不同频率噪声分布示意图

小波降噪的基本问题包括小波基的选择、阈值的选择、阈值函数的选择三个方面。

（1）小波基的选择。理想的小波应满足以下条件：正交性、高消失矩、紧支性、对称性或反对称性。但事实上具有上述性质的小波是不可能存在的，因为小波是对称或反对称的只有 Haar 小波，并且高消失矩与紧支性是一对矛盾性质，所以在应用的时候一般选取具有紧支性的小波以及根据信号的特征来选取较为合适的小波。

（2）阈值的选择。直接影响去噪效果的一个重要因素就是阈值的选取，不同的阈值选取将有不同的去噪效果。目前主要有通用阈值（VisuShrink）、SureShrink 阈值、Minimax 阈值、BayesShrink 阈值等。

（3）阈值函数的选择。阈值函数是修正小波系数的规则，不同的阈值函数体现了不同的处理小波系数的策略。最常用的阈值函数有两种：一种是硬阈值函数，另一种是软阈值函数。还有一种是介于软、硬阈值函数之间的 Garrote 函数。

根据以上三个问题，总结出小波降噪的一般处理流程是：首先对含有噪声的信号进行多尺度小波变换，其次在各尺度下尽可能提取出小波系数，最后利用逆小波变换重构信号。

3. 特征提取

特征提取包括两部分：特征检测和特征描述。常见的特征提取办法有 Harris 角点、SIFT（尺度不变特征变换）、HOG（方向梯度直方图）特征、LBP（local binary pattern，局部二值模式）算子等。在泥石流监测的特征提取中，用到的是 LBP 算子。

LBP 是一种用来描述图像局部纹理特征的算子，它的作用是进行特征提取，提取的是图像的纹理特征，并且是局部的纹理特征。LBP 算子定义为在 3×3 的窗口内，以窗口中心像素为阈值，将相邻的 8 个像素的灰度值与其进行比较，若周围像素值大于中心像素值，则该像素点的位置被标记为 1，否则为 0（图2－3）。这样，3×3 领域内的 8 个点可产生 8 bit 的无符号数，即得到该窗口的 LBP 值，并用这个值来反映该区域的纹理信息。

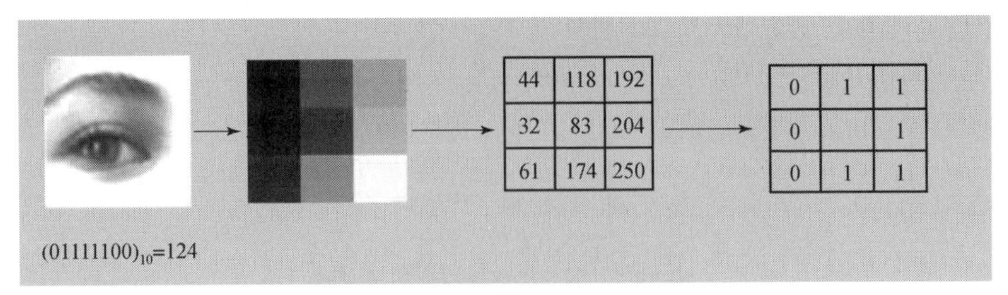

图 2－3　LBP 算子纹理特征图

4. 目标检测

要对泥石流进行监测，最重要的就是要确保对目标进行实时的监测和追踪。常用的目标检测方法有帧差法、背景差分法、光流法等。

帧差法主要是在相邻的两幅图像之间做减运算，帧差法用程序实现起来很简单，计算量小，复杂度低，对光线或场景变化不敏感，可以适应动态变化的环境，稳定性好。帧差法目标检测流程如图 2－4 所示。

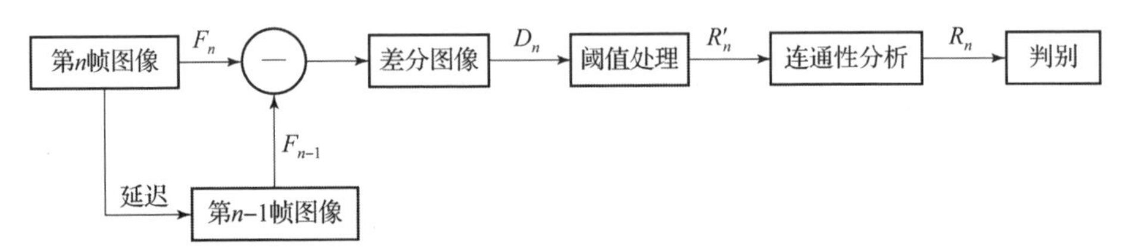

图 2－4　帧差法目标检测流程

背景差分法是利用当前图像与背景图像的差分以提取运动区域的一种运动检测方法，背景差分法具有简单、运算速度快等诸多优点，使得该法作为运动目标检测的基本方法被普遍采用。背景差分法目标检测流程如图 2－5 所示。

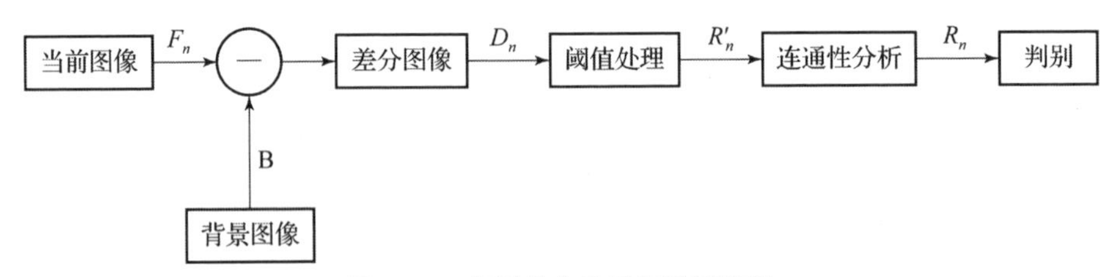

图 2－5　背景差分法目标检测流程

光流法的原理是利用图像序列中像素在时间域上的变化以及相邻帧之间的相关性来找到上一帧跟当前帧之间存在的对应关系，从而计算出相邻帧之间物体的运动信息。根据二维矢量的疏密程度，光流法可以分为稀疏光流法和稠密光流法。稠密光流法是一种针对图像或指定的某一片区域进行逐点匹配的图像配准方法，它计算图像上所有的点的偏移量，从而形成一个稠密的光流场。通过这个稠密的光流场，可以进行像素级别的图像配准。稀疏光流法通常需要指定一组点进行跟踪，这组点最好具有某种明显的特性，那么跟踪就会相对稳定和可靠。光流法在目标检测、运动估计、目标跟踪等领域有着非常广泛的应用。基于光流法的运动目标跟踪技术，检测和跟踪准确率较高。

5. 目标跟踪

在做到能检测目标后，要对靶标进行实时的追踪。目标跟踪主要分为五个部分。

（1）运动模型（motion model）：生成候选样本的速度与质量直接决定了跟踪系统表现的优劣。常用的有两种方法：粒子滤波（particle filter）和滑动窗口（sliding window）。粒子滤波是一种序贯贝叶斯推断方法，通过递归的方式推断目标的隐含状态。而滑动窗口是一种穷举搜索方法，它列出目标附近的所有可能的样本作为候选样本。

（2）特征提取：鉴别性的特征表示是目标跟踪的关键之一。常用的特征被分为两种类型：手工设计的特征（hand - crafted feature）和深度特征（deep feature）。常用的手工设计的特征有灰度特征（gray features）、方向梯度直方图、哈尔特征（haar - like features）、尺度不变特征等。与手工设计的特征不同，深度特征是通过大量的训练样本学习出来的特征，它比手工设计的特征更具有鉴别性。因此，利用深度特征的跟踪方法通常很轻松就能获得一个不错的效果。

（3）观测模型（observation model）：大多数的跟踪方法主要集中在这一块的设计上。根据不同的思路，观测模型可分为两类：生成式模型（generative model）和判别式模型（discriminative model）。生成式模型通常寻找与目标模板最相似的候选作为跟踪结果，这一过程可以视为模板匹配，常用的理论方法包括子空间、稀疏表示、字典学习等。而判别式模型通过训练一个分类器去区分目标与背景，选择置信度最高的候选样本作为预测结果。判别式方法已经成为目标跟踪中的主流方法，因为有大量的机器学习方法可以利用，常用的理论方法包括逻辑回归、岭回归、支持向量机（SVM）、多示例学习、相关滤波等。

（4）模型更新（model update）：模型更新主要是更新观测模型，以适应目标表观的变化，防止跟踪过程发生漂移。模型更新没有一个统一的标准，通常认为目标的表观连续变化，所以常常会每一帧都更新一次模型。但也有人认为目标过去的表观对跟踪很重要，连续更新可能会丢失过去的表观信息，引入过多的噪声，因此利用长短期更新相结合的方式来解决这一问题。

(5) 集成方法（ensemble method）：集成方法有利于提高模型的预测精度，也常常被视为一种提高跟踪准确率的有效手段。可以把集成方法笼统地划分为两类：在多个预测结果中选一个最好的，利用所有的预测加权平均。

常用的目标跟踪工具有 BoostingTracker、MILTracker、KCFTracker、TLDTracker 等。KCF（kernel correlation filter，核相关滤波算法）是一种鉴别式追踪方法，在追踪过程中训练一个目标检测器，使用目标检测器去检测下一帧预测位置是否目标，然后再使用新检测结果去更新训练集进而更新目标检测器。而在训练目标检测器时一般选取目标区域为正样本，目标的周围区域为负样本，越靠近目标的区域为正样本的可能性越大。KCF 跟踪器流程如图 2－6 所示。

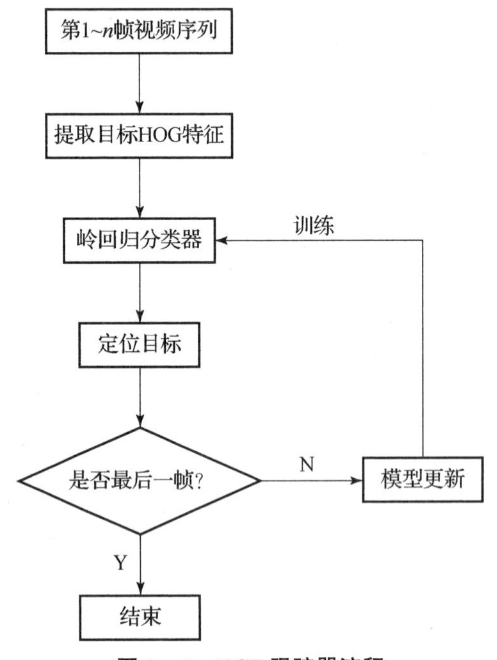

图 2－6　KCF 跟踪器流程

6. 图像信息融合

图像信息融合是指将多源信道所采集到的关于同一目标的图像数据经过图像处理和计算机技术等，最大限度地提取各自信道中的有利信息，最后综合成高质量的图像，以提高图像信息的利用率、改善计算机解译精度和可靠性、提升原始图像的空间分辨率和光谱分辨率，利于监测。

针对山地特征下的低光照环境可见光视频数据采集和融合分析难题，结合机器视觉领域的先进技术和分析手段，中国科学院上海微系统与信息技术研究所研发基于机器视觉的可见光视频数据采集融合技术和泥石流自动化识别系统，实现山体移位和运动的高精度监测技术，为泥石流等山地灾害的监测提供及时、可靠、准确的预警。

2.3.2　泥石流监测视频传感器技术方案

基于可见光的视频数据采集融合与泥石流自动识别技术系统由前端采集模块、处理模块以及后端监控显示模块三部分组成，采集与集成方案图如图 2－7 所示。前端采集模块主要包括高清激光球机、现场固定靶标和现场控制箱等，负责监控区域图像信息的采集；处理模块包括工控机、小型视频存储 NVR（网络视频录像机）和智能算法，主要负责采集图像信息的分析处理，包括图像增强、噪声抑制、背景建模分析、目标检测、图像信息融合等系列处理，判断靶标的实时位置变化，若位置偏移超过设定的阈值，则报警；后端监控显示模块主要包括计算机等监控终端及软件平台，负责监控画面、报警画面的显示。

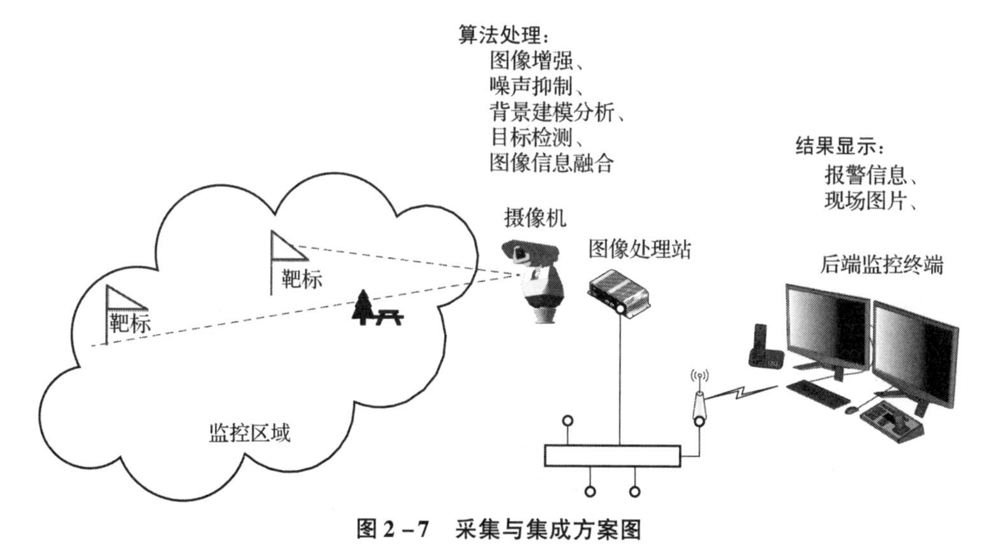

图 2－7　采集与集成方案图

1. 硬件设计

硬件设计主要包含硬件总体设计和各个模块的设计，其中硬件主要包括高清摄像机及其安装附件、立柱支架，现场小型 NVR、图像处理站、系统供电模组、后端显示及控制终端。

高清摄像机选用星光级低照度高清摄像机，通过安装立柱支架进行架设，基础采用钢筋混凝土浇筑，确保摄像机的稳固和防抖。现场小型 NVR 用于存储现场监控视频，便于平台效果展示及录像取证。图像处理站选用嵌入式设计方案，采用高性能 CPU（中央处理器）、独立显卡配置进行视频数据解码，以及运行靶标位移量实时检测算法。供电模组采用太阳能＋蓄电池为主，有条件地区采用市电供电，总体供电需求 150 W。后端显示及控制终端位于后台，采用 27 寸显示屏的台式电脑，主要用于显示前端回传报文，以及现场图片，同时具有对前端设备进行设置、启停的控制功能。

具体功能模块图如图 2－8 所示。

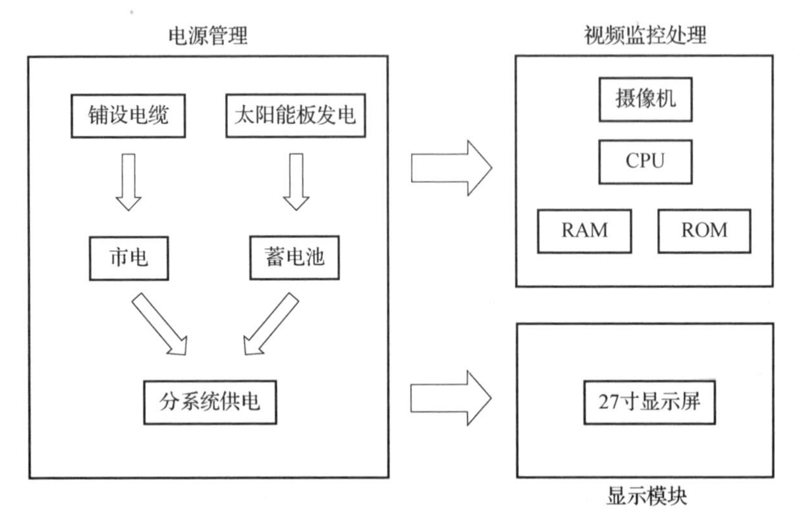

图 2－8　功能模块图

1）高清摄像头选型

针对低照度、高精度的应用需求，可选择海康摄像头（i）DS－2DF88ABCDE－XYZLVWS。系统核心的硬件设备是高清摄像头，外形尺寸图如图 2－9 所示。

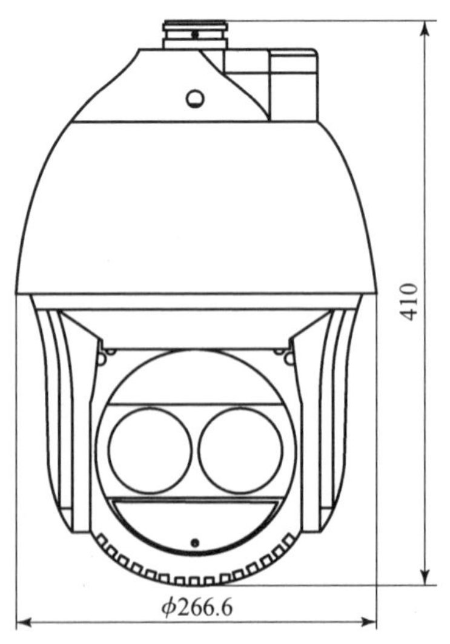

图 2－9　高清摄像头外形尺寸图

主要参数如下。

（1）支持 4K 高清输出，最高分辨率及帧率可达 4 096 ×2 160@ 30fps。

（2）支持 H. 265 高效压缩算法，可较大节省存储空间。

（3）星光级超低照度，0. 002Lux/F1. 5（彩色），0. 000 2Lux/F1. 5（黑白），0 Lux with IR。

（4）支持 37 倍光学变倍、16 倍数字变倍。

（5）采用高效变焦激光器补光，低功耗，照射距离最远可达 500 m。

（6）采用光学透雾技术，极大提升透雾效果。

（7）支持三码流技术，每路码流可独立配置分辨率及帧率。

（8）支持断网续传功能保证录像不丢失，配合 Smart NVR 实现事件录像的二次智能检索、分析和浓缩播放。

（9）支持数字宽动态、3D 数字降噪、强光抑制、电子防抖、SmartIR。

（10）支持 360°水平旋转，垂直方向 -20°~90°（自动翻转）。

（11）支持 300 个预置位，8 条巡航扫描。

（12）线缆接口描述：电源 + 网口 + 音频 + 报警 + BNC（bayonet nut connector，卡口螺母连接器）+RS485 + 定位模块接线端子。

（13）工作温度 -40 ~70 ℃；湿度小于 90%。

（14）防护等级 IP67；6 000 V 防雷、防浪涌、防突波，符合 GB/T 17626. 5—2019 四级标准。

（15）尺寸 ϕ266. 6 mm ×410 mm。

（16）重量 8 kg。

2）靶标设计

考虑视频识别算法的便利性，本章进行多次靶标设计。靶标设计采用对比鲜明的颜色，不仅考虑到美观性，而且在算法检测时能与图像背景很好地区分，从而最大化提升靶标检测的准确性；同时，为了增强检测靶标特征的稳健性，靶标内部加入不同形状的图案，目前在实验中发现，靶标内部为矩形图案的靶标检测稳定性最高，具体靶标设计结果如图 2 -10、图 2 -11 和图 2 -12 所示。

2. 软件设计

软件设计包含软件接口设计、调试软件设计、算法设计等。软件设计目标是实现泥石流图像的智能判断与实时报警，核心在于智能处理算法，包括图像增强、噪声抑制、背景建模分析、目标检测和图像信息融合，并通过相关接口设计把现场数据回传至后端平台应用。

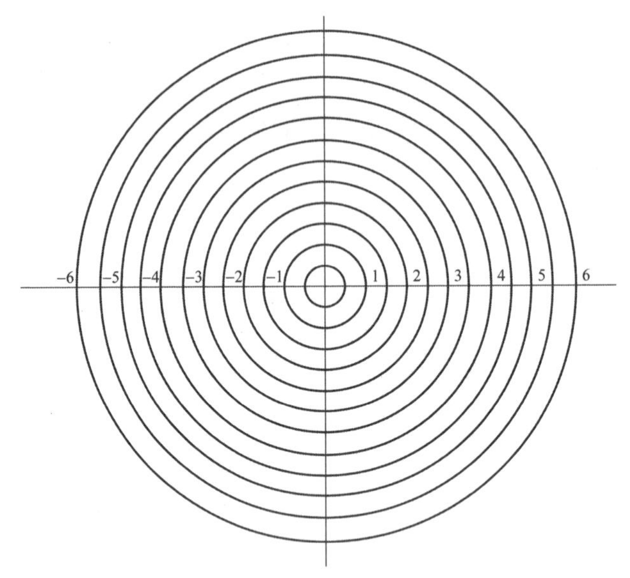

图 2-10　靶标 1 设计图

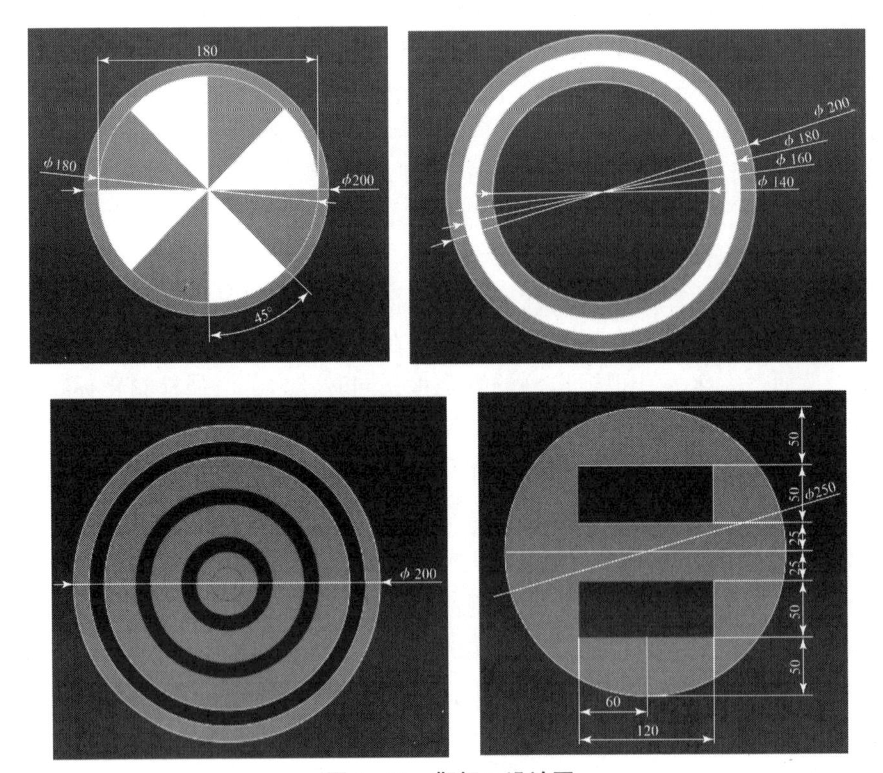

图 2-11　靶标 2 设计图

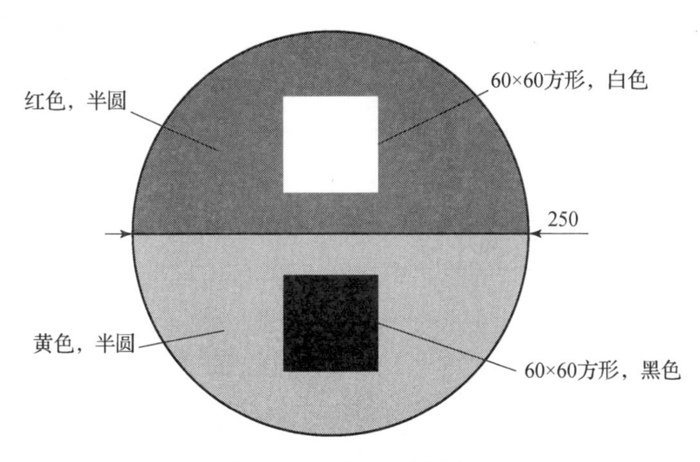

图 2－12　靶标 3 设计图

1）软件接口设计

可见光系统调试软件平台对应上级平台以报警信息上报的方式对接，具体接口情况如下。

（1）通信方式：TCP/IP（传输控制协议/网际协议）。

（2）数据格式：标准 JSON（对象简谱）格式。

（3）接口说明：报警上报、心跳上报。

系统设备故障时产生的报警，其发送报警图片规则如下。

（1）首次设备故障报警立即发送图片，只发送一次。

（2）设备故障报警之后还原后立即发送图片，只发送一次。

（3）连续设备故障报警时长超过 30 min（可配置），每 30 min 发送一次图片。

发生靶标位移时产生的报警，其发送报警图片规则如下。

（1）报警发生时第一分钟内，持续发送 12 次现场报警图片。

（2）接下来每隔 10 min 发送一次现场图片，共发送 12 次。

（3）再接着每隔 1 h 发送一次现场图片，共发送 12 次。

（4）后续不再发送图片。

2）算法设计

算法设计包含图像增强、噪声抑制、背景特征值选取、目标检测、参数选择、图像信息融合以及相关报警功能设计等，具体流程情况如图 2－13 所示。

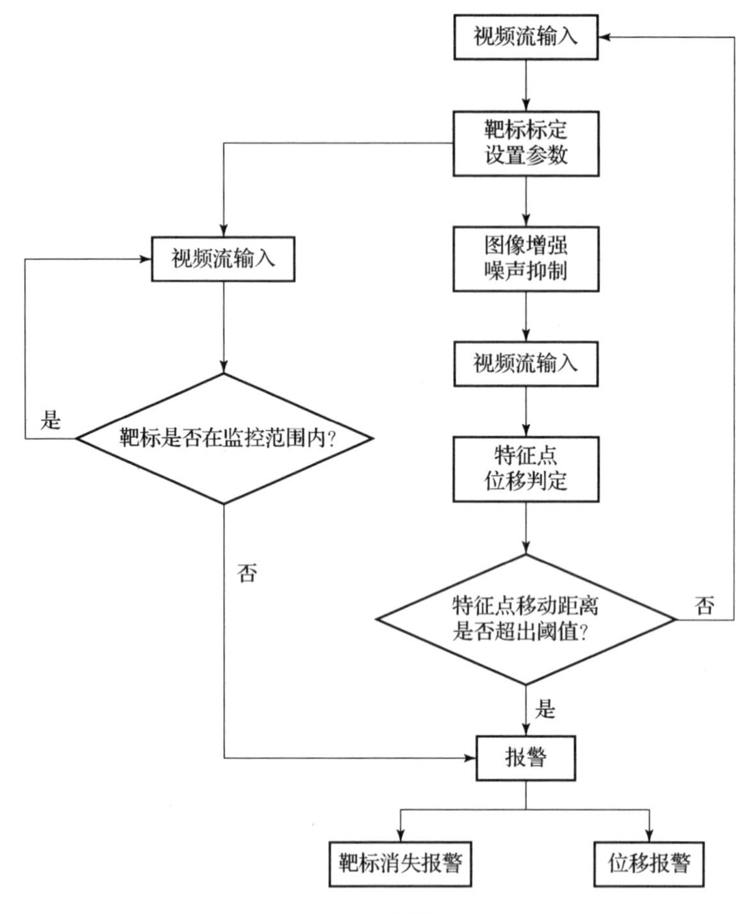

图 2－13　总体算法流程

（1）图像增强算法设计。泥石流监控现场的环境光线偏暗，会造成部分低照度图像对比度差、可用视觉信息量少等问题，基于 Retinex 模型进行图像增强算法处理，基于导向滤波获得亮度分量图像，构建新型的颜色恢复函数，实现对图像的增强效果，解决传统夜间图像增强过程中的噪声放大、效果不足的问题。

图像增强流程如图 2－14 所示。

颜色恢复函数使用改进的优化设计的方法，如式（2－2）所示。

$$C_i(x,y) = G \times \log\left[1 + \frac{\alpha I_i(x,y)}{\sum_{i=1}^{3} I_i(x,y) + \beta + 1}\right] \tag{2-2}$$

Gamma 校正采用式（2－3）所示的方法进行设计，α 和 β 的取值必须使得式（2－3）成立。

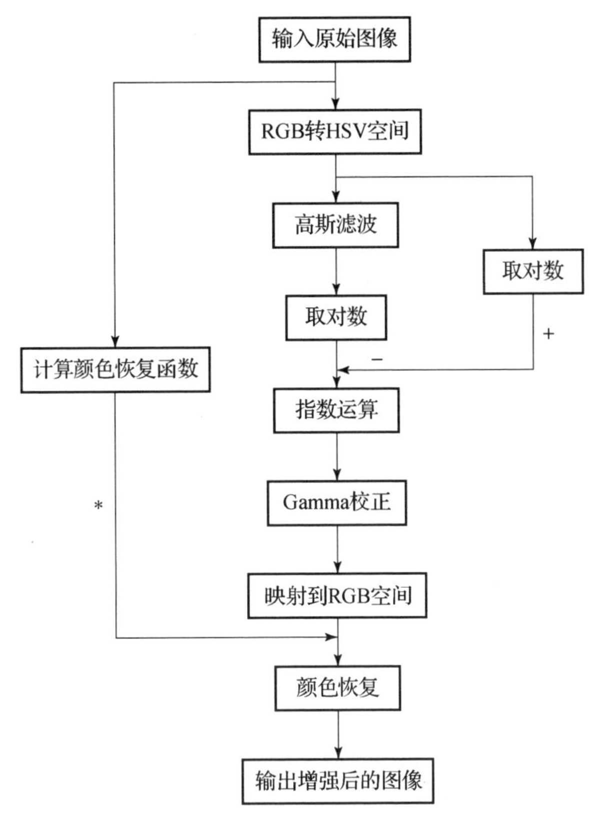

图2－14　图像增强流程

$$1+\frac{\alpha I_i(x,y)}{\sum_{i=1}^{3}I_i(x,y)+\beta+1}>e \tag{2-3}$$

最后通过颜色恢复即可输出增强后的图像。

颜色恢复参考式（2－4）进行操作。

$$(R',G',B')=\begin{cases}(C,X,0),0°\leqslant H<60°\\(X,C,0),60°\leqslant H<120°\\(0,C,X),120°\leqslant H<180°\\(0,X,C),180°\leqslant H<240°\\(X,0,C),240°\leqslant H<300°\\(C,0,X),300°\leqslant H<360°\end{cases} \tag{2-4}$$

（2）噪声抑制算法设计。采用小波变换方法处理，根据小波的多分辨率分析原理将图像进行多级二维离散小波变换，可以将图像分解成图像近似信号的低频子带和图像细节信号的高频子带。其中，图像中大部分的噪声和一些边缘细节都属于高频子带，而低频子带主要表征图像的近似信号。为了能够在增强图像的同时减少噪声的影响，可以对低频子带进行非线性图像增强，用以增强目标的对比度，抑制背景；而对高频部分进行小波去噪处理，减少噪声对图像的影响。

基于小波变换的噪声抑制、图像增强流程如图 2－15 所示。

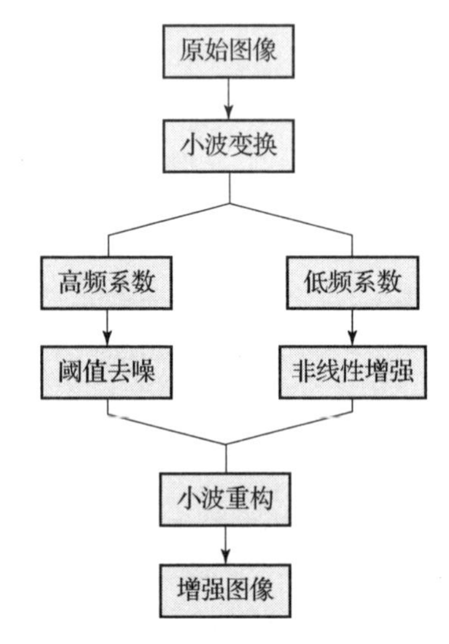

图 2－15　基于小波变换的噪声抑制、图像增强流程

在小波域，有效信号对应的系数很大，而噪声对应的系数很小。噪声在小波域对应的系数仍满足高斯白噪分布。

阈值选择规则基于模型 $y=f(t)+e$，e 是高斯白噪声 $N(0,\ 1)$。因此通过小波系数或者原始信号来进行评估能够消除噪声在小波域的阈值。

考虑选用硬阈值去噪法，当小波系数的绝对值小于给定阈值时，令其为零；大于阈值时，则令其保持不变，即

$$w_{\lambda}=\begin{cases}w & |w|\geqslant\lambda\\0 & |w|<\lambda\end{cases}\tag{2-5}$$

（3）背景建模分析方法设计。运用混合高斯模型（Gaussian mixture model，GMM）完成动态背景建模，混合高斯模型用多个高斯模型的混合，描述图像中的像素，通过多帧图像计算各模型的均值、方差、权重和协方差矩阵等参数，并根据实际应用设定学习或更新的速度。背景估计的目标是通过一组高斯模型组合出最接近实际背景的模型，克服单高斯模型无法处理像素值多峰分布情况的不足。模型建立后即可对后续图像进行检测，通过判断像素是否属于背景点，不断更新模型各参数以适应场景的动态变化。

背景建模分析流程如图 2－16 所示。

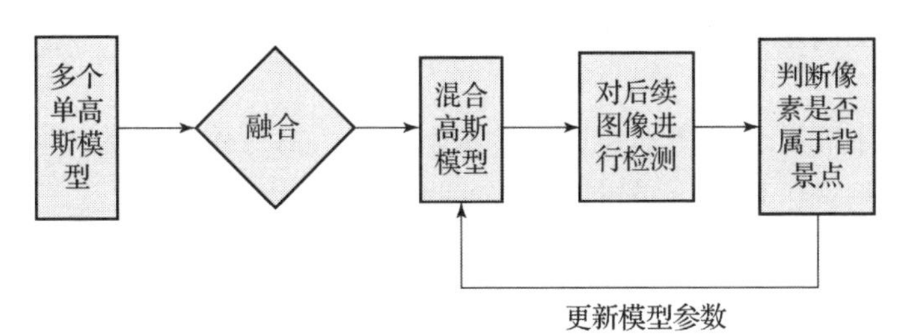

图 2-16　背景建模分析流程

采用混合高斯模型方法进行动态背景建模。假设混合高斯模型由 K 个高斯模型组成（即数据包含 K 个类），则 GMM 的概率密度函数如下：

$$p(x) = \sum_{k=1}^{K} p(k)p(x/k) = \sum_{k=1}^{K} \pi_k N(x/u_k, \sum k) \tag{2-6}$$

式中，$p(x/k) = N(x/u_k, \sum k)$ 是第 k 个高斯模型的概率密度函数，可以看成选定第 k 个模型后，该模型产生 x 的概率；$p(k) = \pi_k$ 是第 k 个高斯模型的权重，称作选择第 k 个模型的先验概率，且满足 $\sum_{k=1}^{K} \pi_k = 1$。

混合高斯模型融合多个单高斯模型，使模型更加复杂，从而产生更复杂的样本。

（4）特征值选取设计。LBP 用来描述图像局部纹理特征的算子，具有旋转不变性和灰度不变性等显著优点。因此选择 LBP 算子用于对图片特征信息进行提取。为了适应不同尺度的纹理特征，使用圆形邻域代替方形邻域，如图 2-17 所示。

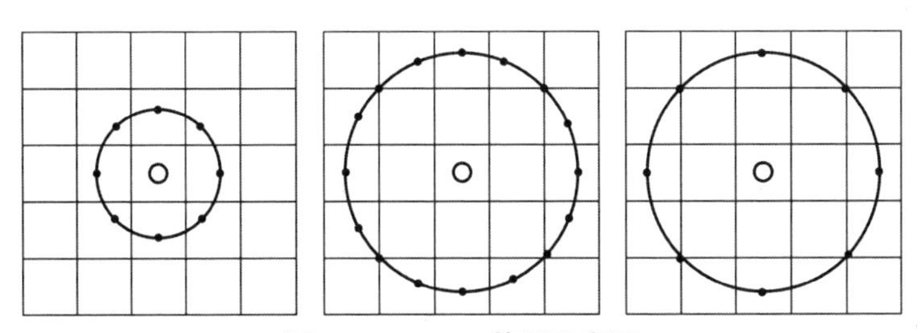

图 2-17　LBP 算子示意图

为了使 LBP 算子具有旋转不变性，在得到圆形的 LBP 算子之后，将圆形位置上的值每次移动一个，取出所有情况中的最小值。

（5）目标检测算法设计。在监控区域布设的靶标为视频检测的目标，通过系列图像处理，使得变换后的目标特性得到有效的增强，改进目标的显著性及其与背景的可分离性。再结合靶标形态学滤波处理进行目标检测，检测出靶标后，识别出靶标的位置并存储，间隔固定时间后再次检测识别，如发现靶标发生位置偏移并且超过设定的阈值，则报警。

目标检测的基础是图像增强、噪声抑制、背景建模分析，主要分为三个步骤。

①利用不同尺寸的滑动窗口框住图中的某一部分作为候选区域。

②提取候选区域 HOG 特征。

③利用 SVM 模型分类器进行识别。

（6）参数选择设计。主要是模型参数的选择，在传统模型的基础上，经过实际测试、训练，调整参数进行优化处理。

区域选择的设计思路是：假设图像上有 n 个预分割的区域，表示为 $\boldsymbol{R}=\{r_1,r_2,\cdots,r_n\}$，计算每个 region 与它相邻 region 的相似度，这样会得到一个 $n\times n$ 的相似度矩阵（同一个区域之间和一个区域与不相邻区域之间的相似度可设为 NaN），从矩阵中找出最大相似度值对应的两个区域，将这两个区域合二为一，这时候图像上还剩下 $n-1$ 个区域；重复上面的过程（只需要计算新的区域与它相邻区域的新相似度，其他的不用重复计算），重复一次，区域的总数目就少 1，直到最后所有的区域都合并成为同一个区域（即此过程进行了 $n-1$ 次，区域总数目最后变成了 1）。算法流程如图 2－18 所示。

算法1:层次分组算法

Input：(彩色)图像

Output:目标定位假设L的集合(区域集合)

使用Fel & Hut(2004)得到初始区域$\boldsymbol{R}=\{r_1,\cdots,r_n\}$

初始化相似度集$S=\Phi$

For each 相邻的区域对（r_i,r_j）do

  计算(r_i,r_j)的相似度$s(r_i,r_j)$

  $S=S\cup s(r_i,r_j)$

End

While $S\neq\Phi$do

  得到最高的相似度值：$s(r_i,r_j)=\max(S)$

  对相应区域进行合并：$r_t=r_i\cup r_j$

  从S里面移除所有关于区域r_i的相似度：$S=S\backslash s(r_i,r_*)$

  从S里面移除所有关于区域r_j的相似度：$S=S\backslash s(r_j,r_*)$

  计算r_t与它相邻区域的相似度得到相似度集S_t

  更新相似度集：$S=S\cup S_t$

  更新区域集：$\boldsymbol{R}=\boldsymbol{R}\cup r_t$

End

从所有的区域$\boldsymbol{R}$中抽取目标定位boxes：L

图 2－18　区域选择算法流程

step0：生成区域集 $\boldsymbol{R}$；

step1：计算区域集 $\boldsymbol{R}$ 里每个相邻区域的相似度 $S=\{s_1,s_2,\cdots\}$；

step2：找出相似度最高的两个区域，将其合并为新集，添加进 $\boldsymbol{R}$；

step3：从 S 中移除所有与 step2 中有关的子集；

step4：计算新集与所有子集的相似度；

step5：跳至 step2，直至 S 为空。

（7）图像信息融合算法设计。为提高靶标位置判断的准确性，需要基于多种图像处理手段，引入包括深度学习方法在内的理论方法，将各种方法获取的数据信息进行融合，提高检测和跟踪性能，综合分析多种检测结果并相互对照，减少虚警率和漏检率。

图像信息融合算法的核心思想包括三部分。

①区域提名：结合滑动窗口和规则块，对图像做不同尺度的缩放，然后用固定大小的滑动窗口以等距步长在整幅图像上滑动，并对每一个滑动窗口做检测。由于它会对整幅图像都进行滑动处理，不会漏掉任何一个可能会出现目标的位置，因此漏检率极低。

②分类和定位：统一用卷积神经网络来做分类和预测边框位置，其中 1～5 层为特征抽取层，即将图片转换为固定维度的特征向量，6～9 层为分类层（分类任务专用），不同的任务（分类、定位、检测）公用特征抽取层（1～5 层），只替换 6～9 层。

③累积：因为用了滑动窗口，同一个目标对象会有多个位置，也就是多个视角；因为用了多尺度，同一个目标对象又会有多个大小不一的块。这些不同位置和不同大小块上的分类置信度会进行累加，从而使得判定更为准确。

算法的主要步骤如下。

第一，利用滑动窗口进行不同尺度的区域提名，然后使用 CNN 模型对每个区域进行分类，得到类别和置信度。

第二，利用多尺度滑动窗口来增加检测数量，提升分类效果。

第三，用回归模型预测每个对象的位置。

第四，边框合并。

（8）主要功能设计。

①靶标标定功能。标定设计的目标是在摄像头主码流状态下截取到高分辨率图片后，对图片进行现实靶标距离和图片像素分辨率对应，将实际移动距离和摄像头视频画面分辨率像素移动距离关联起来，最终得到实际像素值的大小。

②设备在线实时发送心跳。在设备运行过程中，会出现设备断电之类的问题造成摄像头不能及时获取信息，因此在设计时加入发送心跳设计，每隔 60 s 发送一次信息，以此保证设备实时在线。

③靶标发生遮挡/靶标消失报警。在对靶标进行实时监测的同时，难免会出现靶标被遮挡或者靶标消失在摄像机视线范围内的情况，针对遮挡或消失

问题，加入了单独对靶标进行实时监测的核相关滤波模块。在靶标被部分遮挡时，根据靶标的部分信息，系统依旧能监测到靶标，在靶标被完全遮挡或靶标消失时，会发出预警："靶标不在摄像机视线内，请检查!"并发送设备故障信息。

④靶标位移标定。在对靶标进行标定，并进行图像增强、噪声抑制等图像预处理操作后，减小了外界因素对后续靶标位移检测的影响。选取特征点作为追踪目标，将靶标移动转换为图像上的像素点移动。由于每次测试无法保证摄像机与靶标的距离都一样，所以在现场安装调试时，都要对靶标进行标定工作，这样才能保证精确检测位移。

2.3.3 泥石流监测视频传感器测试验证情况

基于前文介绍的技术方案，开展泥石流监测视频传感器测试验证，具体情况如下。

1. *泥石流监测视频测试系统介绍*

中国科学院上海微系统与信息技术研究所研发的软件平台如图 2－19 所示。

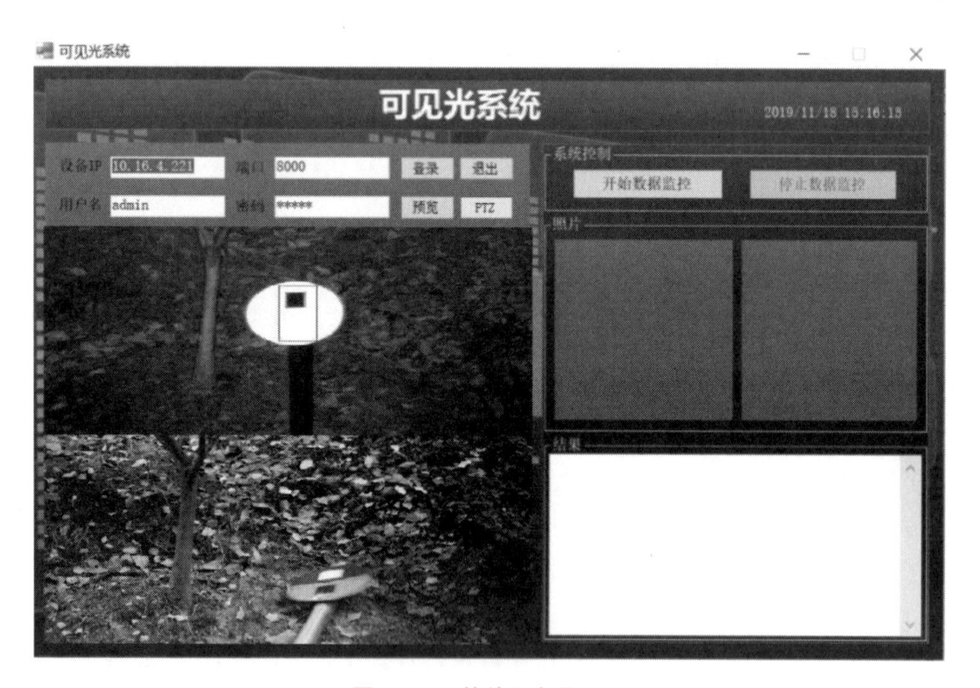

图 2－19　软件平台界面图

1）视频预览控制

界面左边为视频预览和控制部分，可通过输入设备 IP、端口号、用户名、密码，连接摄像头进行视频预览，单击 PTZ，弹出云台控制按钮，可在系统界面进行云台控制，如图 2－20 所示。

图 2－20　PTZ 控制台

2）后台数据接收

界面右边系统控制框里，单击“开始数据监控”，即打开后台数据接收通道，并实时接收算法推送过来的实时信息数据。

3）对比结果展示

界面右边照片框里显示发生报警时，前后两张对比照片；界面右边结果框里，显示发生报警时，系统接收到的报警信息，以及报警判定结果。

2. 样机功能测试

对于靶标，我们认为当泥石流发生时，其会发生大幅度移动。日常的影响如风、雨等自然天气很难对靶标造成大幅度的移动影响，因此我们通过判断靶标的偏移状态来确定泥石流的发生情况。样机测试流程如图 2－21 所示。

首先根据滑动窗算法对目标图片进行处理，对每一个滑动窗执行 HOG 特征提取，将提取的特征与靶标的特征进行相似度对比，选取与靶标相似度最高的区域认为是靶标移动之后的区域，将该区域的中心点坐标与初始靶标中心点的坐标进行距离求解，根据一个像素代表的现实距离即可求出靶标移动的距离。该算法的主要问题在于运算速度较慢，在工控机上处理一张图片需要的时间大约为 20 s。为了提高滑动窗算法的效率，需要对图片中的待检测像素点进行预处理。

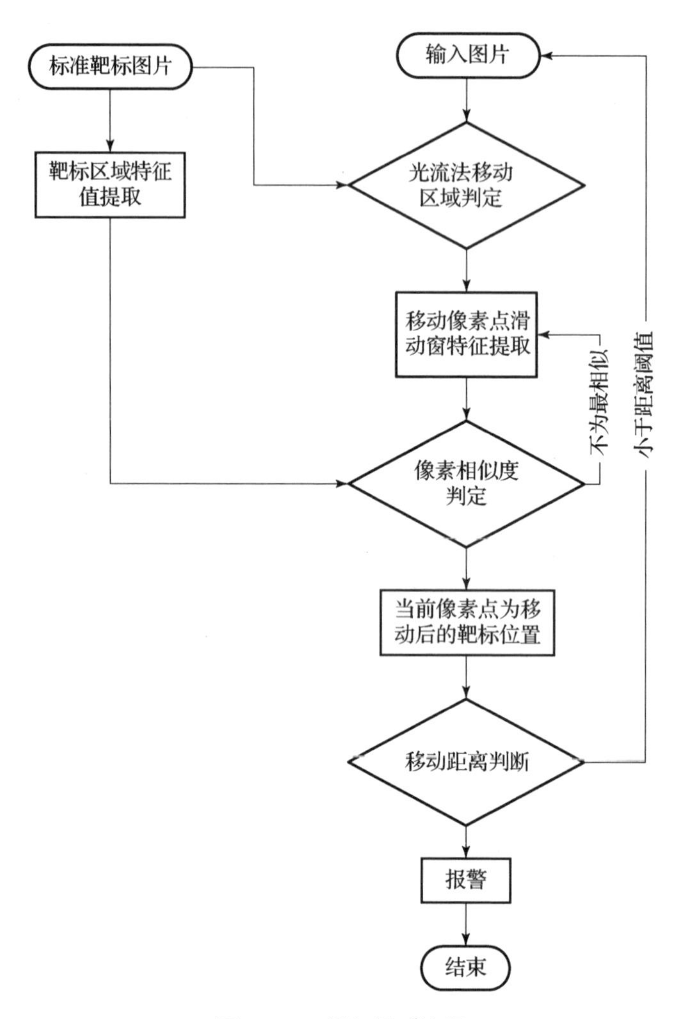

图 2－21　样机测试流程

通常我们认为两帧之间发生移动的只有靶标区域，对于树叶等背景物体的移动可以忽略不计。通过稠密光流算法我们可以提取到两帧图片之间发生移动的区域。

图 2－22 为没有目标的背景图像，图 2－23 为有目标的图像，对比可以发现相比于图 2－22，图 2－23 中左侧部分出现了目标，图 2－24 所示为处理后的两幅图像的变化信息，从结果中发现本章所提方案可以有效地提取目标的变化信息。

若靶标发生移动，如图 2－25 和图 2－26 所示，图中目标发生移动，从图 2－27 所示的结果图中可以有效地将运行信息提取出来。

图 2-22　测试图 1

图 2-23　测试图 2

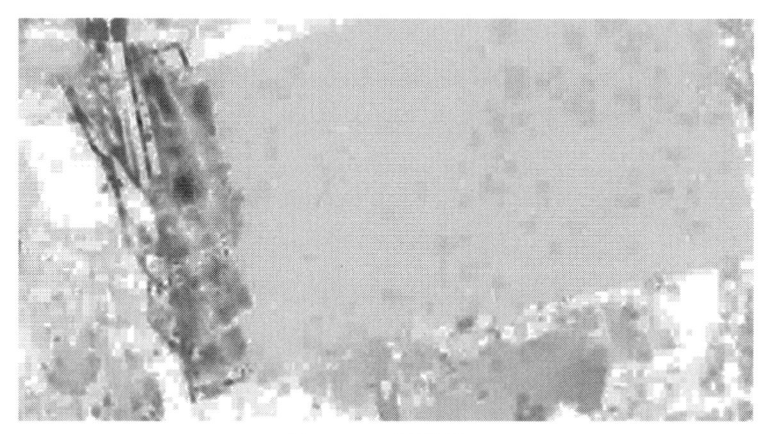

图 2-24　测试图 3

图 2-25　测试图 4

图 2-26　测试图 5

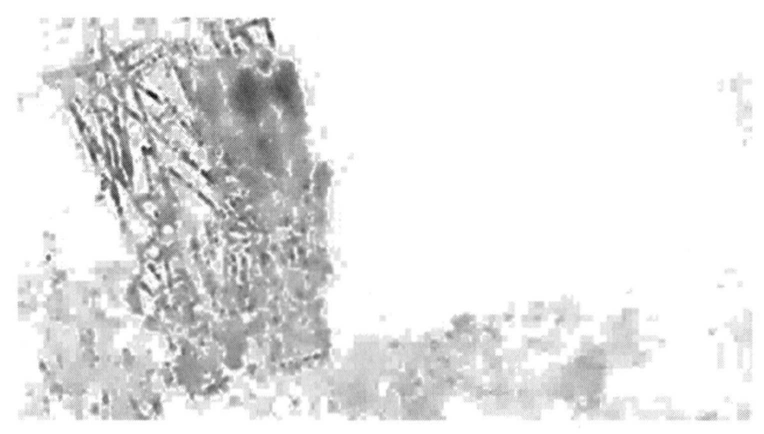

图 2-27　测试图 6

图 2－25 和图 2－26 为靶标发生位移的状况，目标特征的运动被转换为速度矢量的运动，发生位移的区域内像素点发生了移动，图像序列中像素在时间域上发生了变化，从图 2－27 中我们可以看到，发生位移的原区域与当前区域都可以被检测到。

通过上述分析可知稠密光流算法可以将待检测的像素点压缩到发生位移的靶标附近，极大提高了算法效率。

3. 样机性能测试

为了验证泥石流监测视频传感器的性能，中国科学院上海微系统与信息技术研究所在嘉定园区室外搭建一套完整的测试场景，方便研发测试人员进行室外测试，如图 2－28、图 2－29 所示。

图 2－28　室外测试场景

现场采用步进电机和搭载固定靶标的导轨滑台，可精确控制靶标进行 1 mm 的位移操作，通过部署在 25 m 远处的视频采集单元捕获图像，进行靶标1 mm 位移识别与检测。检测设备及检测结果如图 2－30 ~ 图 2－32 所示。

在算法分析时，输入视频数据流后，首先启动目标检测算法，标定靶标的位置，对靶标进行实时的跟踪，确认摄像机范围内有靶标，随后启动位移检测，导轨滑台系统对靶标进行 1 mm 的移动操作，同时在算法后台，靶标移动带动靶标上的特征点发生了移动，算法检测到了靶标发生了 1 mm 移动，发出位移报警。经测试验证该系统可以检测到 25 m 外的 1 mm 位移量。

图 2-29　室外靶标安装情况

图 2-30　进电机和搭载靶标的导轨滑台系统

图2-31 软件系统测试情况

图2-32 识别结果情况

4. 实验总结

测试验证包含两个方面，一是算法验证，二是系统测试。在算法验证中，通过对稠密光流法进行的单独测试，验证了稠密光流法可以检测到带有靶标的区域，同时在靶标移动时，也能检测到移动的区域。在系统测试中，验证了算法可以精确地识别追踪靶标，并且也可以检测到25 mm外的靶标1 mm的位移量。

2.4 泥石流监测雷达传感器技术

传统泥石流监测传感器分辨率较差、可靠性较低、灵敏度较低，不同传感器适用场景有限；在传统泥石流监测传感器的基础上发展了泥石流视频监测传感器，泥石流视频监测传感器结果直观，但是在夜间、植被遮挡以及雨天等光学环境恶劣、光学信号信噪比差的情况下，光学监控的效果会受到影响，存在环境适应性差的缺陷，无法完全满足高可靠泥石流监测预警的需求。泥石流监测雷达传感器以其穿透能力强、全天候、全天时工作性能稳定、测量精度高等优势，可以很好地弥补这些缺陷，可作为传统监测技术和手段的补充，实现更加可靠、更加准确的适应复杂地形条件的山区泥石流监测能力。

2.4.1 工作原理

微波雷达测量技术以其穿透能力强、全天候、全天时工作性能稳定、测量精度高的优势，得到了很好的发展。针对泥石流中运动目标的反射截面积小、运动速度慢等问题，需要采用更高灵敏度和更低噪声的雷达收发前端设备来实现对小慢目标的监测。

泥石流监视雷达工作原理是：在被监测区域内所有背景环境的距离、回波信号强度是稳定的，不会随时间发生变化，因此在相消运算中所有背景环境的回波信号就会被抵消掉，只保留下动目标的距离、速度、回波信号强度的信息，而泥石流具有显著的群速度特征，其中包含水、泥沙、石块等各种不同速度的物体，且泥石流形成后会在连续的距离上持续运动，并有较强的回波信号。利用泥石流的这些特征，雷达数据处理系统对被监测到的动目标信息进行匹配，符合上述匹配条件后就判断该动目标具有泥石流的特征，于是对外发送报警信息。

针对泥石流中运动目标的反射截面积小、运动速度慢等特点，泥石流监测雷达通过动目标检测（MTD）、运动杂波抑制及恒虚警（constant false - alarm rate，CFAR）检测来实现对小型慢速目标的检测识别。泥石流监测雷达采用积累、对比的数据处理算法，该算法对固定的地物反射杂波有良好的滤除效果，因此具有在强杂波背景下有效检测小型慢速目标的能力。

为实现对小型慢速目标的有效监测，主要运用包括脉冲多普勒（PD）雷达技术、脉冲压缩与匹配滤波技术、动目标检测技术、运动杂波抑制技术和恒虚警检测技术五项核心技术。

1. 脉冲多普勒雷达技术

脉冲多普勒雷达是一种依靠多普勒效应提高目标检测能力的全相参体制

的雷达。多普勒效应指在波源移向观察者时接收频率变高，而在波源远离观察者时接收频率变低，也可理解为当波源与观察者有相对移动的时候，接收到的频率会发生变化。多普勒频率则是从多普勒效应中提取出来的重要概念。当雷达与目标有相对运动时，雷达接收到的目标回波频率与雷达发射频率不同，两者的差值称为多普勒频率。当目标做接近雷达运动时，则接收到的回波频率高于发射频率，多普勒频率是正值，反之为负值。从多普勒频率中可以提取的主要信息之一是雷达与目标之间的距离变化率（径向速度），二者之间的关系为

$$f_d = \frac{2v}{c} f_t = \frac{2v}{\lambda_t} \tag{2-7}$$

多普勒频移的正负则表示了目标相对于雷达的运动方向。

目标距离和速度的测量是 PD 雷达的基本任务之一。PD 雷达测距原理是通过测量目标回波的延迟时间来实现的。因而，PD 雷达目标的距离分辨率与其回波脉冲的宽度有关。脉冲宽度越小，距离分辨率也就越高。无线电波在均匀介质中以固定的速度直线传播。于是目标距离 R 可以通过测量从发射信号到接收到目标回波信号的时间延迟 t_R 得到，即

$$R = \frac{c \cdot t_R}{2} \tag{2-8}$$

根据雷达发射信号的不同，测量 t_R 的方法也不同，通常采用脉冲法。在脉冲雷达中，目标回波信号相对于发射信号在时间上是延迟为 t_R 的回波脉冲。以发射信号为同步信号，开始计时测量，直到回波信号到达时刻停止，即可得到延迟 t_R。利用发射同步脉冲、时钟脉冲以及目标回波脉冲，通过计数器可以直接测得目标距离

$$R = \frac{c(nT_{cp})}{2} \tag{2-9}$$

式中，n 为从目标发射脉冲到目标回波脉冲之间时钟脉冲的个数；T_{cp} 为时钟的脉冲重复周期。所以只要测出距离码 n 就能得到目标距离。

而目标速度的测量则是以多普勒频移为基础。当发射信号源与接收信号器之间有相对运动，接收到的信号频率将不同于发射信号频率，对雷达系统来说，只要雷达与目标存在相对运动，多普勒效应就体现在目标回波信号的频率与发射信号频率的不同上，此时多普勒频移不为零。假设目标运动速度为 v_t，目标运动速度的矢量方向与雷达视线间夹角为 $\theta(t)$。则目标相对于雷达的镜像速度为

$$v_r(t) = v(t)\cos\theta(t) \tag{2-10}$$

根据多普勒频移定义，可以得到目标速度公式为

$$v(t)=\frac{f_d\lambda}{2\cos\theta(t)} \tag{2-11}$$

由式（2－11）可以得出如下结论。

（1）只要测得目标多普勒频率就可以得到目标运动速度。

（2）背景环境多普勒频移为零。

（3）多普勒频移的正负决定了目标运动方向。

2. 脉冲压缩与匹配滤波技术

脉冲压缩是通过脉冲压缩滤波器对大时宽带宽积的信号进行滤波处理实现的，这时雷达的发射信号是具有按照一定规律变化的载频的宽脉冲，这种宽脉冲具有非线性相位谱。而脉压滤波器的频率延迟特性与发射信号的变化规律是相反的，即脉压滤波器在相位上应该与发射信号实现共轭匹配。因此，理想的脉压滤波器就是匹配滤波器。

雷达的操作通常是在规定的距离窗上进行的，这个窗被称为接收窗，由雷达的最大距离和最小距离的差定义。接收窗内所有目标的回波被接收并且传输给匹配滤波器电路进行脉冲压缩。脉冲压缩主要是采用 FFT（快速傅里叶变换）数字化的方式执行，又称为快速卷积处理，可以在基带实现。

3. 动目标检测技术

在信号处理上，回波信号中不仅含有目标信息，还包含从地物、云雨等物体散射产生的杂波信号。所以在测量中需要开展动目标检测、杂波抑制等处理，以提高在杂波区检测运动目标的能力。

动目标检测利用一组带通的多普勒滤波器，对不同多普勒频移的信号进行频域上的区分，来实现测速与杂波抑制。动目标检测在慢时间维上利用滤波器组抑制杂波，以达到杂波背景下检测运动目标、抑制各种杂波、提高检测信噪比的目的。

对一个 CPI（相参处理间隔）内脉冲压缩后的数据进行重排，在慢时间维上进行 FFT 运算。假设雷达脉冲重复周期为 T_r，雷达脉冲重复频率 $f_r=1/T_r$，N 点 FFT 形成的 N 个滤波器均匀分布在（$0\sim f_r$）的频率区间内，动目标信号由于其多普勒频率的不同可能出现在频率轴上的不同位置，因而可能从（$0^\#\sim N-1^\#$）的多普勒滤波器输出。只要目标信号与地杂波从不同的多普勒滤波器输出，目标所在滤波器输出的信杂比将得到明显提高。

超低副瓣滤波器组是一个比较适合的动目标检测滤波器。首先设计一个低通滤波器，其通带为 f_r/N，N 为 MTD 多普勒维滤波器的数目，具有超低副瓣的性质。滤波器特性 $H_0(f)$ 的主、副瓣比 $E(\mathrm{dB})$ 大于对杂波的抑制要求，即大于对地杂波的改善因子，这个滤波器被称为 $0^\#$滤波器，将这个滤波器乘以 $\exp(jn2\pi f_r/N)$，$n=0$，1，2，K，使 $0^\#$滤波器在频率轴上平移，就可以得

到 N 个在 $0 \sim f_r$ 区间内均匀分布的多普勒滤波器组。将 $0^{\#}$ 滤波器的输出直接置零即可滤除静地杂波。该滤波器组具有低副瓣的特性，能有效解决强地杂波的副瓣进入其余多普勒通道导致干扰检测的问题。只要滤波器的主副比大于对地杂波的改善因子，在速度上将零速地杂波滤除，可以将动目标和杂波分离出来，避免小目标被淹没在杂波中。同时，几个低速通道 $1^{\#}$、$(N-1)^{\#}$、$2^{\#}$、$(N-2)^{\#}$ 输出结果的恒虚警门限需要适当提高，以降低其虚警率。

4. 运动杂波抑制技术

上文介绍的动目标检测技术能很好地将运动目标从低速或者零速的强杂波中滤除出来，但前提是杂波与目标的多普勒频移差别较大。运动杂波主要指气象杂波（云、雨、雪）、海浪杂波和其他物体运动等形成的杂波，由于受风的影响，这类杂波的多普勒频移一般不等于零，普通的实数加权 MTI（Moving Target Indication，运动目标显示）滤波器难有好的抑制效果。运动杂波会抬高噪底，对目标检测造成较大的干扰，为此对运动杂波频偏的估计是必要的。

窄带杂波的时域形式可以表示为

$$u(t) = U(t)e^{j(2\pi f_d t + \theta)} \tag{2-12}$$

式中，$U(t)$ 为运动杂波复包络；f_d 为运动杂波谱的中心（运动杂波的多普勒偏移）；θ 为初始相位。根据式（2-12），在不同时间 t_1 和 t_2 的 $u(t)$ 分别为

$$\begin{aligned} u(t_1) &= U(t_1)e^{j(2\pi f_d t_1 + \theta)} = U(t_1)e^{j\varphi_1} \\ u(t_2) &= U(t_2)e^{j(2\pi f_d t_2 + \theta)} = U(t_2)e^{j\varphi_2} \end{aligned} \tag{2-13}$$

对其进行处理

$$\frac{u \cdot (t_1)u(t_2)}{|u(t_1)||u(t_2)|} = e^{j(\varphi_2 - \varphi_1)} = e^{j\Delta\varphi} \tag{2-14}$$

$$\Delta\varphi = \varphi_2 - \varphi_1 = 2\pi f_d(t_2 - t_1) \tag{2-15}$$

由于 $u(t_1)$ 和 $u(t_2)$ 为经过正交数字下变频的基带复信号，所以可以表示为

$$\begin{aligned} u(t_1) &= I_1 + jQ_1 \\ u(t_2) &= I_2 + jQ_2 \end{aligned} \tag{2-16}$$

故

$$\Delta\varphi = \arctan\left(\frac{I_1 Q_2 - I_2 Q_1}{I_1 I_2 + Q_1 Q_2}\right) \tag{2-17}$$

可以得到运动杂波中心多普勒频移 f_d 为

$$f_d = \frac{\Delta\varphi}{2\pi(t_2 - t_1)} \tag{2-18}$$

便可将运动杂波的多普勒频移估计出来。通常取 t_2 和 t_1 之间的时间间隔为一

个脉冲重复周期的长度。在计算得到杂波的多普勒频率后，将其搬移到零频处，利用 MTD 滤波器将其滤除。

由于副瓣低于系统改善因子，通过低副瓣滤波器将不同速度的目标完全分离出来，就可以完成静地杂波的抑制；而运动杂波可以通过多圈积累来获取其出现概率，进而进行自动抑制。

5. 恒虚警检测技术

恒虚警检测是指虚警率保持不变。空域平均恒虚警技术将检测单元的邻近单元看作参考窗，通过参考窗内的回波数据来估计杂波背景功率，从而对目标是否存在进行判决。主要的方法有：单元平均恒虚警检测器，其中包括 CA－CFAR（单元平均 CFAR）检测器、GO－CFAR（选大 CFAR）检测器、SO－CFAR（选小 CFAR）检测器；OS－CFAR（有序恒虚警）检测器，引申出 CMLD－CFAR（删除和平均恒虚警）检测器、TM－CFAR（削减平均恒虚警）检测器。

CA－CFAR 检测器在均匀杂波背景中检测性能最接近于理想检测器。但是在杂波边缘和多干扰环境中，检测性能和控制虚警概率的能力严重下降。

SO－CFAR 检测器可以一定程度上克服 CA－CFAR 检测器在多干扰目标下的检测缺陷，当只有一侧参考窗出现干扰的时候，SO－CFAR 检测器能够克服多干扰目标的遮蔽效应；当两侧参考窗都出现干扰时，SO－CFAR 检测器则无能为力。另外当参考滑窗长度较小时，会给 SO－CFAR 检测器带来较大的恒虚警损失，局限性比较大。

GO－CFAR 检测器的优点是在杂波边缘背景下，能够克服低功率样本造成高功率区域的虚警增大，同时也会产生高功率杂波样本对低功率区域目标遮蔽的问题，仍然存在缺陷。由于采用半个参考滑窗的参考单元来估算背景杂波功率，因此在均匀杂波背景下，相对于 CA－CFAR 检测器会产生额外的 CFAR 损失。

OS－CFAR 检测器性能介于上述三种检测器之间，是一种折中的检测器。与 CA－CFAR 检测器相比，OS－CFAR 检测器对全部参考单元信息的利用率较低，于是在均匀杂波背景中检测性能不如 CA－CFAR 检测器。在非均匀杂波背景中，OS－CFAR 检测器根据适当的 m 值可以避免干扰对估计背景杂波功率的影响，而准确地估计出它的强度。在杂波边缘环境下，虽然性能要比 GO－CFAR 检测器差，但是 OS－CFAR 检测器对杂波边缘呈现出较好的适应性。

2.4.2 泥石流监测雷达传感器技术方案

1. 总体设计

本章所使用的泥石流监测雷达由中国兵器工业第二〇六研究所负责研制，

泥石流监测雷达采用单波束设计，可以对天线法线方向上 ±3.5°方位范围内和 ±5°俯仰范围内的目标进行连续监测。发射信号为 X 波段的巴克码调相脉冲信号，接收采用脉冲压缩处理，可以实现最小 15 m 的距离分辨率。雷达采用积累、对比的数据处理算法，对固定的地物反射杂波有良好的滤除效果，具有在强杂波背景下有效检测小型慢速目标的能力。

泥石流监测雷达系统组成框图如图 2－33 所示。

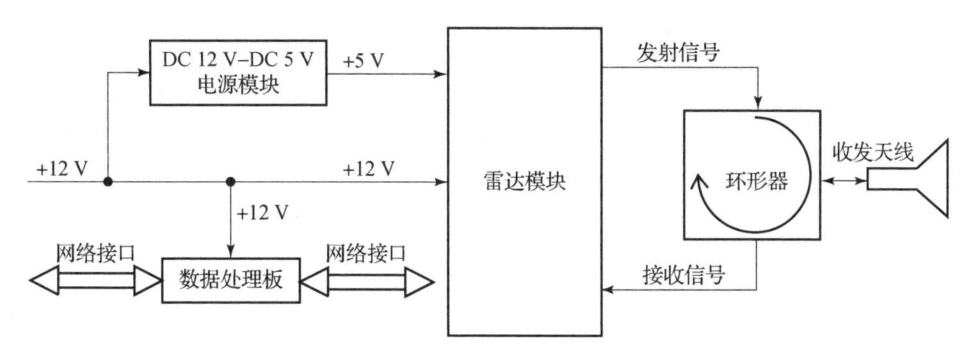

图 2－33　泥石流监测雷达系统组成框图

泥石流监测雷达系统性能指标如表 2－2 所示。

表 2－2　泥石流监测雷达系统性能指标

技术参数	指标	单位
工作频率	10.1～10.5	GHz
频率分辨率	5	MHz
DDS 分辨率	0.15	mHz
频偏	±30	ppm
输出功率（环形器输出端）	30	dBm
无杂散动态范围	－80	dBc
调制方式	脉冲相移键控（Pulse PSK）	
脉冲长度	0.105～30	μs
脉冲宽度分辨率	105.263	ns
脉冲压缩	Barker 3～13 BPSK	
调制方式	50% 占空比脉冲 QPSK	
信号带宽	25	MHz

续表

技术参数	指标	单位
噪声系数（接收端）	3.5	dB
脉冲重复频率	0.001～1	MHz
接口	USB，RS232，Ethernet	
距离门	1～128	
距离门分辨率	1 024	Lines

2. 主要分系统设计

泥石流监测雷达主要由雷达模块、数据处理板、收发天线三部分内容组成。

1）雷达模块

雷达模块完成雷达发射信号产生、接收信号处理。雷达模块内部包含信号处理板、变频器 1、变频器 2 三个单元。

（1）信号处理板。信号处理板是雷达模块的控制和处理核心，信号处理板所有的核心逻辑都是在 FPGA（现场可编辑逻辑门阵列）中实现的。这包括 ARM（高级精简指令集计算机）总线接口、DSP（数字信号处理器）总线接口、DSP 的 HPI（主机端接口）接口、ADC（模拟数字转换器）接口、DDS（直接数字频率合成器）接口和控制信号生成。ARM 处理器根据雷达配置文件，通过 FPGA 中的 Linux 驱动程序配置寄存器，通过 HPI 接口将 DSP 程序加载到 DSP 内存中，并开始雷达信号处理。FPGA 控制变频器 1 的启动，并产生两路时钟信号用作 ADC 的采样时钟和 DDS 数字变频器的时钟。FPGA 中的 IQ（正相/同交）脉冲发生器产生数字信号来控制 DDS 上变频器输出256 MHz 的巴克码调制信号，进而由变频器 1 和变频器 2 上变频为 X 波段的发射信号。雷达回波信号则由变频器 1 和变频器 2 下变频为中频信号，然后采用超采样技术由 ADC 采样为 14 位的数字信号，该数字信号在 FPGA 中经过数字下变频和滤波变为基带信号，在 FPGA 雷达逻辑中对基带数字数据进行滤波后，通过 DMA（直接内存访问）传输到 DSP 存储器，DSP 通过连续的 FFT 计算距离门谱，并通过 HPI 接口将数据传输到 FPGA 环缓冲器。ARM 驱动程序最终读取缓冲器，然后将数据进行格式化处理和缓冲，通过网口传输到数据处理板上。

（2）变频器 1。变频器 1 具有 4 个正弦信号发生器。其中基准晶振是所有其他基于 PLL（锁相环）的信号发生器的时钟基准，也为信号处理板的 ADC 提供时钟信号。基于 PLL 的信号发生器共有三路，分别产生用作信号处理板

DDS 的时钟信号，和用于变频器1 的本振1 信号以及用于变频器2 的本振2 信号。变频器 1 中的上变频电路将来自信号处理板的第一级发射中频信号与本振 1 信号进行混频，产生第二级发射中频信号输出给变频器 2。变频器 1 中的下变频电路接收变频器 2 送来的第一级中频信号，并将该信号与本振 1 信号进行混频，转换为第二级中频信号输出给信号处理板。上、下变频电路中都有多级微波开关用来进行收发信号隔离。

（3）变频器2。变频器2 中的上变频电路将来自变频器1 的第二级发射中频信号与本振 2 信号进行混频，生成最终的发射信号，由固态功率放大器进行放大输出。变频器 2 中的下变频电路将雷达回波信号与本振 2 信号进行混频，下变频为第一级接收中频信号输出给变频器 1。

2）数据处理板

数据处理板用来运行数据处理程序，将雷达模块中信号处理板处理得到的数据进行存储、对比，从而分析出一段时间内被检测区域中物体在距离、强度、速度上的变化，进而判断是否构成泥石流等自然灾害；数据处理板的硬件采用工业级单板计算机，在功耗不大于 15 W 的情况下满足雷达体积、重量方面的要求。数据处理板具备双网口、多网段通信能力，可以同时接收来自雷达模块的监测数据，并对外发送报警信息。

3）收发天线

收发天线完成电磁波信号的发射与接收。收发天线采用微带阵列天线形式，并借用雷达机箱的一个安装面，使之在结构上与雷达机箱成为一体，没有突出的结构，可以有效缩减雷达的体积。同时，为了克服微带阵列天线副瓣高、效率低的特点，采用了串并结合的方法进行阵列设计。根据天线波束宽度和尺寸的要求，阵列的布置为：方位维 14 元，俯仰维 8 元，天线辐射单元共 112 个，天线阵列的排布及馈电形式如图 2 – 34 所示。

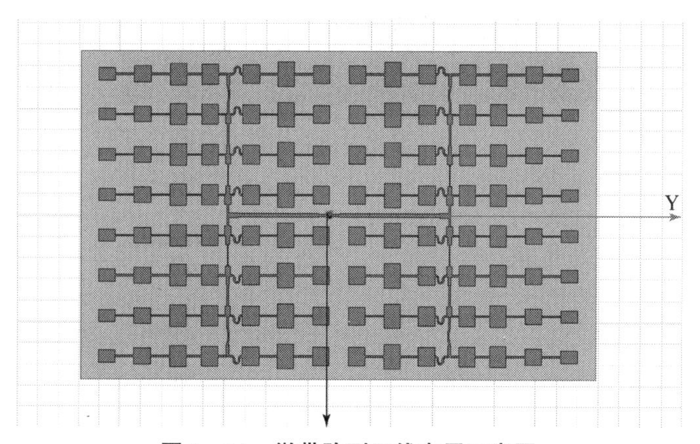

图 2 – 34　微带阵列天线布局示意图

3. 结构设计

雷达的机箱采用半封闭的铸件结构，尽量减少螺钉安装面，优化防雨防尘性能。机箱正面安装微带阵列天线，后面安装盖板。所有安装面均采用防水设计，天线安装面的接缝采用胶接的方式处理，盖板安装面采用密封条填实接缝。雷达机箱整体尺寸不超过285 mm×220 mm×152 mm。雷达的内外部视图如图2－35和图2－36所示。

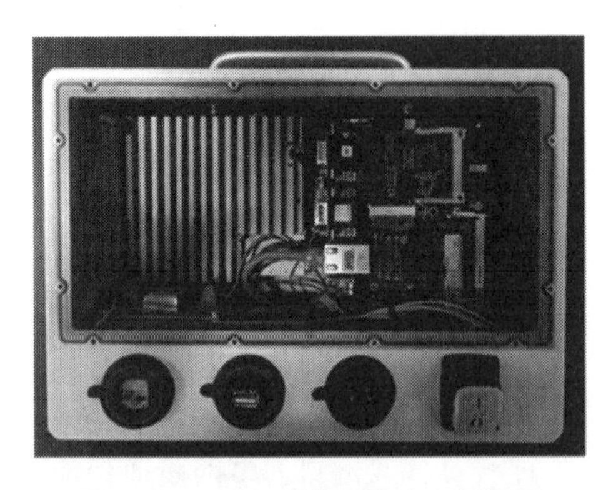

图2－35　泥石流监测雷达内部视图

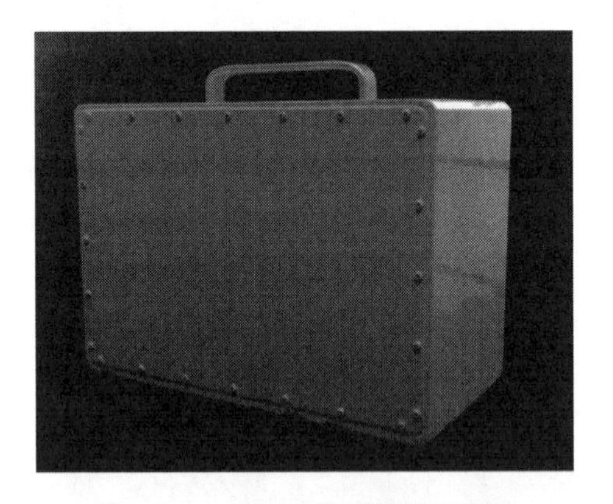

图2－36　泥石流监测雷达外观图

4. 信号处理

泥石流雷达信号处理流程如图2－37所示。

经过雷达信号处理系统的处理后，雷达回波信号被解算成一组分布在1 024个速度通道和X个距离单元上的信号阵列（距离单元的数量需要根据被监测区域的距离和距离分别率精度要求进行设置），阵列中的每个单元都有一定的信号幅度，这代表某个距离单元上某一速度的目标的回波信号幅度。这样的一组阵列可以用瀑布图的形式显示出来，如图2－38所示。

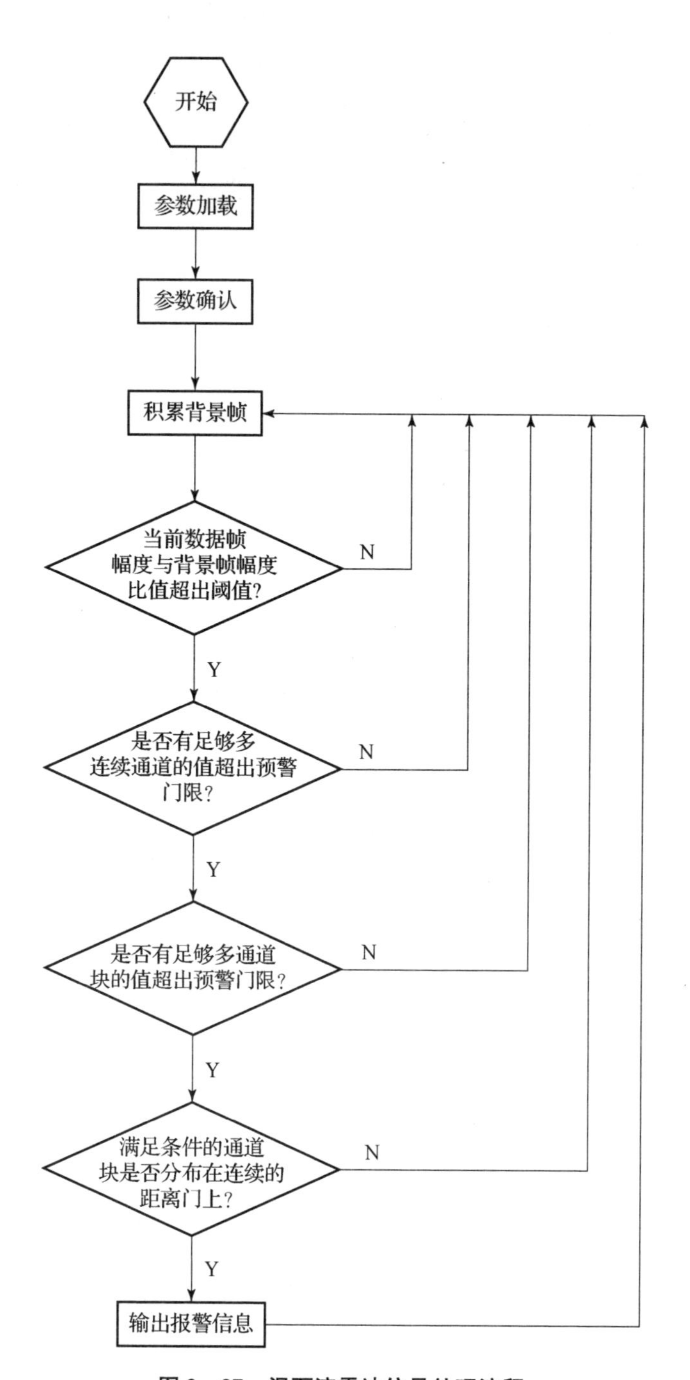

图 2 –37　泥石流雷达信号处理流程

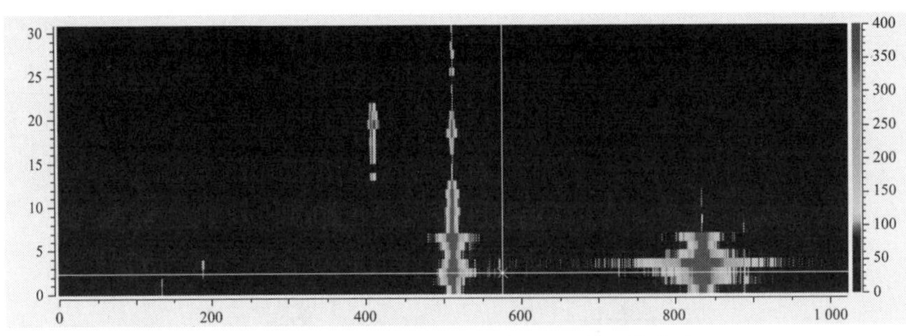

图 2－38　泥石流监测雷达信号处理瀑布图

图 2－38 中横轴为速度通道，共有 1 024 个速度通道。纵轴表示距离单元，该图中共显示有 30 个距离单元。这样的一组信号阵列被称为一帧数据，雷达运行时不断获取这样的数据帧，并将当前数据帧与之前获取的数据帧做相消运算，这样就可以剔除背景环境的回波信号，将运动目标筛选出来，然后根据运动目标的速度分布情况、距离分布情况、回波强度情况判断该动目标是否属于泥石流一类的目标。

泥石流雷达监视传感器共有三种报警等级，分别如下。

（1）0x03：表示有低风险级别的事件发生（有小型运动目标经过）。

（2）0x0A：表示有高风险级别的事件发生（有疑似泥石流类型的运动目标经过）。

（3）0x0B：表示有最高风险级别的事件发生（有泥石流类型的运动目标经过）。

2.4.3　泥石流监测雷达传感器测试验证情况

1. 外场实验情况

中国兵器工业第二〇六研究所在西安市长安区土门峪村以及土门峪村旁的龙泉禅寺开展了泥石流雷达外场测试实验。图 2－39 所示为外场实验场地示意图。

土门峪村的乡间土路，长度约 650 m。从龙泉禅寺雷达架设处俯视该道路，距离道路最近处约 860 km，距离道路最远端约 1 320 m。道路两边为农田，测试时基本没有非实验人员和车辆经过。

以单人作为低速小反射目标，人员身上不携带任何金属反射物或者可以增大有效反射面积的物体。以长安牌小型两箱轿车作为高速大反射目标。

实验对两部雷达先后开展测试，采用＋12 V 蓄电池向雷达供电。用笔记本电脑网口连接雷达网口，用 RadarExplorer 软件获取雷达监测瀑布图，同时用 NetAssist 软件（网络调试助手）获取雷达对外报警信息和心跳数据。

为了兼顾远、近两种距离的测试，设置了两个测试场景。

图 2－39　外场实验场地示意图

1）测试场景 1

雷达架设在龙泉禅寺旁，向下俯瞰土门峪村旁的田间土路，雷达天线阵面法线方向与道路中点处的夹角约为 35°，通过调节雷达天线的指向，可以覆盖 860～1 320 m 的距离区间，如图 2－40 所示。

2）测试场景 2

雷达架设在土门峪村旁的田间土路上，雷达天线阵面法线方向正对道路，可以覆盖 0～550 m 的距离区间，如图 2－41 所示。

图 2－40　外场实验测试场景 1

图 2－41　外场实验测试场景 2

2. 外场实验结果

在测试场景 1、2 下分别对车辆和人员进行了测试。车辆在各个距离段均可实现报警，在距离大于 1 000 m 后报警级别为 0A，在 1 000 m 内报警级别为 0B。人员在各个距离段都可在雷达瀑布图中观测到，但在 860 ~ 1 400 m 距离段内没有形成报警，在 0 ~ 550 m 距离段内可以全段报警，报警级别为 03。

测试记录结果如表 2 – 3 ~ 表 2 – 6 所示。

表 2 – 3　车辆距离 50 ~ 500 m（高速，大 RCS）

实验预设值		实验实际值	报警信息	
速度/($m \cdot s^{-1}$)	探测距离/m	实际速度/($m \cdot s^{-1}$)	报警级别	是否上报
10	50	11.1	0x0B	是
	300	11.1	0x0B	是
	500	11.1	0x0B	是
20	50	20.8	0x0B	是
	300	20.8	0x0B	是
	500	20.8	0x0B	是
30	50	27.8	0x0B	是
	300	27.8	0x0B	是
	500	27.8	0x0B	是

表 2 – 4　车辆距离 500 ~ 1 000 m（高速，大 RCS）

实验预设值		实验实际值	报警信息	
速度/($m \cdot s^{-1}$)	探测距离/m	实际速度/($m \cdot s^{-1}$)	报警级别	是否上报
10	600	11.1	0x0B	是
	800	11.1	0x0B	是
	1 000	11.1	0x0B	是
20	600	20.8	0x0B	是
	800	20.8	0x0B	是
	1 000	20.8	0x0B	是
30	600	27.8	0x0B	是
	800	27.8	0x0B	是
	1 000	27.8	0x0B	是

表 2-5　车辆距离 1 000~1 500 m（高速，大 RCS）

实验预设值		实验实际值	报警信息	
速度/（m·s^{-1}）	探测距离/m	实际速度/（m·s^{-1}）	报警级别	是否上报
10	1 100	11.1	0x0A	是
	1 200	11.1	0x0A	是
	1 320	11.1	0x0A	是
20	1 100	20.8	0x0B	是
	1 200	20.8	0x0A	是
	1 320	20.8	0x0A	是
30	1 100	27.8	0x0A	是
	1 200	27.8	0x0A	是
	1 320	27.8	0x0A	是

表 2-6　人员距离 50~500 m（低速，小 RCS）

实验预设值		实验实际值	报警信息	
速度/（m·s^{-1}）	探测距离/m	实际速度/（m·s^{-1}）	报警级别	是否上报
0.5	50	0.5	0x03	是
	300	0.5	0x03	是
	500	0.5	0x03	是
3	50	2.8	0x03	是
	300	2.8	0x03	是
	500	2.8	0x03	是
6	50	5.6	0x03	是
	300	5.6	0x03	是
	500	5.6	0x03	是

3. 外场实验结论

通过室外实验证明雷达对动目标可形成报警的最低速度能够达到0.5 m/s，最高速度能够达到27.8 m/s，该速度监测范围可以涵盖自然环境下泥石流发生时的实际速度区间。物体相对于雷达的径向速度绝对值并不是雷达报警的关键条件，报警门限以上的各种速度在报警判断上没有差异，报警速度门限可根据实际情况在0.1～3 m/s的区间内任意设置。物体在速度带上的分布宽度才是生成报警信息的关键条件（因为泥石流具有群速度的目标特性：泥石流中混杂有水、泥沙、石块等不同速度的运动目标，会在雷达探测结果上形成多个不连续的速度带，这是雷达判断泥石流事件发生的关键条件）。

物体反射信号强度也是进行报警判断的重要性条件，而反射信号强度与物体等效反射面积和距离直接相关。雷达对小 RCS（雷达散射截面）目标的监测距离可以达到1.3 km，并可以在550 m以内的距离上产生有效的报警信息。雷达对大 RCS 目标的有效报警距离在1.3 km以上。而自然界中发生泥石流时的动目标等效反射面积应该远大于10 m^2，所以结合外场实验可知泥石流检测雷达可有效地对泥石流灾害进行预警。

2.5 本章小结

本章详细介绍了泥石流监测预警传感器相关技术，首先概述性地介绍了泥石流监测传感器技术发展现状，主要包括泥水位传感器、次声传感器、土壤水分传感器、雨量计传感器、地声传感器及断线传感器；其次对泥石流监测视频传感器技术的工作原理、技术实现方案和相关实验测试验证情况进行了详细的介绍，结果表明泥石流监测视频传感器图像直观，经过相应处理可以实时监测泥石流信息；最后对泥石流监测微波雷达传感器技术的工作原理、技术实现方案和相关实验测试验证情况进行了详细的介绍，结果表明泥石流雷达传感器以其穿透能力强、全天候、全天时工作性能稳定、测量精度高优势，可作为传统监测技术和手段的补充，同时将传统泥石流监测传感器与泥石流监测雷达传感器及泥石流监测视频传感器融合使用，实现更加可靠、更加准确的适应复杂地形条件的山区泥石流监测能力。

参考文献

[1] 崔文杰. 基于次声的泥石流监测系统设计与分析 [D]. 青岛：山东科技大学，2017.

[2] 袁仲侯. 泥石流预警监测传感器装置的研究与设计 [D]. 成都：成都理工大学，2015.

[3] 朱德莉. 北京门头沟区泥石流灾害特征及监测预警研究 [D]. 北京：中国地质大学（北京），2018.

[4] 姚轲. 泥石流监测预警系统功能性实验研究 [D]. 廊坊：华北科技学院，2017.

[5] 欧阳何顺. 泥石流临灾监测预警关键技术的研究 [D]. 兰州：兰州大学，2013.

[6] 许文杰. 基于次声波的泥石流监测系统的研究与设计 [D]. 上海：东华大学，2013.

[7] 赵星. 贵州省望谟河泥石流自动化监测与预警研究 [D]. 成都：成都理工大学，2015.

[8] 解琛. 泥石流远程监测系统研究 [D]. 西安：陕西科技大学，2015.

[9] 万青林. 泥石流监测预警系统的设计与实现 [D]. 长沙：湖南大学，2017.

[10] 蔡德所，罗志会，王凤钧，等. 一种用于泥石流地声监测的 FBG 加速度传感器 [J]. 光电子激光，2017，28（8）：830－835.

[11] 韦忠跟. 边坡雷达监测预警机制及应用实例分析 [J]. 煤矿安全，2017，48（5）：221－223.

[12] 李璐婧. 地基成像雷达边坡形变监测数据可视化研究 [D]. 阜新：辽宁工程技术大学，2015.

[13] 李明. 雷达监测在滑坡信息化防治技术中的应用 [J]. 煤矿安全，2019，50（7）：198－200，204.

[14] PAI P F, LI L L, HUNG W Z, et al. Using ADABOOST and rough set theory for predicting debris flow disaster [J]. Water resources management, 2014, 28 (4): 1142－1155.

[15] 刘迎春，叶湘滨. 传感器原理设计与应用 [M]. 长沙：国防科技大学出版社，1997.

[16] 丁施健. "低小慢"目标探测雷达信号处理机的设计 [D]. 南京：南京理工大学，2019.

[17] 龚作豪. 低空慢速目标检测、跟踪方法及数据处理 [D]. 西安：西安电子科技大学，2018.

[18] 许道明，张宏伟. 雷达低慢小目标检测技术综述 [J]. 现代防御技术，2018，46 (1)：148 – 155.

[19] LIAN Z C，FENG C J，LIU Z G，et al. A novel scale insensitive KCF tracker based on HOG and color features [J]. Journal of circuits，systems and computers，2020，29 (11)：2050183.

[20] 陈娟. 基于多特征融合的雷达目标识别 [D]. 西安：西安电子科技大学，2010.

[21] 李晓瑜，马大中，付英杰. 基于三帧差分混合高斯背景模型运动目标检测 [J]. 吉林大学学报 (信息科学版)，2018，36 (4)：414 – 422.

[22] DAMAYANTI F，DEWI W K，RAHMANITA E，et al. Detection and identification indonesia license plate using background subtraction based on area [J]. Journal of physics：conference series，2020，1569 (2)：022064.

[23] 汪冲，席志红，肖春丽. 基于背景差分的运动目标检测方法 [J]. 应用科技，2009，36 (10)：16 – 18，30.

[24] 陈雨丝. 基于背景差分的光照鲁棒性运动目标检测与跟踪技术研究 [D]. 成都：西南交通大学，2011.

[25] TIAN L，TU Z G，ZHANG D J，et al. Unsupervised learning of optical flow with CNN – based non – local filtering [J]. IEEE transactions on image processing：a publication of the IEEE Signal Processing Society，2020，29：8429 – 8442.

[26] 梁硕，陈金勇，吴金亮，等. 基于 KCF 框架的长时间视频目标跟踪算法 [J]. 无线电通信技术，2017，43 (2)：55 – 58，82.

[27] 李娟. 基于 KCF 的视频中运动物体的跟踪系统 [D]. 长沙：湖南师范大学，2016.

第3章

泥石流监测预警可靠通信技术

3.1 引言

泥石流监测预警传感器解决了泥石流监测数据获取的问题，但由于传感器必须在泥石流监测现场安装，要实现有效的泥石流监测预警，还需要解决监测数据传输的问题。早期的泥石流监测预警，大多采用人测人防的方式，需要人员定期到监测现场获取并记录监测数据，监测效率低，预警的时效性也较差。随着无线通信技术的发展，相关技术在泥石流监测预警领域中也得到越来越多的应用，特别是在电信网络移动通信技术、北斗短报文技术、物联网技术、卫星通信技术、自组网通信技术等领域，近年来形成了一大批日趋成熟的技术方案，给监测数据的无线传输提供了更加丰富的通信手段和更加细分的解决方案。这些解决方案使得泥石流监测数据的传输能力不断提升，也有效提升了监测预警系统的监测预警能力。

然而，当前泥石流灾害数据传输主要依靠电信网络移动通信与北斗短报文相结合的方式，数据传输手段单一，仅能传输少量监测数据，且北斗短报文每分钟只能完成一次数据通信，导致监测预警实时性和有效性都受到严重影响。同时，监测预警设备安装位置大多位于泥石流监测现场，这些地方往往具有地形复杂、人员不易到达、气候条件多变等特点，对泥石流监测预警数据通信设备的可靠性和环境适应性也提出了更高的要求。

针对上述问题，本书应用天地一体化的多模式通信融合技术，引入物联网领域的最新研究成果，实现了多源数据的多链路实时应急传输技术、通信环境智能感知与通信模式自适应切换技术，以及对抗恶劣通信环境的智能组网中继通信技术体系，可以达到复杂山区环境下泥石流监测系统可靠组网与实时传输的效果。

本章从泥石流监测设备的工作特点出发，分析了泥石流监测设备对于通信带宽、通信频率的需求。在此基础上，结合监测点通信环境和自然环境特点，分析了各类无线通信技术对于泥石流监测预警设备通信需求的适应性。最后，以本书所涉及的科技部国家重点研发计划课题为例，介绍了一套泥石流监测预警的可靠通信方案，并给出该方案的测试验证情况。

3.2 泥石流监测预警通信需求分析

随着泥石流监测预警技术的发展，出现了多种多样的泥石流监测预警设备，这些设备的工作原理和监测参数各不相同，对监测预警点的安装环境、数据接口、通信频度要求也有很大的差异，因此有必要分析监测预警点的通信环境特点，以及不同的监测设备对于无线通信的需求。

3.2.1 泥石流监测预警通信环境特点分析

与常规的远程监测技术不同，复杂山区泥石流监测点通常都位于地形复杂、人烟稀少的偏远地区，电力、通信等基础设施条件相对于人员密集的城镇地区而言要简陋很多。同时，地质灾害通常在极端天气频繁出现时表现得更为活跃。极端天气引起的供电能力下降、信号衰减加剧等不利因素也将导致通信环境进一步恶化。因此，对于复杂山区泥石流监测预警设备的研发与应用而言，监测点的通信环境是通信方案设计中必须考虑的一个重要因素。

影响监测点通信方案选取的通信环境因素主要包括以下两个。

1. *电信信号覆盖情况*

基于电信网络的移动通信技术已经广泛渗透至社会生活的各个领域，具有最完善的产业链支持、最高的系统集成度和成熟度，以及最经济实惠的资费水平。因此，基于电信网络的移动通信技术也是复杂山区泥石流监测预警设备的首选通信方案。

但是，由于山区不具备市电供电条件，电信移动基站通常采用“太阳能电池 + 柴油发电机”或“太阳能电池 + 蓄电池组”的供电方案。在天气条件好的情况下，通过太阳能电池给移动基站提供电源，并同时为蓄电池组充电，到了夜晚或天气条件差时，转为蓄电池或柴油发电机供电。以本次应用示范所选取的迫龙沟、天摩沟、古乡沟和卡达村泥石流沟为例，4 条泥石流沟附近均架设了移动基站，但移动基站都采用“太阳能电池 + 蓄电池组”的供电方案，如图 3 – 1 所示。

为了延长电池的续航时间，在夜晚或天气条件不好时，运营商会将基站转为低功耗运行模式。在该模式下，重点支持话音通信，对数据接入业务的性能则会产生明显的影响，导致数据传输速率骤降，甚至连接失败。

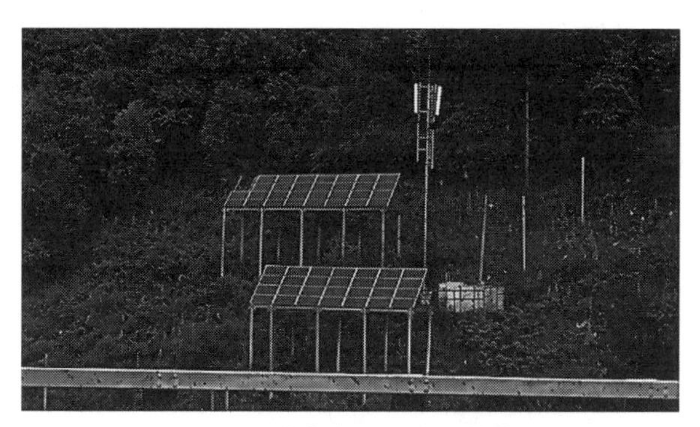

图 3－1 迫龙沟附近的移动基站

因此，仅依靠电信网络，无法保证复杂山区泥石流监测设备数据传输的可靠性。

2. 山区遮挡情况

卫星通信技术在实现手段上决定了其具有优于地面的信号覆盖能力和更加稳定的信号功率水平，可作为复杂山区泥石流监测预警数据传输补充手段的优选方案。在实际工程中，卫星通信技术也受到泥石流监测预警通信系统的青睐。尤其是北斗短报文通信模块，因其简易的安装调试方法、经济的模块价格和资费水平，得到了迅速的推广。对于带宽要求较高的新型监测载荷而言，海事卫星通信模块、天通卫星通信模块等卫星通信模块也得到了成功的应用。

然而，无论是北斗短报文通信模块、海事卫星通信模块，还是天通卫星通信模块，其提供接入服务的卫星都位于赤道上空 36 000 km 的地球同步轨道上，这些卫星通信模块能够正常工作的先决条件是要保证设备与卫星之间没有明显的遮挡，否则通信终端与卫星之间的无线链路将会因为受到遮挡而中断。因此，复杂山区泥石流监测点的山区遮挡情况也是通信方案选择过程中需要重点考虑的因素。

由于我国国土区域位于北半球，地球同步轨道卫星相对于国土区域而言位于南侧天空，因此仅在泥石流监测点南部空域开阔无遮挡时，卫星通信单元才能够正常工作。如果泥石流监测点位于山的北坡，其南部空域将会被山峰所遮挡，这时卫星通信模块将因为山峰的遮挡而无法正常工作，这就是卫星通信中的“北坡效应”。

为了保证监测点安装的卫星通信模块对地球同步轨道卫星可见，需要计算监测点对地球同步轨道卫星的仰角，并现场确认该仰角下是否存在高山遮挡。若该仰角对应的空域没有明显遮挡，则卫星通信模块在该监测点可以获得理想的通信环境。

泥石流监测预警点对地球同步轨道通信卫星的仰角可通过一组三角关系换算过程计算得到。具体过程如下。

首先建立地球坐标系下的地球同步轨道卫星与监测预警点的位置关系模型，如图 3－2 所示。图中 S 为地球同步轨道卫星位置，G 为监测点位置，O 为地心。

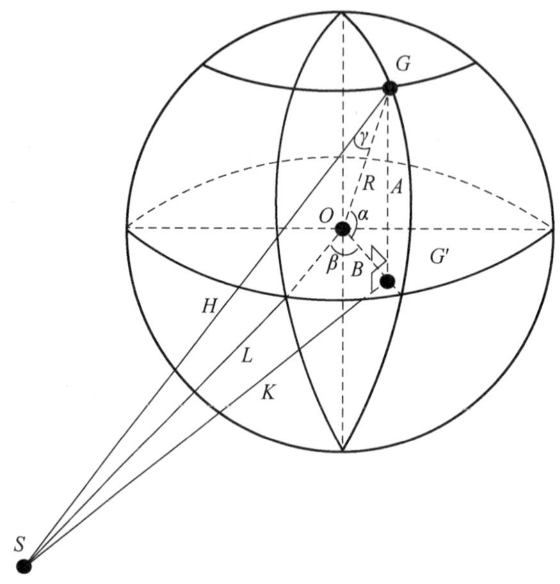

图 3－2　地球坐标系下的地球同步轨道卫星与监测预警点的位置关系模型

为了便于计算，在坐标中增加辅助点 G'，G'为 G 在地球赤道面上的投影。由于 S 位于地球赤道面上，因此可以认为$\angle OG'G$ 和$\angle SG'G$ 均为直角。计算监测点对地球同步轨道卫星仰角的过程就可转换为解三角形 SOG 中$\angle SGO$ 的过程。

现假设：

（1）监测点 G 到赤道面投影 G'的距离为 A；

（2）地球半径为 R；

（3）地心 O 到 G'的距离为 B；

（4）OG 与 OG'的夹角为 α。

解算直角三角形 $OG'G$，由直角三角形的正弦定理和余弦定理可知

$$A = R \times \cos\alpha \tag{3-1}$$

$$B = R \times \sin\alpha \tag{3-2}$$

其中，α 即为 G 点的纬度。再假设：

（1）卫星 S 到地心 O 的距离为 L；

（2）卫星 S 到 G'的距离为 K；

（3）OS 与 OG'的夹角为 β。

解算三角形 SOG'，由余弦定理可知：

$$K^2 = L^2 + B^2 - 2 \times L \times B \times \cos\beta \tag{3-3}$$

其中，B 可通过式（3-2）计算得到，L 为卫星轨道高度与地球半径的和，β 为 G 点经度与目标卫星所在位置经度的差值。

假设监测点 G 到目标卫星 S 的距离为 H，解算直角三角形 $SG'G$，可知：

$$H^2 = K^2 + A^2 \tag{3-4}$$

其中，K 和 A 可分别通过式（3-3）和式（3-1）计算得到。

最后，假设 SG 与 GO 的夹角为 γ，解算三角形 SGO，由余弦定理可知：

$$L^2 = H^2 + R^2 - 2 \times H \times R \times \cos\gamma \tag{3-5}$$

式（3-5）中 L、H、R 均已由前面的过程推导计算得到，因此 γ 可以通过反余弦函数计算得到，即

$$\gamma = \cos^{-1}\frac{H^2 + R^2 - L^2}{2 \times H \times R} \tag{3-6}$$

需要注意的是，γ 是目标卫星 SG 连线和 GO 连线的夹角，最终的仰角应该是 SG 连线与地平面的夹角，因此最终的仰角 δ 与 γ 关系是

$$\delta = \gamma - 90^\circ \tag{3-7}$$

下面以天摩沟泥石流监测点为例开展目标卫星仰角计算，相关参数如下。

（1）监测点经度：95.3°。

（2）监测点纬度：30°。

（3）地球半径：6 371 km。

（4）海事卫星经度：143.5°。

（5）海事卫星轨道高度：36 000 km。

通过上述参数开展计算，可以得到地面站仰角 $\delta = 27.6^\circ$，$\beta = 48.2^\circ$，因此要求天摩沟监测点南偏东48.2°方向、仰角27.6°附近的空域不能有明显遮挡。现场勘察时可以以此为判据确认监测点是否满足海事卫星通信设备的安装要求。

本次应用示范所选取的迫龙沟、天摩沟、古乡沟和卡达村4条泥石流沟。其中，迫龙沟为从西北向东南走向，其北部有高耸的雪山，但南部的山峰高度相对较低，不会对卫星造成遮挡。天摩沟为从西南向东北走向，西南方向有大片高耸冰川，但东南方向山势相对较缓。由于天摩沟位于西藏林芝地区，地球同步轨道卫星基本位于南偏东的空域，因此西南方向的冰川不会对卫星造成遮挡。古乡沟为从北向南的走向，北方有高耸冰川，南方山势缓和，同样不会对卫星通信造成遮挡。卡达村泥石流沟为从北向南走向，泥石流沟口位于南侧，沟口往南视野较为开阔，约2 km外有少量山丘，由于距离较远，且山丘高度较低，不会对卫星信号造成遮挡。因此，这4条泥石流沟的监测预警通信系统都可以选用卫星通信模块。

4条泥石流沟现场南部空域的遮挡情况如图3-3所示。

图 3-3　4 条泥石流沟现场南部空域的遮挡情况

(a) 迫龙沟；(b) 天摩沟；(c) 古乡沟；(d) 卡达村

3.2.2　泥石流监测预警通信带宽需求分析

由于不同的通信手段具有不同的通信能力和资费要求，因此在开展复杂山区泥石流监测预警系统通信方案设计时，除了考虑通信环境的因素外，还需要针对现场架设的各类监测预警载荷对于通信带宽的需求开展匹配与优化设计。

当前可用于复杂山区泥石流监测预警的监测载荷主要包括雨量计、土壤水分传感器、泥水位传感器、地声传感器、断线传感器等传统监测设备，以及泥石流监测雷达传感器、泥石流监测视频传感器等新型监测设备。下面对各类传感器的业务数据形式和通信带宽需求进行简要介绍。

翻斗式雨量计在泥石流监测预警区域气象数据监测中应用较为广泛，通过翻斗的翻转，产生一个脉冲信号，并由传感器采集实现雨量到数字技术值的转换。其输出的核心业务数据为翻斗翻转的计数值，通常只需要几个比特即能够表征，属于窄带通信数据。

土壤水分传感器的工作原理是建立土壤含水率变化与电阻率的映射关系，通过采集传感器两个端子间的电阻率反演出土壤的含水率。其输出的核心业务数据为传感器两个端子间的电压值，通常只需要几个至十几个比特即能够表征，属于窄带通信数据。

泥水位传感器通过超声波或电磁波测距的方式，检测传感器到被测表面的距离，反演出泥水位信息。其输出的核心业务数据为距离（时延）值，通常只需要几个至十几个比特即能够表征，属于窄带通信数据。

地声传感器通过压电转换器将被测区域的地声信号转换为电信号，其输出的核心业务数据是地声的频率和强度，需要十几个至几十个比特进行表征，属于窄带通信数据。

泥石流监测雷达传感器采用脉冲压缩体制，通过检测雷达回波所携带的频率、幅度、时延、相位等信息的变化反演出被测区域的物体运动情况。其输出的业务数据可分为原始回波数据和预警处理结果两类。其中，原始回波数据是雷达接收并恢复出来的原始回波信号，其带宽与雷达的工作带宽脉冲压缩比、信号处理位宽等因素相关，属于宽带通信数据；预警处理结果是在雷达内部完成雷达信号处理后，得到的被测区域物体运动信息，如距离、速度、强度等，这些信息通常需要几十至几百个比特进行表征，属于窄带通信数据。

泥石流监测视频传感器通过图像采集和智能处理，分析出被监测区域的物体运动情况。其输出的业务数据为动目标的分析结果以及现场图像/视频数据，属于宽带通信数据。泥石流监测预警通信带宽需求如表 3 – 1 所示。

表 3-1 泥石流监测预警通信带宽需求

序号	传感器类型	带宽需求	建议通信类型
1	雨量计	低	窄带通信
2	土壤水分传感器	低	窄带通信
3	泥水位传感器	低	窄带通信
4	地声传感器	低	窄带通信
5	断线传感器	低	窄带通信
6	泥石流监测雷达传感器	预警处理结果：低 原始回波数据：高	宽带通信
7	泥石流监测视频传感器	高	宽带通信

3.3 无线通信技术适应性分析

3.3.1 电信网络移动通信技术适应性分析

电信网络移动通信技术是在移动通信蜂窝网络概念基础上发展起来的一类移动通信技术，也是我们日常生活中接触最多的移动通信技术。从 1978 年贝尔实验室成功采用频分多址技术搭建模拟蜂窝移动通信系统以来，电信网络技术经历了从第一代模拟蜂窝移动通信到第二代数字蜂窝移动通信，提供高速数据业务的第三代移动通信，提供宽带数据业务的第四代移动通信，再到当前提供大带宽、低延时、万物互联的第五代移动通信技术的发展过程。

在诸多电信网络移动通信技术中，适合于泥石流监测预警通信应用的主要包括 GPRS（general packet radio service）移动通信技术、NB-IoT（narrow band internet of things，窄带物联网）移动通信技术以及 4G/5G 移动通信技术。它们各自有着不同的技术特点和适合的应用场景。

1. GPRS 移动通信技术

GPRS 即通用分组无线业务，是 GSM Phase 2+引入的非常重要的内容之一，是 GSM（全球移动通信系统）网络向 WCDMA（wideband code division multiple access，宽带码分多址）和 TD-SCDMA（time division-synchronous code division multiple access，时分同步码分多址）演进的重要一步，被称为 2.5G 移动通信技术。在 3G 技术推广之前，GPRS 一度成为主流的电信移动通信技术手段。

GPRS 是按需动态占用资源的，可根据需要占用 1 ~ 8 个时隙，速率最高可达 171.2 kbps，适合各种突发性强的应用传输。此外，GPRS 还承诺用户保证“始终在线，始终连接”，这一特性使其在远程监控设备窄带数据传输方面具有很大优势。国内早期的远程抄表系统、遥控终端单元（RTU）、北斗地基增强系统等都采用了 GPRS 技术作为数据传输的解决方案。

目前 GPRS 技术已作为一种成熟的通信模式，集成在 4G 移动通信芯片中，并可在有 GPRS 网络信号支持的环境中，自适应地在 GPRS 和其他模式间进行切换。因此，在选用 4G 移动通信模块时就默认附加了 GPRS 通信能力。

2. NB－IoT 移动通信技术

窄带物联网是 IoT 领域的一个新兴的技术，支持低功耗设备在广域网的蜂窝数据连接，也被叫作低功耗广域网（LPWAN）。NB－IoT 支持待机时间长、对网络连接要求较高设备的高效连接。

NB－IoT 是在 LTE（长期演进）基础上发展起来的，其主要采用了 LTE 的相关技术，针对自身特点做了相应的修改。NB－IoT 主要技术特点如表 3－2 所示。

表 3－2　NB－IoT 主要技术特点

<table>
<tr><th colspan="2">层级</th><th colspan="2">技术特点</th></tr>
<tr><td rowspan="5">物理层</td><td rowspan="3">上行</td><td colspan="2">BPSK 或 QPSK 调制</td></tr>
<tr><td rowspan="2">SC－FDMA</td><td>单子载波，子载波间隔为 3.75 kHz 和 15 kHz，传输速率在 160 ~ 200 kbit/s</td></tr>
<tr><td>多子载波，子载波间隔为 15 kHz，传输速率在 160 ~ 250 kbit/s</td></tr>
<tr><td rowspan="2">下行</td><td colspan="2">QPSK 调制</td></tr>
<tr><td colspan="2">OFDMA，子载波间隔 15 kHz，传输速率在 160 ~ 250 kbit/s</td></tr>
<tr><td colspan="2">物理层以上层</td><td colspan="2">基于 LTE 的协议</td></tr>
<tr><td colspan="2">核心网</td><td colspan="2">基于 S1 接口</td></tr>
</table>

根据 NB－IoT 的技术标准，NB－IoT 所支持的相关应用具有以下几个主要特点。

1）低速率属性

通过前面的相关介绍可知，NB－IoT 主要是为了解决 IoT 中低速率业务而提出的。NB－IoT 采用了低阶调制，低速率也是其主要特征。

2）高时延属性

NB－IoT 具有很强的覆盖能力。为了实现高可靠的广域覆盖，NB－IoT 网络中的数据传输可能需要进行多次重传，从而导致较大的通信时延。当前 NB－IoT 标准设想的数据传输时延可能会达到 10 s。

3）低频次属性

顾名思义，低频次就是指单位时间内业务数据传输次数不能过于频繁。过于频繁的数据传输不仅会增加 IoT 终端的功率消耗，也会对 NB－IoT 网络时延提出更为严苛的要求。

4）移动性弱特性

由于 NB－IoT 对终端功耗有很高的要求，NB－IoT Rel－13 标准中不支持连接状态的移动性管理，包括相关测量、测量报告、切换等，以达到节省终端功耗的目的。

与 GPRS 技术相同，NB－IoT 移动通信技术需要电信通信基站的支持，区别在于 NB－IoT 移动通信技术对系统功耗进行了优化。因此，NB－IoT 移动通信技术更加适合于在供电条件不好的野外环境下作为独立的通信模块使用，对于已经配备 4G 通信模块的 RTU 而言，NB－IoT 技术并没有特别的优势。

3. 4G 移动通信技术

4G 通信技术顾名思义就是第四代的移动信息系统，是在 3G 技术上的一次更好的改良，其相较于 3G 通信技术来说一个更大的优势是将 WLAN（wireless local area network，无线局域网）技术和 3G 通信技术进行了很好的结合，使图像的传输速度更快，弥补了之前的不足，让传输图像的质量更好、图像看起来更加清晰。在智能通信设备中应用 4G 通信技术，速度可以高达 100 Mbps，比 3G 通信技术快了很多。3G 与 4G 特性对比情况如表 3－3 所示。

表 3－3　3G 与 4G 特性对比情况

特征	3G	4G
业务特征	优先考虑语音、数据业务	融合数据和 VOIP
网络结构	蜂窝小区	混合结构－包括 Wi－Fi/蓝牙
带宽	5～20 MHz	≥100 MHz
速率	385 kbps～2 Mbps	20～100 Mbps
交换方式	电路交换/包交换	包交换
移动性能	200 kmph	200 kmph
IP 性能	多版本	全 IP

4G移动通信技术最大的优势在于信号覆盖好、通信速率快，并且通信资费低。目前在大部分泥石流监测点都有4G信号覆盖，除了基站信号不稳定可能导致4G通信中断的问题以外，4G通信技术仍然是较为理想的泥石流监测预警通信技术，并且已经广泛地应用于各种泥石流监测预警系统中。

4. 5G移动通信技

第五代移动通信技术是当前最新的一代移动通信技术，与前几代移动通信相比，第五代移动通信技术的业务提供能力将更加丰富。

但是，目前5G基础设施建设还主要集中在大中型城市，泥石流监测点附近没有5G信号覆盖。因此，受到信号覆盖的限制，当前泥石流监测预警还是主要依托于4G通信技术，5G通信技术可作为未来泥石流监测预警的发展方向，在基站信号覆盖问题解决后，取代4G成为更加快速、实时性更强的泥石流监测预警高可靠通信解决方案。

3.3.2　卫星通信技术适应性分析

对于复杂山区的泥石流监测预警系统而言，其监测点一般都位于较为偏远的山区，人员较为稀少，移动基站信号的覆盖情况往往不如城市、农村等人员密集地区。同时，受限于山区供电能力，移动基站的信号发射功率也比较不稳定，无法提供持续优质的信号覆盖，影响了泥石流监测预警信号的可靠传输。

为了提升泥石流监测预警信号传输的可靠性，需要寻求野外信号覆盖更稳定、环境适应性更好的无线通信手段，对泥石流监测预警系统的数据传输手段进行补充。卫星通信技术在实现手段上决定了其具有优于地面的信号覆盖能力和更加稳定的信号功率水平，可作为复杂山区泥石流监测预警数据传输补充手段的优选方案。

当前主流的卫星通信技术主要包括VSAT（very small aperture terminal）技术、低轨卫星移动通信技术、北斗短报文通信技术、海事卫星通信技术和天通卫星通信技术五种类型。

1. VSAT技术

VSAT，即甚小口径卫星通信终端，是20世纪80年代中期开发的一种卫星通信系统。VSAT由于源于传统卫星通信系统，所以也称为卫星小数据站或个人地球站，这里的“小”指的是VSAT系统中小站设备的天线口径小，通常为0.3~1.4 m。VSAT系统具有设备结构紧凑、固体化、智能化、价格相对于卫星地球站而言要便宜很多、安装方便、对使用环境要求不高、不受地面网络的限制、组网灵活等优点。

VSAT系统的最大优势在于高速率，目前调研可知的VSAT小站可以实现上行3 Mbps、下行100 Mbps的可靠传输速率，可以满足视频通信等较大带宽的应用需求。

VSAT的缺点是便携性差，为达到较高的通信速率，通常需要一个0.3～1.4 m的反射面天线，并且其调制解调器的功耗也较大，通常在几十瓦量级，考虑电源转换效率以及天线伺服系统后，整系统的功耗接近百瓦，对野外监测点的太阳能供电能力和电池续航能力提出了近乎苛刻的要求，因此未能在泥石流监测预警领域得到推广。

2. 低轨卫星移动通信技术

低轨通信星座相对于高轨通信星座而言，具有更低的传输时延、更好的全球覆盖性（包括南北两极），可以更好地克服北坡效应，终端有可能更小，速率有可能更高，已成为近年来卫星通信领域新的研究热点。在国外，美国等发达国家从20世纪80年代末就开始研究和发展低轨通信星座。

我国低轨移动通信星座发展目前处于单星试验和系统规划阶段。目前正在论证中的低轨移动通信星座主要包括中国航天科技集团有限公司提出的“鸿雁”计划、中国航天科工集团有限公司提出的“虹云”工程计划、中国科学院长春光学精密机械与物理研究所等单位以及科技部依托中国电子科技集团牵头论证的天地一体化信息网络重大工程等。

2014年4月28日，经国务院批准，成立了中国卫星网络集团有限公司，并由该公司牵头开展我国低轨移动通信卫星互联网的论证设计、研究试验、工程设计、工程建设、运营管理等工作。

在不久的将来，随着我国低轨移动通信卫星系统的建设和完善，相关的通信设备在地质灾害监测预警等领域必定会得到广泛的应用。

3. 北斗短报文通信技术

北斗卫星导航系统（简称“北斗系统”，BDS）是我国独立自主研发的全球卫星导航定位与通信系统。2020年，北斗三号卫星导航系统全面建成，并可提供全球范围内的导航、授时、位置报告以及短报文通信服务。

北斗短报文是北斗系统特有的通信功能，可以实现点对点、多点对多点的双向数据传输，具有覆盖范围广、通信无盲区、安全可靠等优点，目前已在林业、牧业、农业、海洋渔业、应急救援等众多领域得到了广泛的应用。近年来，在地质灾害监测预警行业也逐渐展开了北斗短报文通信技术的应用和推广。北斗短报文通信系统原理框图如图3－4所示。

北斗短报文通信技术具有以下优势。

（1）覆盖面积广：北斗系统具备服务于全球用户的定位与通信功能。

（2）保密性强：我国具有北斗系统的自主知识产权，对北斗系统的使用不受国外势力的影响，在任何时候都能确保通信的安全性和保密性。

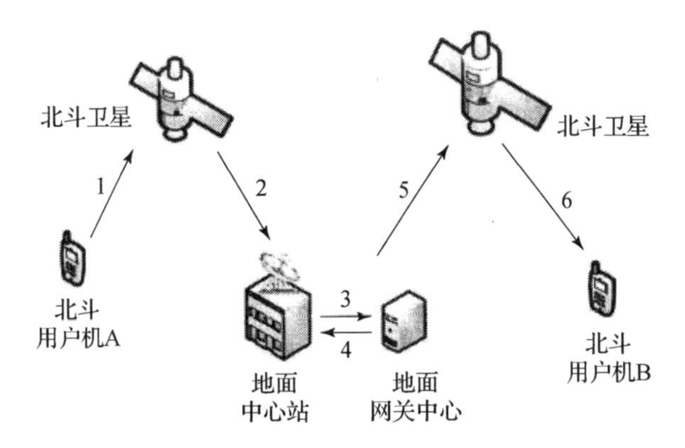

图3－4　北斗短报文通信系统原理框图

（3）抗干扰能力强：北斗卫星信号采用L/S波段，雨衰影响小；采用码分多址（CDMA）扩频技术，有效减少了码间干扰。

（4）通信可靠性高：数据误码率 $<10^{-5}$，系统阻塞率 $<10^{-3}$。

同时，北斗短报文具有以下通信限制。

（1）服务频度有限：北斗IC（集成电路）卡决定了用户机的服务频度，民用北斗IC卡的服务频度通常为60 s/次，即用户机连续发送通信申请的时间间隔至少为60 s，否则信息发送失败。

（2）单次通信容量有限：北斗IC卡同时决定了单次通信报文的长度，民用北斗IC卡的报文长度通常为78.5字节，即当发送数据超过78.5字节时，78.5字节之后的数据将发送失败。

（3）民用北斗通信链路没有通信回执：北斗用户机A在发送消息后，不能确定该消息是否被北斗用户机B成功接收。

上述北斗短报文的优势和限制决定了北斗短报文通信技术非常适合作为4G通信的补充应用于对通信带宽要求不高的泥石流监测传感器中。这种方法既可以充分发挥北斗短报文信号覆盖好、通信可靠性高的优势，又因为监测传感器原本的通信带宽和通信频率要求就不高，而有效规避了北斗短报文通信限制的影响。

4. 海事卫星通信技术

国际海事卫星组织（后改名国际移动卫星组织）始建于20世纪70年代，80年代初开始经营卫星移动业务，成为世界唯一为船舶管理救险和安全提供服务的移动卫星组织。伴随着信息通信技术的发展，海事卫星从模拟通信，到第二、三代数字通信，在2005年推出了第四代系统——Inmarsat－4 BGAN（Broadband Global Area Network，全球宽带网）系统。

BGAN是具有宽带网络接入、移动实时视频直播、兼容3G等多种通信能力的新一代 INMARSAT 全球卫星宽带局域网的简称。

典型的 BGAN 通信终端重量约 2.5 kg，可支持最高 492 Kbps 的高速互联网接入、话音、传真、ISDN（综合业务数字网）、短信、语音信箱等多种业务应用模式。由于工作在无线电频谱的 L 波段，设备可以通过电池驱动，使得其终端远小于那些使用 Ku 波段和 Ka 波段的 VSAT 终端。

BGAN 通信终端几乎拥有北斗短报文的所有优点，同时其并没有通信频度和单次通信容量的限制，通信速率最高可达 492 Kbps，因此特别适合用于对通信速率有一定要求的宽带监测预警载荷中。

但是，BGAN 的硬件成本、设备功耗以及通信资费均高于北斗短报文通信终端。因此，BGAN 通信终端还是无法完全取代北斗短报文通信终端，需要根据泥石流监测载荷的特点和监测点的实际情况从系统上进行优化配置。

5. 天通卫星通信技术

天通一号卫星移动通信系统是我国军民融合的卫星移动通信系统，在保证军事应用的同时，为民用提供应急通信和边远、海洋等地区通信。天通一号首颗卫星在 2016 年发射成功，并于 2018 年投入正式运营。该卫星位于地区同步轨道，采用波束成形网络技术，波束覆盖我国领土、领海和周边地区，可提供话音、传真、数据和图像等业务。卫星前向链路工作于 S 频段，返向链路工作子 C 频段。

天通一号系统可以提供 5 000 条基本信道，能够满足 100 万用户使用要求。系统支持卫星电话、短信、传真和数据等多种业务类型，可以与地面公共电话网、移动通信网、互联网互连互通。

相对于 BGAN 系统而言，一方面，天通卫星通信系统目前还处于建设的初期，系统性能和稳定性需要逐步提升。另一方面，天通一号是我国自主研发、自主运营的卫星移动通信系统，得到了国家政策的扶持，地面产业链也在同步建设，并且由国有运营商负责运营，从设备自主可控、服务稳定可靠、资费经济性方面都有很大的竞争潜力。从中远期来看，天通卫星系统在国内地质灾害监测预警领域的应用前景将会好于 BGAN 系统。

3.3.3 自组网无线通信技术适应性分析

卫星通信技术虽然可以脱离地面移动基站的支持，但是仍然要求空间段具有可见且可接入的卫星提供数据通信服务。此外，受到卫星轨道高度限制，通信距离较远，导致卫星通信终端必须具备较高的发射功率和接收灵敏度，这也限制了卫星通信模块在体积、重量、功耗方面的性能提升，导致卫星通信模块价格较高、资费不菲。以 BGAN 通信单元为例，其单台售价通常在 2 万元人民币左右，通信资费约 40 元/Mb，设备峰值功耗约

30 W。设备价格、通信资费、设备功耗等制约因素使得卫星通信模块仅适用于为地质灾害监测预警系统中的核心关键设备提供数据接入服务，无法大量投入使用。

自组网无线通信技术可以在没有外部通信基础设施支持的情况下，在各个通信终端之间建立无线局域网络。相对于电信网络和卫星通信网络而言，自组网通信具有部署灵活、低功耗、无须通信资费等优点，对于特定环境下的地质灾害监测预警系统而言，可以作为一个很好的技术补充手段。

按照通信带宽不同，可将自组网通信分为宽带和窄带两类。其中宽带自组网通信设备主要基于 WLAN 技术进行开发，窄带自组网设备的解决方案较多，目前较为常用的是基于 LoRa（long range radio，远程无线电）的解决方案，可以根据系统需求选择不同的技术方案。

1. WLAN 无线通信技术

WLAN 是指以无线信道做传输媒介的局域网络，支持 2.4 GHz(802.11 b/g/n) 和 5.8 GHz（802.11 a）等多种通信制式。其在 2 km 通视条件下的通信速率可达到 20 Mbps，可用于传输高清视频数据传流，并可为图像、视频等高带宽需求的泥石流数据传输提供通信支持。

由于应用较为广泛，WLAN 的产业链发展也较为成熟。目前市面上有大量商业货架产品可供选购，其中不乏针对户外高可靠应用需求开发的工业级产品。其中基于 CPE（customer premise equipment，客户前置设备）技术的无线网桥产品在性能、价格、可靠性等方面的综合表现较好，在地质灾害监测预警领域有过成功应用的案例。

2. LoRa 无线通信技术

LoRa 是 Semtech 公司创建的低功耗局域网无线标准，是一种面向低功耗广覆盖应用场景的物联网通信技术。它最大的特点就是在同样的功耗条件下比其他无线方式传播的距离更远，实现了低功耗和远距离的统一，它在同样的功耗下比传统的无线射频通信距离扩大 3～5 倍。

LoRa 技术具有以下几个特点：①极远的传输距离，空旷条件下传输距离可达 10 km 以上；②终端接收灵敏度低至 -148 dBm，可适用场景丰富；③安全性高，传输数据可进行多层加密保证数据的安全可靠。

LoRa 技术相比国内当前发展火热的物联网通信技术 NB-IoT 具有自身独特的技术优势。LoRa 组网设备自主性高，设备微小，设备供电即可组自己的数据采集网络，设备维护成本低，无须多余的 eSIM（嵌入式用户识别）卡。

LoRa 采用了跳频扩频调制技术，不同的 LoRa 模块可支持的通信速率范围不同，典型的速率范围一般在 0.3～19.2 kbps 之间，因此非常适合作为没有公网信号支持的野外低功耗泥石流监测预警设备的通信解决方案。

但是，LoRa 本身只支持自组网通信，无法将泥石流监测载荷的数据直接发送到后方的控制中心，因此还需要将 LoRa 采集的数据发送到具有电信网络通信能力或是卫星通信能力的中继节点上，再通过中继通信的方式发送给控制中心。

3.3.4 无线通信技术适应性分析小结

前面章节分析了泥石流监测预警通信环境特点以及监测预警设备对通信带宽的需求，具体可总结如下。

（1）泥石流监测区域具备电信网络覆盖，但由于供电原因，电信网络信号不稳定，存在断网风险。

（2）课题所选择的泥石流监测区域南部空域遮挡较少，不会影响对地球同步轨道通信卫星的可见性。

（3）课题所选择泥石流监测区域附近没有村庄，无法接入有线网络。

（4）传统监测设备业务数据为窄带数据，对于通信带宽要求较低。

（5）泥石流监测雷达传感器的业务数据分为窄带数据和宽带数据两类，可根据通信信号情况选择发送业务数据的类型。

（6）泥石流监测视频传感器的业务数据为宽带通信数据，需要宽带通信方案支持。

各类无线通信技术的特点如表 3－4 所示。

表 3－4　各类无线通信技术的特点

序号	通信技术	通信距离	通信带宽	功耗	信号环境需求
1	GPRS	广	窄带通信	中	需要基站信号覆盖
2	NB－IoT	远	窄带通信	低	需要基站信号覆盖
3	4G	广	宽带通信	中	需要基站信号覆盖
4	5G	广	宽带通信	中	需要 5G 基站信号覆盖
5	VSAT	广	宽带通信	高	需要宽带通信卫星信号覆盖
6	低轨移动	广	宽带通信	中	需要低轨移动通信卫星信号覆盖
7	北斗短报文	广	窄带通信	低	需要北斗卫星信号覆盖
8	BGAN	广	宽带通信	中	需要海事卫星信号覆盖
9	天通	广	宽带通信	中	需要天通卫星信号覆盖

续表

序号	通信技术	通信距离	通信带宽	功耗	信号环境需求
10	WLAN	远	宽带通信	中	无须通信基础设施支持
11	LoRa	远	窄带通信	低	无须通信基础设施支持

针对上述特点，可对现有的无线通信技术进行筛选和通信系统的优化设计。首先，泥石流监测区域具备电信网络，因此可将电信网络移动通信设备作为首选方案。由于各运营商在不同监测点的信号质量有好有坏，因此选择全网通通信模块，应支持所有运营商以及 GPRS、3G、4G 多种通信模式。根据监测现场的信号情况，选择信号质量最佳的运营商提供数据接入服务。同时，由于电信网络信号不稳定，还需要选择其他通信方式作为补充，以保证通信可靠性。

由于监测区域对地球同步轨道通信卫星可见性良好，可以选用卫星通信模块作为补充手段，在电信网络连接失败时，转向卫星通信方式，保证现场监测数据能够及时可靠传输到控制中心。其中，传统监测设备的业务数据量较小，可通过北斗短报文进行传输；泥石流监测雷达和泥石流监测视频传感器传输数据量较大，需要通信能力更强的卫星通信模块。考虑到现场供电困难，不适合选用功耗较高的 VSAT 通信模块，低轨移动通信卫星还在建设阶段，暂时无法选用。在综合对比了海事卫星和天通卫星的成熟度和稳定性后，最终选择海事卫星通信模块。

由于泥石流监测应用示范点区域附近无法接入有线网络，因此不适合采用基于 WLAN 的无线中继通信技术。但是，可以通过中继通信技术将各传统监测传感器的业务数据收集至泥石流监测雷达传感器或泥石流监测视频传感器的多模通信单元，再由多模通信单元通过移动通模块或卫星通信模块转发给控制中心。这样一方面可以与传统监测传感器共享各种通信资源；另一方面也可以提高多模通信单元的通信资源利用率，提升系统的总体效能。考虑到监测预警现场的遮挡和通信距离，选取 LoRa 无线通信模块在各个监测设备间建立无线自组网，并实现中继通信。

3.4　泥石流监测预警通信系统方案

复杂山区泥石流监测预警通信系统设计的主要任务是基于卫星通信、4G 通信、自组网通信、局域网、物联网等新技术，研发全天时、全天候、空天地一体化的多网融合，快速自组网的数据传输系统，以此解决由于山区地形和气象条件的复杂性，现有的监测手段和体系稳定性较差，易受到自然毁坏，导致漏报和传输中断的问题，形成环境适应能力强、通信稳定可靠的泥石流数据传输系统。

3.4.1 泥石流监测预警通信系统总体方案

泥石流监测预警通信系统框图如图 3－5 所示，包含三种不同配置的多模通信单元。

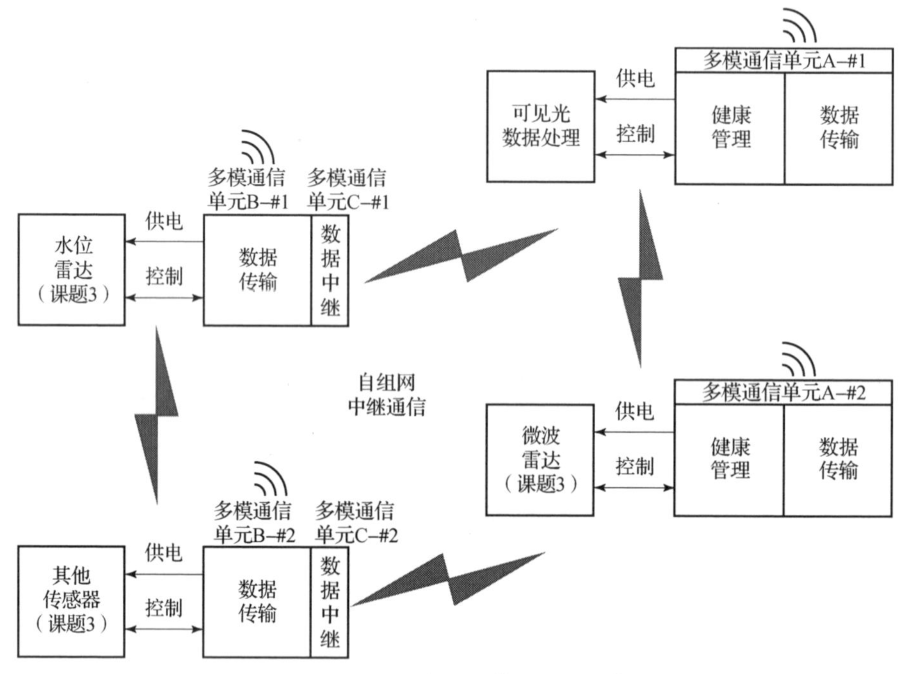

图 3－5　泥石流监测预警通信系统框图

其中，多模通信单元 A 主要用于为泥石流监测雷达传感器、泥石流监测视频传感器等对复杂传感器提供智能管理和数据传输服务。多模通信单元可通过数据传输平台在预警系统与控制中心之间建立双向无线通信链路，预警系统可将现场监测数据以及设备自检数据近实时的回传到控制中心，控制中心可在上位机上访问和控制所有在线的监视告警系统设备。数据通信手段包括以下几个。

（1）中继通信：预警系统在不同多模通信单元之间通过 LoRa 通信模块建立 LoRa 通信局域网，并通过局域网实现不同多模通信单元及搭载传感器之间的数据交互，以及不同多模通信单元与控制中心之间的中继通信。

（2）自组织通信：多模通信单元与控制中心可以通过自组网的形式建立双向无线通信链路。

（3）移动通信：在具有移动通信信号覆盖的区域，多模通信单元可通过移动通信网络与控制中心建立双向无线通信链路。

（4）卫星通信：多模通信单元与控制中心可以通过卫星通信信道与控制中心建立双向无线通信链路，并可根据卫星通信信道带宽与信号质量的变化选择回传不同分辨率的监控视频或监控图片。卫星通信包含宽带卫星通信和北斗短报文卫星通信两种模式，短报文通信带宽较小，可用于传输数据量较小的测控数据和部分业务数据，宽带卫星通信带宽较大，可以用于传输图片、视频等对通信带宽要求较高的数据。

多模通信单元B主要用于为雨量计、地声传感器、泥水位传感器、断线传感器等泥石流监测传感器提供数据传输服务，同时具备通过多模通信单元C接入多模通信A的能力，可与多模通信单元A一起组成自组织中继通信网络，并在本地通信手段失效的情况下通过中继通信的方式与控制中心建立双向无线通信链路。多模通信单元B的通信功能与多模通信单元A类似，但是通信模式仅包含移动通信和北斗短报文通信两种。

多模通信单元C是低功耗版的数据采集与通信模块，仅提供到多模通信单元A的中继通信功能，通过高可靠、低功耗的物联网通信技术，可在多模通信单元C与多模通信单元A之间建立双向中继通信链路，并通过多模通信单元A的强大通信功能实现与控制中心的双向通信。

3.4.2　泥石流监测预警通信系统设备方案

本小节将具体介绍泥石流监测预警通信系统中各类多模通信单元的设计方案。

1. 多模通信单元A

1）硬件设计

多模通信单元A的硬件架构如图3－6所示，包含三块板卡：核心板（1号板）、载板（2号板）、接口板（3号板），系统控制核心芯片是ZYNQ－7000（以下简称Z7），PS端出1个1 000 BASE网口，作为主网口连接CPE，实现自组网。PL端出1个网口，建立与卫通、雷达/摄像头的连接。其中雷达和摄像头共用一个接口，与卫通通过切换开关的方式公用一路网络。控制卡Z7连接LoRa 1278来实现UHF通信。

多模通信单元A的组装图如图3－7所示。其中核心板主要是Z7的关键外设，如供电、存储、复位等，载板主要是接口功能外设，如RS232、RS485、模拟采集、LoRa、4G等，而接口板则是信号的转接以及连接器的形态转换。核心板和载板的PCB尺寸均是10 cm×10 cm，通过BTB连接器堆叠形成一个核心模组，其信号接口是以线缆束的形式与接口板进行连接，由接口板根据外设情况分配对外连接器的信号。

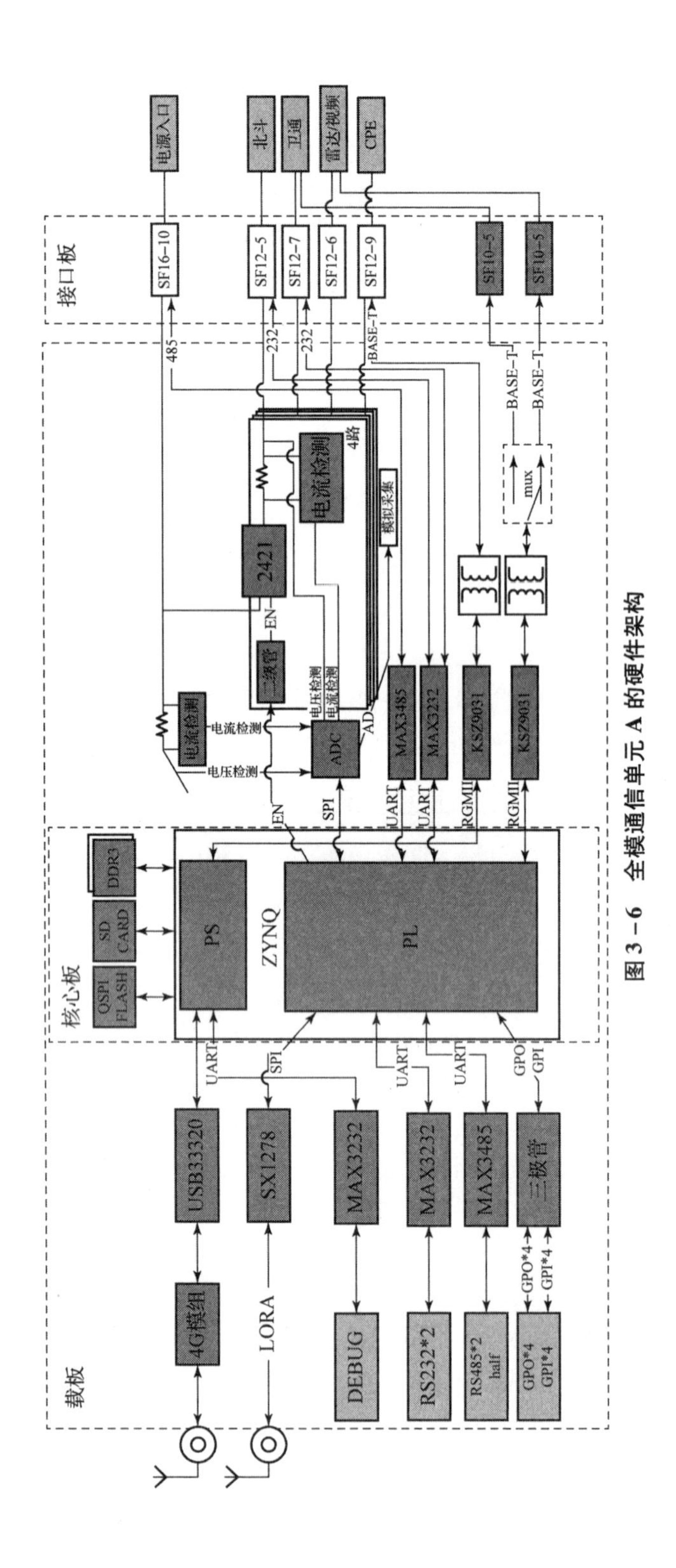

图 3-6　全模通信单元 A 的硬件架构

图3-7 多模通信单元的组装图

核心模组（核心板与载板）通过专用芯片对外出3路RS232、3路半双工RS485、4路模拟输入、4路GPI输入以及4路GPO输出。其中GPI为电压范围3.3~15 V的有源输入，GPO为OC无源输出，耐受40 V。这些通道可建立外部传感器以及相关模块的通信链路，如北斗、传感器、太阳能电源模块等。核心模组板载SD卡，可存储泥石流监测视频传感器的图像采集记录、传感器采集记录、电源检测记录以及各种日志等。

核心板使用的是Xilinx公司的Zynq7000系列的芯片，型号为XC7Z020-2CLG484I。芯片内包含处理系统（processing system，PS）和可编程逻辑（programmable logic，PL）两个部分。PS部分系统集成了两个ARM Cortex™-A9处理器，采用ARM-V7架构，运行主频1 GHz，每个处理器具备32 KB 1级缓存和512 KB 2级缓存。PL部分具备85 K逻辑单元、53200查找表资源、106 400个触发器、220个乘法器以及4.9 Mb块随机存储器（Block RAM）。外设接口部分包括USB总线接口、以太网接口、SD/SDIO接口、I2C总线接口、CAN总线接口、UART接口、GPIO等。ZYNQ7000芯片的总体框图如图3-8所示。

（1）DDR3：ZYNQ-7000核心板上配有两片SK Hynix公司的DDR3 SDRAM芯片（共计1GB），型号为H5TQ4G63AFR-PBI。DDR3 SDRAM的总线宽度共为32比特。DDR3 SDRAM的最高运行速度可达533 MHz（数据速率1 066 Mbps）。该DDR3存储系统直接连接到了ZYNQ处理系统（PS）的BANK 502的存储器接口上，如图3-9所示。

（2）SPI FLASH：核心板配有一片256 MB大小的Quad-SPI FLASH芯片，型号为W25Q256FVEI，它使用3.3 V CMOS电压标准。由于QSPI FLASH的非易失特性，在使用中，它可以作为系统的启动设备来存储系统的启动镜像。这些镜像主要包括FPGA的bit文件、ARM的应用程序代码以及其他的用户数据文件。

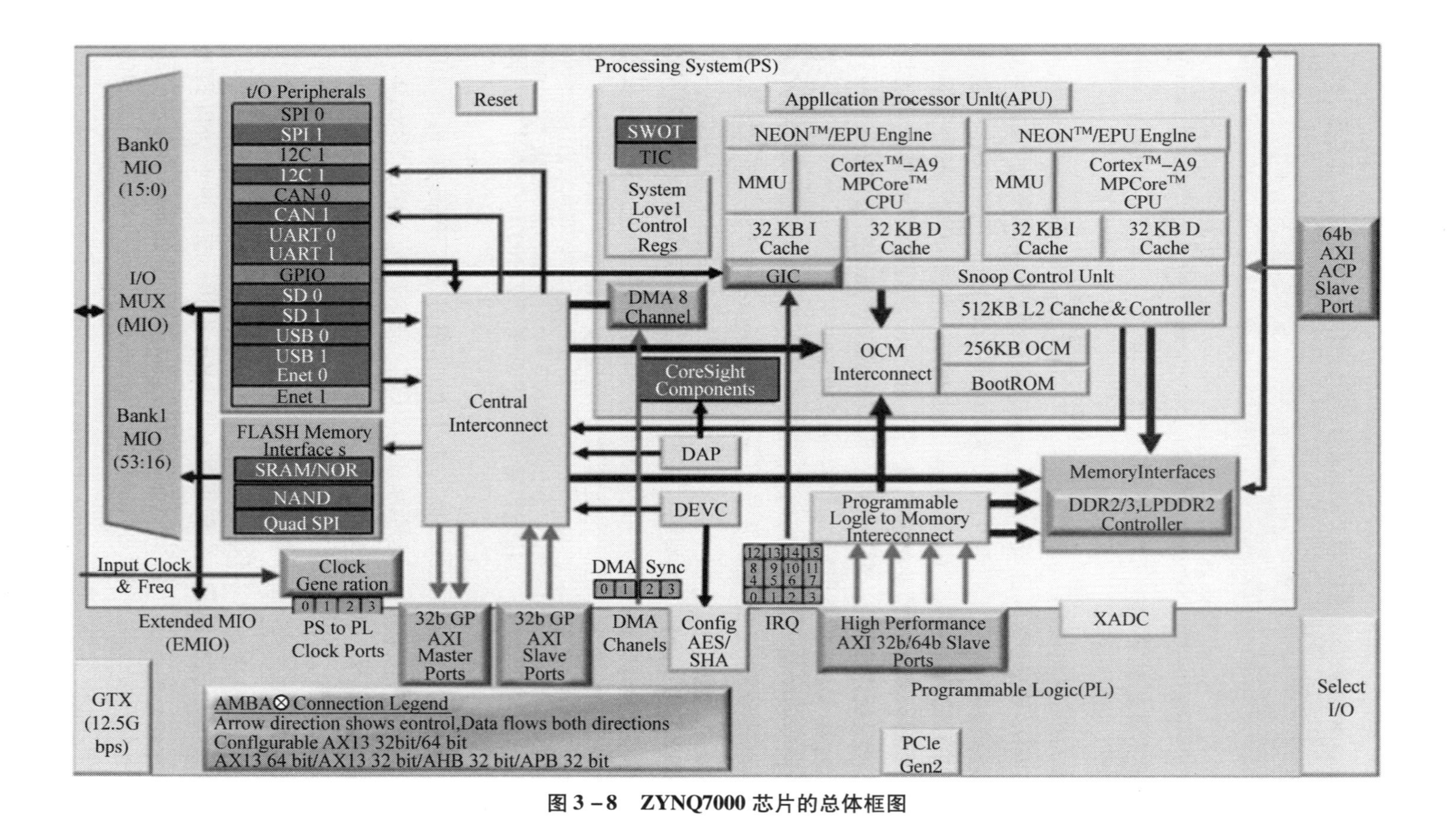

图 3-8 ZYNQ7000 芯片的总体框图

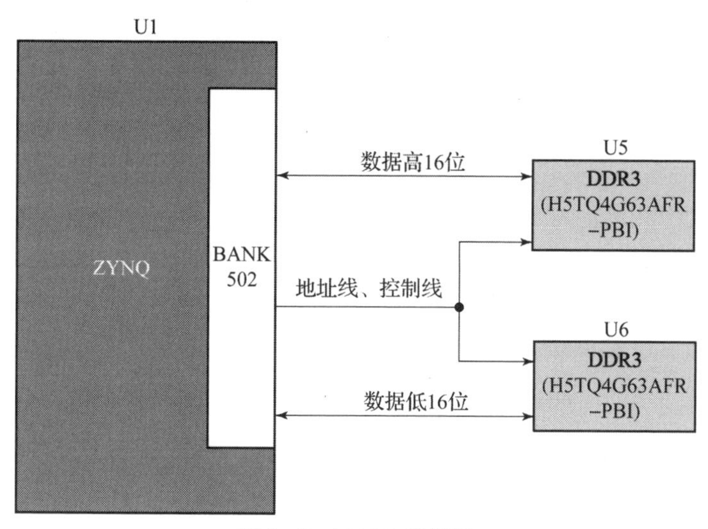

图3－9　DDR3连接图

（3）eMMC：核心板配有一片大容量的eMMC FLASH芯片（32GB），型号为THGBMFG8C2LBAIL，它支持JEDEC e－MMC V5.0标准的HS－MMC接口，电平支持1.8 V或者3.3 V。eMMC FLASH和ZYNQ连接的数据宽度为4比特。由于eMMC FLASH的大容量和非易失特性，在ZYNQ系统使用中，它可以作为系统大容量的存储设备，如存储ARM的应用程序、系统文件以及其他的用户数据文件。

（4）SD卡：根据系统需要，可额外扩展32 GB以上的SD卡，用于数据的存储，最大可兼容64 GB的存储空间，电路设计如图3－10所示。

（5）LoRa电路：LoRa选用Semtech公司的SX1278器件，该器件选用了LoRa TM扩频调制跳频技术高效的接收灵敏度和超强的抗干扰功用，其通信距离、接收灵敏度都远超现在的FSK、GFSK调制，且多个传输的信号占用同一个信道而不受影响，具有超强的抗干扰性。本设计采用433 MHZ频段，发射部分使用PA_LF，功率在15 dBm。其具体电路如图3－11所示。

（6）USB电路：ZYNQ－7000的PS端包含两个USB2.0的控制器。每个控制器可以独立配置成主、从或者OTG。通过控制器的ULPI接口连接外置PHY转换成传统的USB接口。USB主要用于4G模组（全网通）的连接，因此本设计使用了一个控制器。PHY选用SEMC的USB3320。其具体电路如图3－12所示。

为确保核心模组可靠工作，硬件设计过程中需要对功耗大于1 W的芯片进行针对性散热设计。芯片功耗表如表3－5所示。

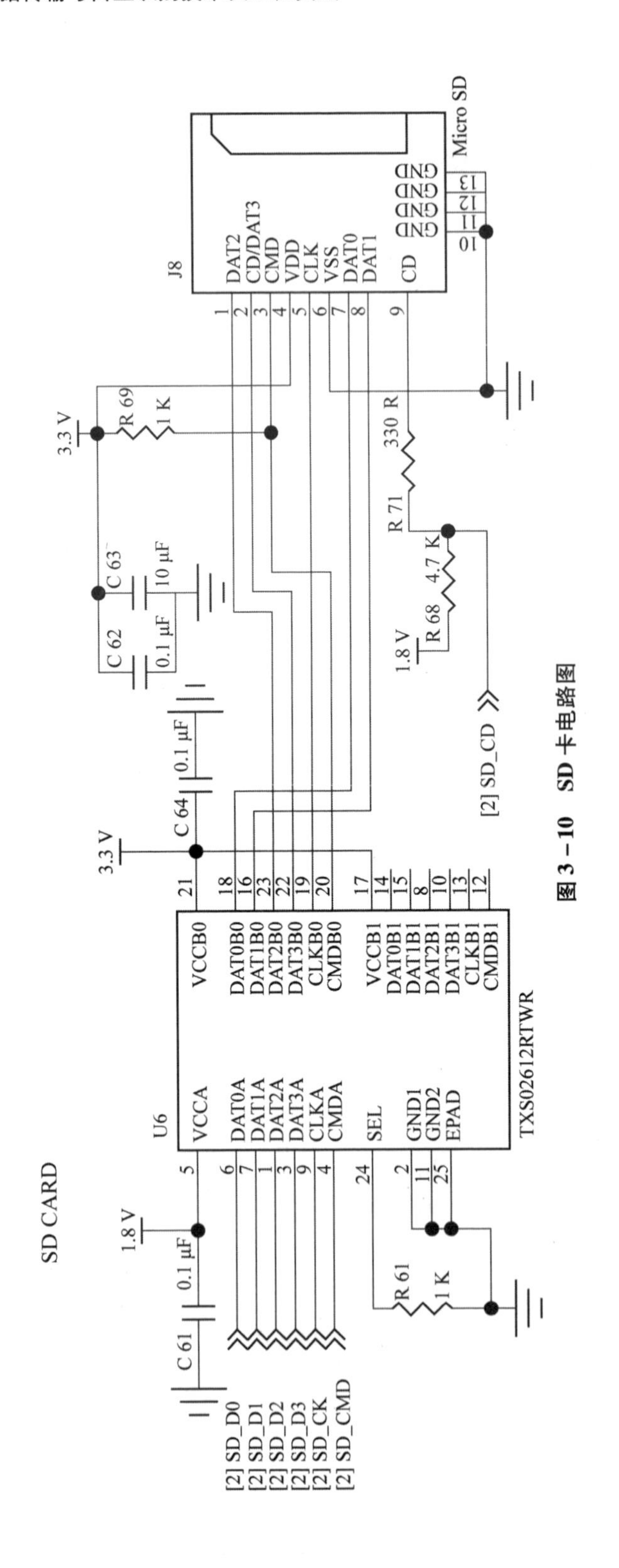

SD CARD
U6
TXS02612RTWR
VCCA
DAT0A
DAT1A
DAT2A
DAT3A
CLKA
CMDA
SEL
GND1
GND2
EPAD
VCCB0
DAT0B0
DAT1B0
DAT2B0
DAT3B0
CLKB0
CMDB0
VCCB1
DAT0B1
DAT1B1
DAT2B1
DAT3B1
CLKB1
CMDB1
J8
Micro SD
DAT2
CD/DAT3
CMD
VDD
CLK
VSS
DAT0
DAT1
CD
GND
1.8 V
3.3 V
C 61
0.1 μF
C 62
C 63
10 μF
C 64
R 61
1 K
R 68
4.7 K
R 69
R 71
330 R
[2] SD_D0
[2] SD_D1
[2] SD_D2
[2] SD_D3
[2] SD_CK
[2] SD_CMD
[2] SD_CD

图 3-10 SD 卡电路图

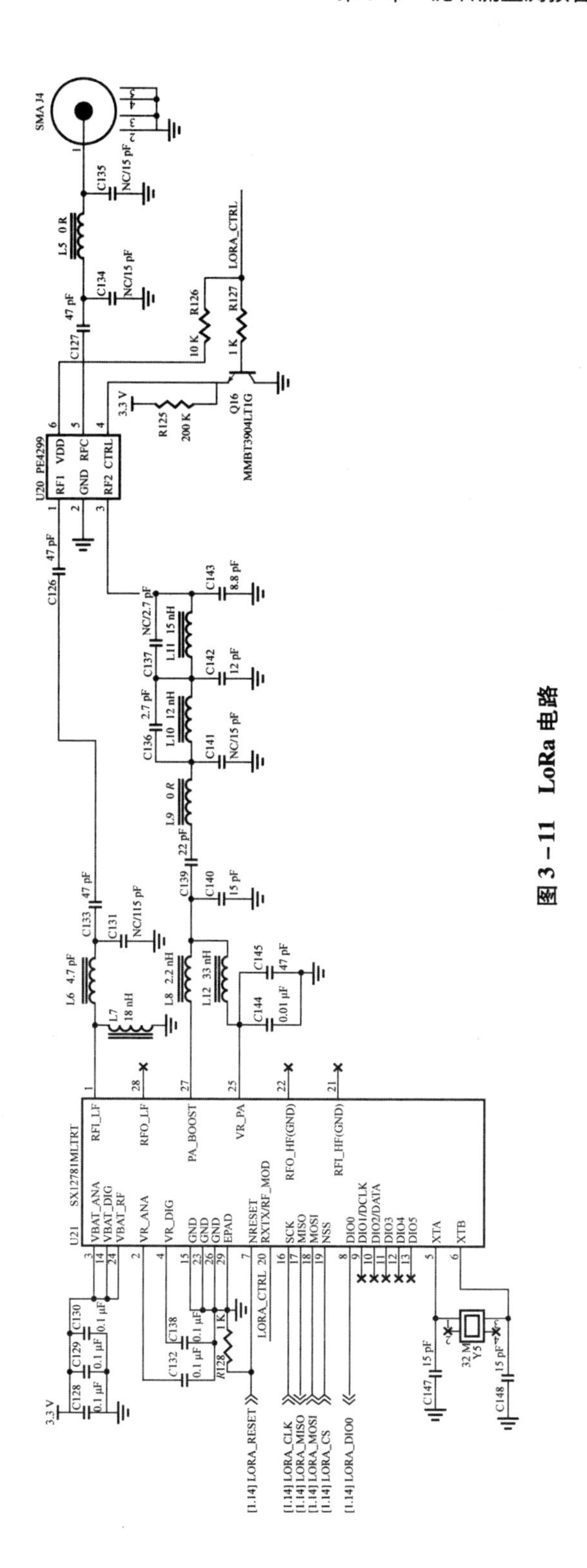
SMA J4
C135
NC/15 pF
L5 0 R
C134
NC/15 pF
47 pF
C127
R126
10 K
R127
1 K
LORA_CTRL
3.3 V
R125
200 K
Q16
MMBT3904LT1G
U20 PE4299
RF1
VDD
GND
RFC
RF2
CTRL
C126
47 pF
C143
8.8 pF
NC/2.7 pF
C137
L11 15 nH
C142
12 pF
2.7 pF
C136
L10 12 nH
C141
NC/15 pF
L9 0 R
22 pF
C139
C140
15 pF
C133 47 pF
C131
NC/115 pF
L6 4.7 pF
L7
18 nH
L8 2.2 nH
L12 33 nH
C145
47 pF
C144
0.01 μF
U21 SX1278IMLTRT
RFI_LF
RFO_LF
PA_BOOST
VR_PA
RFO_HF(GND)
RFI_HF(GND)
VBAT_ANA
VBAT_DIG
VBAT_RF
VR_ANA
VR_DIG
GND
EPAD
NRESET
RXTX/RF_MOD
SCK
MISO
MOSI
NSS
DIO0
DIO1/DCLK
DIO2/DATA
DIO3
DIO4
DIO5
XTA
XTB
3.3 V
C128
C129
C130
0.1 μF
C132
C138
R128
1 K
LORA_CTRL
[1.14] LORA_RESET
[1.14] LORA_CLK
[1.14] LORA_MISO
[1.14] LORA_MOSI
[1.14] LORA_CS
[1.14] LORA_DIO0
C147
15 pF
32 M
Y5
C148
15 pF

图 3－11　LoRa 电路

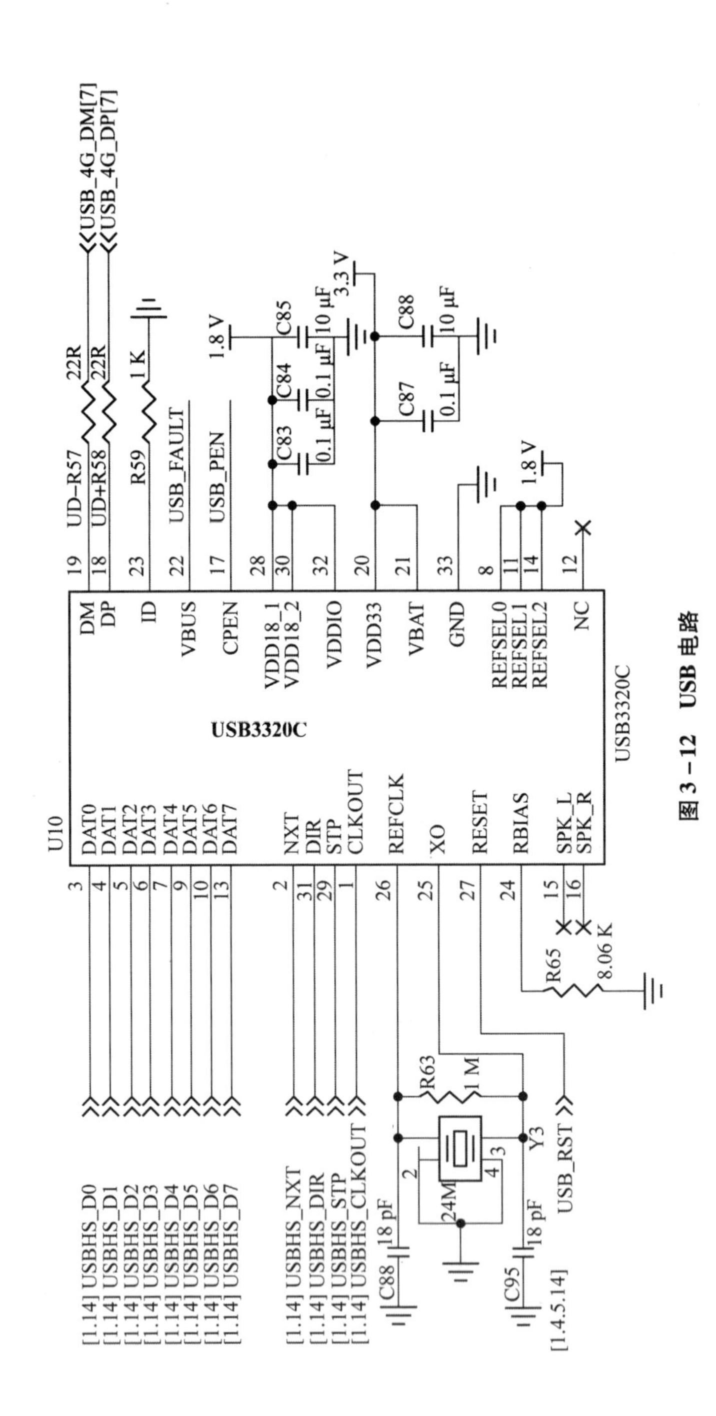

USB3320C
U10
DM
DP
ID
VBUS
CPEN
VDD18_1
VDD18_2
VDDIO
VDD33
VBAT
GND
REFSEL0
REFSEL1
REFSEL2
NC
DAT0
DAT1
DAT2
DAT3
DAT4
DAT5
DAT6
DAT7
NXT
DIR
STP
CLKOUT
REFCLK
XO
RESET
RBIAS
SPK_L
SPK_R
UD−R57
UD+R58
R59
USB_FAULT
USB_PEN
22R
1 K
USB_4G_DM[7]
USB_4G_DP[7]
1.8 V
3.3 V
C83
C84
C85
C87
C88
0.1 μF
10 μF
R63
1 M
R65
8.06 K
Y3
24M
C95
18 pF
USB_RST
[1.14] USBHS_D0
[1.14] USBHS_D1
[1.14] USBHS_D2
[1.14] USBHS_D3
[1.14] USBHS_D4
[1.14] USBHS_D5
[1.14] USBHS_D6
[1.14] USBHS_D7
[1.14] USBHS_NXT
[1.14] USBHS_DIR
[1.14] USBHS_STP
[1.14] USBHS_CLKOUT
[1.4.5.14]

图 3-12 USB 电路

表3-5　芯片功耗表

序号	芯片	功耗/W
1	ZYNQ-7000	1.4
2	DDR3	0.5
3	PHY	0.45
4	4G	1.67
5	OTHER	0.5
总共		4.52

单颗芯片功耗大于1 W的芯片包括ZYNQ-7000芯片和4G芯片，功耗分别是1.4 W和1.67 W。其中4G芯片的功耗大部分都以射频无线通信信号的形式辐射出去，芯片本身的热耗并没有超过1 W，因此仅对ZYNQ-7000芯片采用加导热垫直接接触机壳的方式进行散热。

2）软件设计

多模通信单元A的软件系统实现各个通信模式的相关协议，并根据优先级调度切换通信模式，框图如图3-13所示。

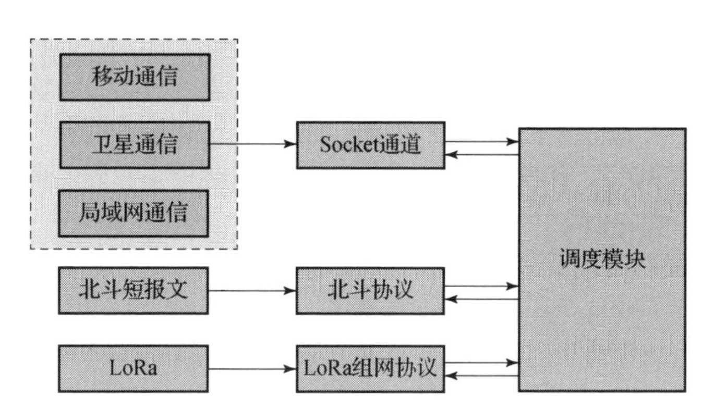

图3-13　软件模块系统框图

调度的具体功能可总结为如下几点：作为调度的准备，模块必须将系统中各通信方式的执行情况和状态特征记录在各表中。并且，根据各状态特征和资源需求等，将表排成相应的队列并进行动态队列转接。监测站各个通信站点间的接口与信息流关系如图3-14所示。

LoRa中继通信算法的总体思路如下。

（1）作为终端。

①当所有直通通信模式都出现异常时，进入LoRa终端组网请求模式。

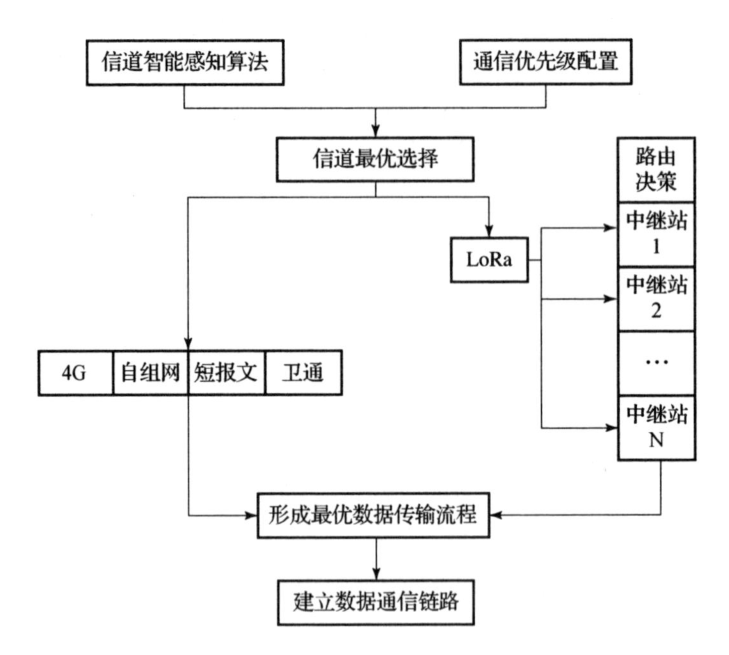

图 3-14　监测站各个通信站点间的接口与信息流关系

②进入 LoRa 终端组网请求模式后，以固定时间间隔不停地发送组网请求，直到 LoRa 网关回应。

③在自组网请求和通信过程中，以固定频率进行自检，自检发现任一直通通信方式正常时，结束 LoRa 自组网通信模式，进入该直通通信方式。

（2）作为网关。当至少有一种直通通信方式自检正常时，多模通信单元可作为 LoRa 网关使用。

（3）组网请求。

①所有多模通信单元初始频点都为 A。

②发起自组网请求的终端以频点 A 广播 LoRa 自组网请求。

③所有可作为网关的多模通信单元根据自身的 ID 实施时分响应，如 ID 为 1 的单元在收到组网请求 5 ms 后反馈，ID 为 2 的单元在收到组网请求 10 ms 后反馈。

④终端收到第一个 RSSI 强度超过预设值的反馈后，广播配对成功信息，该信息中包含成功配对网关的 ID，所有接收到信息的多模通信单元通过此 ID 数值计算得到一个新的频点 B，非此 ID 的多模通信单元把频点 B 加入频点列表中（同时包含此 ID 信息），并停止配对过程。此 ID 的多模通信单元收到此信号后，修改自身频点为频点 B，自身使用计数加一，作为网关使用。

⑤发起自组网请求的终端修改自身频点为 B。

⑥当有新终端发出自组网请求时，回转步骤①，如果频点 A 没有网关应答。则尝试链表中的其他频点。

（4）退网通知。

①终端转换为其他通信方式时，要以当前通信频点发送退网通知。

②网关在收到退网通知时，检查自身使用计数，计数为 0，要依次以频点链表中的频点广播此事件，事件信息中包含自身 ID。

③收到此事件广播的节点从自身频点列表中删除对应的节点。

（5）通信机制。

①网关收到终端的数据信息后要发回一个包含此终端 ID 的反馈包。

②终端收到反馈包后继续其他操作。

③终端如果没有收到反馈信息则，则延时 1 ms 后重新尝试。

接下来介绍 Socket 通道的设计方案。Socket 通道通过以太网与服务器进行数据交换，本设计使用了 libevent 库。libevent 是一个轻量级的基于事件驱动的高性能的开源网络库，并且支持多个平台，对多个平台的 I/O 复用技术进行了封装。

I/O multiplexing 的 multiplexing 指的其实是在单个线程通过记录跟踪每一个 Socket（I/O 流）的状态来同时管理多个 I/O 流。提高了模块的吞吐能力。其原理如图 3 - 15 所示。

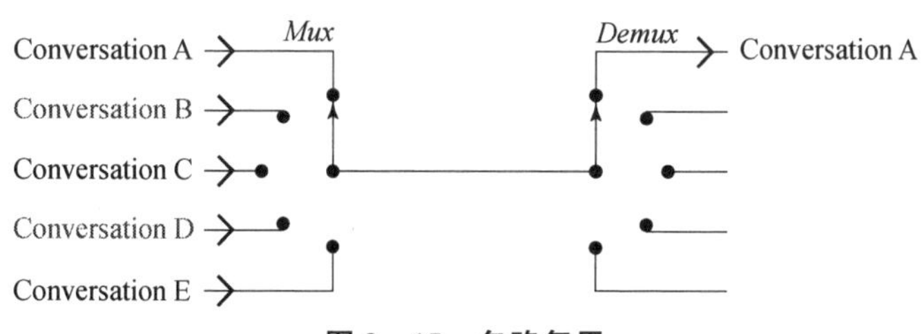

图 3 - 15　多路复用

EPOLL 可以说是 I/O 多路复用最新的一个实现，EPOLL 修复了 poll 和 select 绝大部分问题，首先，其不用每次调用都向内核拷贝事件描述信息，在第一次调用后，事件信息就会与对应的 EPOLL 描述符关联起来。其次，EPOLL 不是通过轮询，而是通过在等待的描述符上注册回调函数，当事件发生时，回调函数负责把发生的事件存储在就绪事件链表中，最后写到用户空间。EPOLL 返回后，该参数指向的缓冲区中即为发生的事件，对缓冲区中每个元素进行处理即可，而不需要像 poll、select 那样进行轮询检查。

（a）EPOLL 是线程安全的。

（b）EPOLL 不仅可以实现数据到达通知，还可以查知具体哪路 I/O 的数据到达，不需要程序循环查询。

3）功能设计

多模通信单元向上接收来自控制中心的控制命令、发送采样数据到控制中心；向下要广播控制命令到低功耗终端、收集发送低功耗终端的采样数据到控制中心；中间要控制外接传感器进行数据采集缓存和解析。

在直通通信过程中，控制中心与多模块通信单元使用TCP协议连接，通过Socket I/O多路复用技术实现。I/O multiplexing的multiplexing指的其实是在单个线程通过记录跟踪每一个Socket（I/O流）的状态来同时管理多个I/O流，提高模块的吞吐能力。其过程如下。

（1）系统软件启动后，创建和初始化IO事件监听列表。

（2）创建TCP socket，连接到控制中心服务器，并把此socket加入监听列表中。

（3）当控制中心下发指令到达时，监听事件发生。

（4）判断当前指令是否已经下发完整。完整进入步骤（5），否则进入步骤（3）。

（5）判断当前指令是否合法，合法，进入步骤（6），否则清空接受缓存并进入步骤（3）。

（6）处理当期指令，并把处理结果反馈给服务器。

为扩展性和易用性考虑，系统软件应具备用户配置功能。配置功能综合考虑多模通信单元硬件系统和实际应用需求，主要包括服务器IP端口配置、数据采集和上报定时配置、数据格式转换相关配置、系统时间配置和系统序列号配置等。其处理过程如下。

（1）系统软件启动后，根据服务器IP端口配置，通过TCP连接到控制中心。

（2）监听控制中心下发的配置命令。

（3）针对此配置命令，做出相应的配置过程，并把此配置保存到系统配置文件中。

在传感数据的采集、缓存和解析方面，ARM读取FPGA外接的数据传感器，对采集到的数据帧进行解析和数据格式转换，把解析后的数据打入数据队列。其具体流程如下。

（1）系统软件启动后，根据系统配置文件初始化数据采集定时器。

（2）数据采集定时发生。

（3）通过FPGA控制传感器，进行数据采集。

（4）FPGA逻辑对采集到的数据帧进行均值滤波、降噪，产生处理后的单帧数据并放入临时缓存中。

（5）按传感器规约和控制中心下发的接口配置文件，对临时缓存中的数据帧进行解析和格式转换。

（6）把处理后的数据帧打入数据队列中。

传感器数据定时上报方面，定时上报功能包括小时报、定时报、加报报和均匀时段信息报。它们都是根据系统配置由定时器驱动的。

（1）系统软件启动后，根据配置文件初始化各个数据上报定时器。

（2）某定时时刻到达或收到控制中心的数据请求。

（3）多模通信单元通过数据采集模块抽取上次的采样数据，通过 TCP 上传控制中心。

通信方式优先级调度方面，根据平台设定的优先级和自检结果自动切换通信方式。自检异常的通信方式的优先级排在正常的通信方式之后，若通信过程中出现异常，则自动切换到次优先级的通信方式，其调度模式机制如下。

（1）系统软件启动或调度定时发生或通信过程中出现异常。

（2）按通信方式优先级配置，对通信方式列表进行构建或重新排序。

（3）按序检查通信方式是否可用。

（4）查到可用项，可用项优先级高于当先通信模式优先级，进入步骤（5）；否则退出调度过程，等待下次调度事件的发生。

（5）关闭当前通信方式，切换为高优先级的通信方式。

系统自检方面，多模通信单元应具备系统自检功能。当发生以下情况时，系统进入自检状态：系统复位、收到平台的自检指令、内部错误触发和平台设定定时自检。进入自检状态后需要对系统自身运行状态、配电单元、传感器运行状态和各个通信单元进行检查。其处理过程如下。

（1）对自检结果进行核对，判断是否存在异常。

（2）发现异常时，存盘保存。不覆盖已有的异常结果，除非存储空间不足。

（3）没有异常时，在磁盘配额足够时存盘保存，在磁盘配额不足时覆盖储存。

（4）当本次自检为平台指令触发时，自检结果上报控制中心。

（5）当自检发现异常时，自检结果上报控制中心。

（6）当本次自检平台设定定时自检时，自检结果上报控制中心。

系统日志存储方面，系统日志分为错误、警告、信息三个级别，按从高到低的日志级别排序。系统工作到了一定时间后，日志文件的内容随着时间和访问量的增加而越来越多，日志文件也越来越大。当日志文件超过系统控制范围时候，还会对系统性能造成影响。因此对日志系统需要合理地管理，其机制如下。

（1）日志格式、文件系统配额、存储路径等都可以通过日志配置文件动态地修改。

（2）信息日志使用百兆级别的系统配额，当信息日志超过配额时，新的日志将回滚、覆盖掉老的日志。

（3）警告日志使用百兆级别的系统配额，当警告日志超过配额时，新的日志将回滚、覆盖掉老的日志。

（4）错误日志使用单独的存储介质存储（32 GiB emmc）。错误日志不覆盖已有的异常结果，除非存储空间不足。当存储空间不足时，实施回滚、新日志将覆盖最老的日志。

（5）当收到控制中心的日志清空命令时，清空对应级别的日志。

（6）消息、警告级别的日志，其磁盘配额可以通过控制中心配置。

电源控制管理方面，对于检测站平台的电源控制有两种方式。

（1）根据后台管理员发来的开关机指令实现对预警系统中各个模块的加断电操作。

（2）根据中心控制单元对各个模块遥测数据的判读结果，监测站能够在监测到电源或其他关键模块故障时，自主完成断电控制。更进一步，根据对各个传感器遥测数据的判断，实现对平台上所挂传感器载荷进行自主加断电操作，及时隔离故障点。

现场数据的存储和恢复方面，当通信故障时，系统应能够保持故障期间的传感数据，等待通信恢复后，把这些数据补报到控制中心。

（1）当通信链路因故障或者外部干扰中断时，中心控制单元判断通信模块的遥测数据，从而识别故障。

（2）控制综合数据电子模块的存储单元，对现场数据进行存储。

（3）待通信链路恢复，再回访存储的数据，并传输给控制中心。

（4）由控制中心对数据进行整理和综合判断。

（5）监测站应能够自主分辨写保护数据与非写保护数据，并能将两种数据存在两个不同的位置。

（6）本地存储的数据与回传数据格式相同。

zlog 日志系统功能方面，zlog 是一个高性能、线程安全、灵活、概念清晰的纯 C 日志函数库。zlog 有以下特性。

（1）syslog 分类模型，基于规则路由过滤。

（2）日志格式定制。

（3）多种输出，包括动态文件、静态文件、stdout、stderr、syslog、用户自定义输出函数。

（4）运行时手动或自动刷新配置（同时保证安全）。

（5）高性能，每条日志可达上万条，速度是 syslog（3）配合 rsyslogd 方案的百倍以上。

（6）高可靠性和速度之间的平衡，用户自定义多少条日志后 fsync 数据到硬盘。

（7）用户自定义等级。

（8）多线程和多进程环境下保证安全转挡。

（9）精确到微秒。

（10）简单调用包装 dzlog。

（11）MDC，线程键 - 值对的表，可以扩展用户自定义的字段。

（12）自诊断，可以在运行时输出 zlog 自己的日志和配置状态。

（13）不依赖其他库，只要是个 POSIX 系统就行（当然还要一个 C99 兼容的 vsnprintf）。

固件升级方面，多模通信单元的固件升级系统参考思科路由器的升级机制，把所有升级文件用 tar 打包，通过 tcp 可靠数据通路传输到多模通信单元，多模通信单元使用 tar 固有的特性来检测整个固件包的完整性，并把各个文件解压到 tar 包中此文件对应的路径中，其具体流程如图 3 - 16 所示。

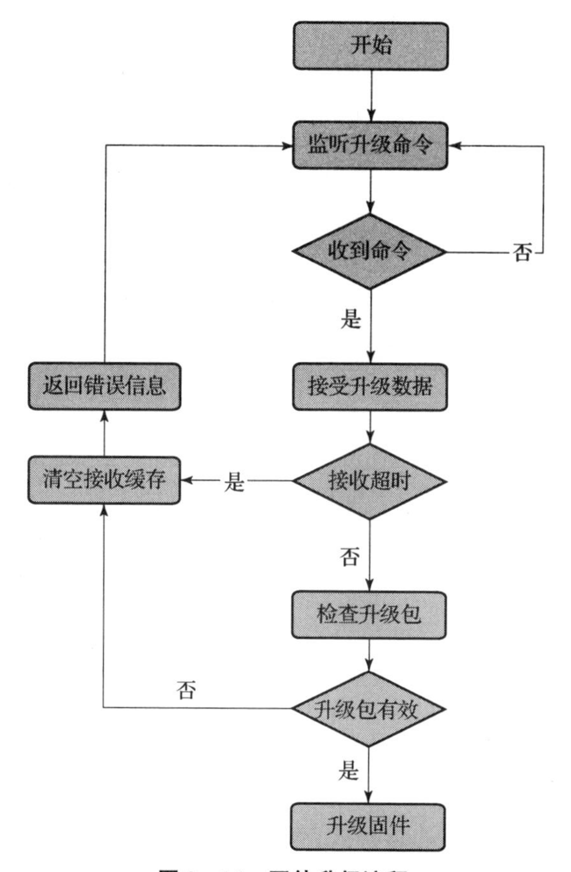

图 3 - 16　固件升级流程

LoRa 通信功能方面，需要确定 LoRa 子网通信机制和 LoRa 中继机制。

对于 LoRa 子网通信机制而言，一个全网通多模通信单元与其低功耗终端构成一个 LoRa 子网。全网通多模通信单元中继至少支持 16 个终端，使用时分通信机制与其低功耗终端进行数据交互。为了避免因各个终端晶振差异造成的时间差异，LoRa 中继开机时送一次时统信息，之后每隔 60 s 发送一次。所有终端按此时统信息进行校时，对此时统信息包，终端并不发送反馈信息包。时统信息格式如表 3－6 所示。

表 3－6 时统信息格式

项目	包头	命令字	数据	参数个数	终端 1 参数	…	终端 n 参数
内容	0x0BADBEEF	0x5F01	Timestamp	n	时隙 N1 s	…	时隙 Nn s
长度	4 bytes	2 bytes	8 bytes	1 byte	1 byte	…	1 byte

（1）各终端在每分钟的前 10 s 监听全网通的时统信息包。

（2）各终端根据时统信息包中的时间戳进行校时。

（3）各终端根据自身的 SN 和时统信息包中的时隙信息安排自身的发送时隙。

（4）各终端在第 11 s 进入发送模式。

（5）各终端等待自身的发送时隙，时隙到来，发送数据。

数据报文格式如表 3－7 所示。

表 3－7 数据报文格式

项目	包头	命令字	时间戳	包序号	数据长度	数据
内容	0x0BADBEEF	0x5E01	Timestamp	0～9	1～240	Xxxx
长度	4 bytes	2 bytes	8 bytes	1 bytes	1 bytes	1～240

包序号用于中继检测终端是否丢包，当数据队列空时，终端应该发送数据长度为 0 的数据报。

对于 LoRa 中继机制而言，当全网通版本的所有直通模式不可用时，全网通进入中继模式。在中继模式下，全网通多模通信单元与低功耗终端使用相同的处理机制，过程如下。

（1）全网通 A 检测到直通模式不可用。

（2）在每分钟的第 0 s 全网通 A 切换到全网通 B 的发送频点，进行监听。

（3）全网通 A 根据时统信息包中的时间戳进行校时。

（4）全网通 A 根据自身的 SN 和时统信息包中的时隙信息安排自身的发送时隙。

（5）全网通 A 在第 5 s 切换频点，5 ~ 9 s 发送自身的时统信息包。

（6）全网通 A 在第 10 s 切换为监听模式，监听自身的低功耗终端。

（7）全网通 A 在自身的发送时隙到来前 1 s，切换成发送模式，以全网通 B 的监听频点发送数据。

2. 多模通信单元 B

1）硬件设计

多模通信单元 B 的系统硬件原理如图 3 – 17 所示。

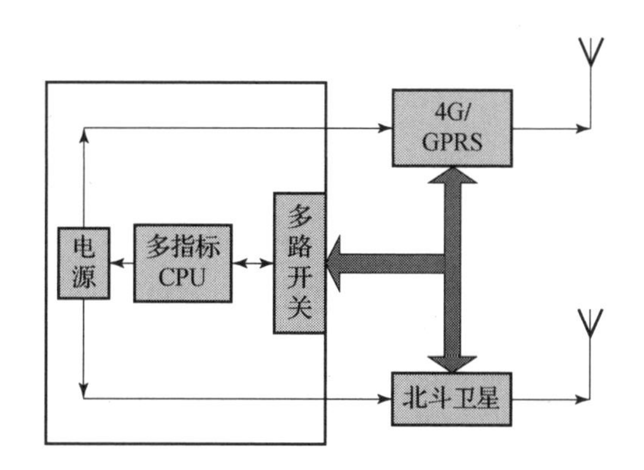

图 3 – 17　多模通信单元 B 的系统硬件原理

多指标 CPU 控制电源输出首先供给 4G/GPRS 模块，北斗卫星模块断电，多指标采集控制器通过 UART 串口通信检测 4G/GPRS 信号强度，数据通过 4G/GPRS 模块传输数据；当多指标 CPU 检测到 4G/GPRS 信号强度不足以满足数据传输要求或 4G/GPRS 模块不响应 AT 指令操作情况时，多指标 CPU 切换电源供给北斗卫星模块，数据通过北斗卫星模块传输数据。

根据功能要求及设计，进行了设备数据传输硬件电路原理图设计及 PCB 板制作，为多网融合功能的实现提供了硬件平台。硬件设计电路原理图（图 3 – 18）及 PCB 电路板（图 3 – 19）所示。

2）算法及软件设计

为了保证数据传输的可靠性和稳定性，除了传输模块硬件平台可同时支持 4G/GPRS 和北斗传输外，多指标传输模块数据传输软件同样进行了相应升级优化。即优先选用 4G/GPRS 模块传输，一旦检测到 GPRS 网络无法满足多指标数据传输的需要，系统通过软件自动切换电源进而转换成北斗模块进行数据传输。软件算法实现过程如图 3 – 20 所示。

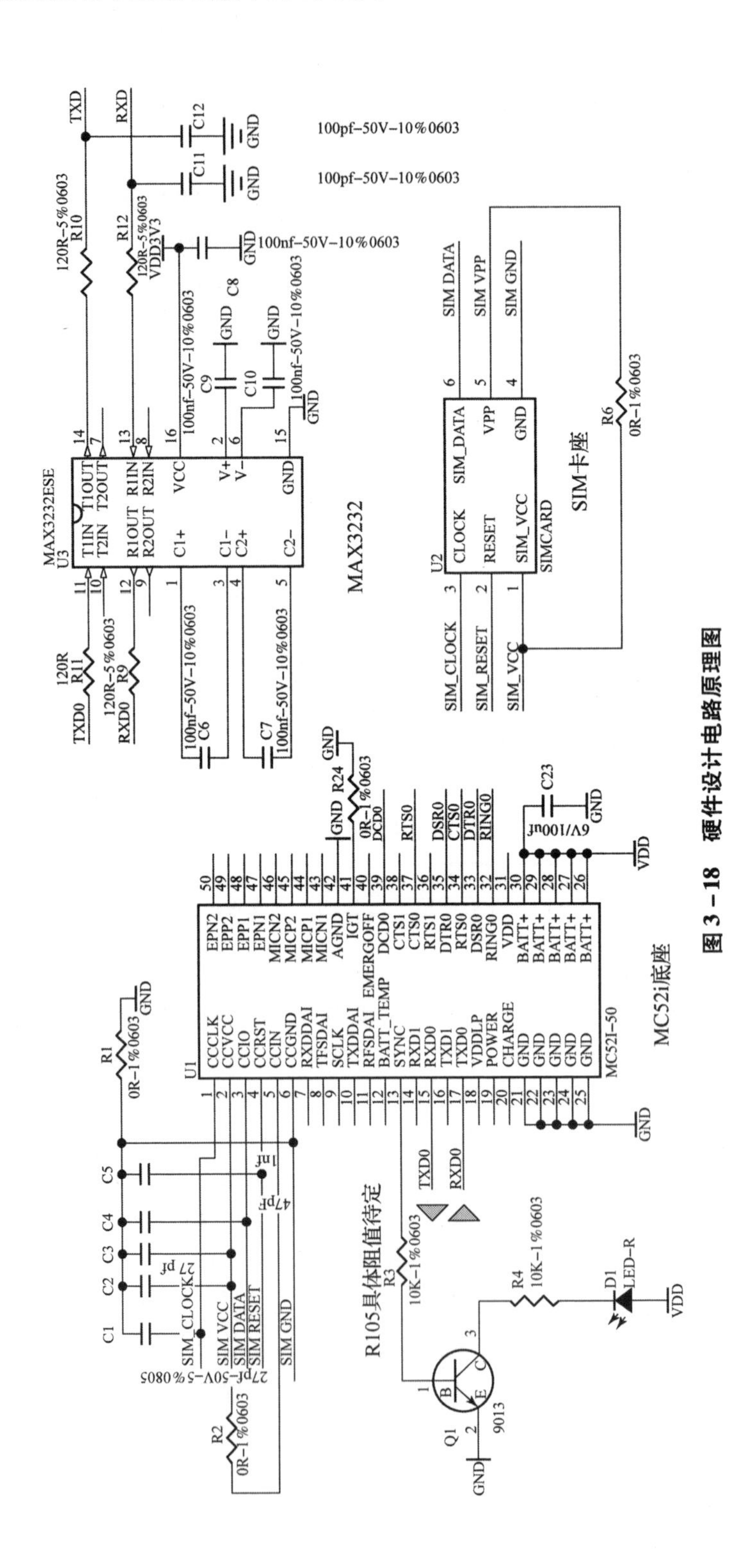

图3-18　硬件设计电路原理图

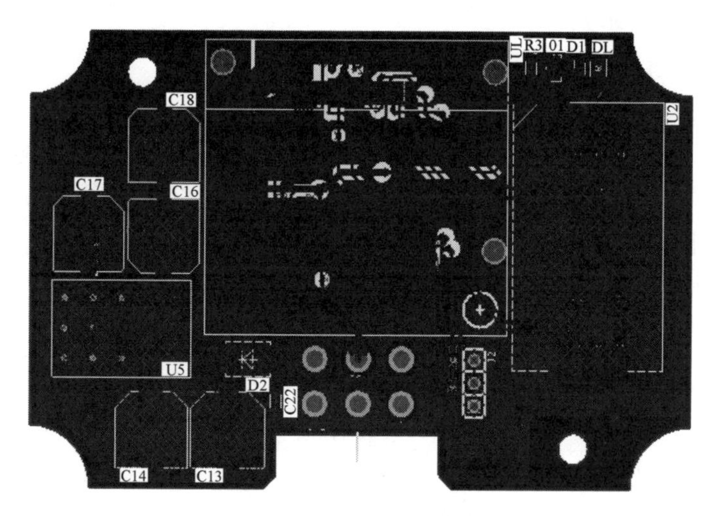

图 3－19　PCB 电路板

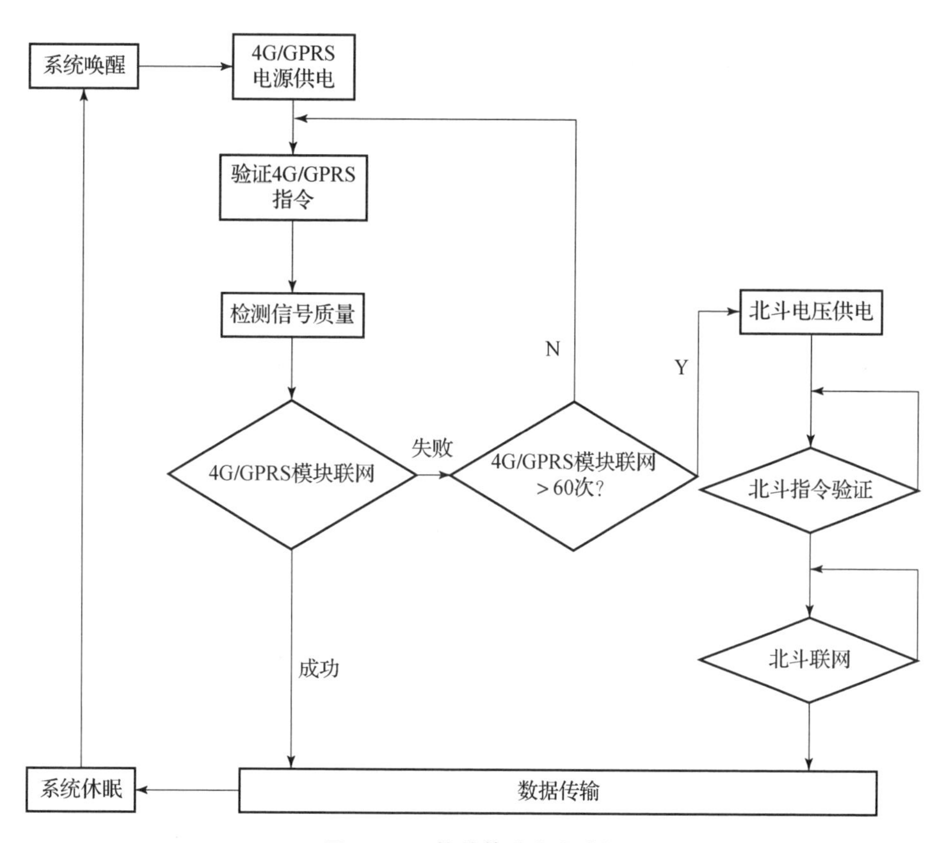

图 3－20　软件算法实现过程

3. 多模通信单元 C

1）硬件设计

低功耗模块核心主要是低功耗 STM32 芯片，通过其硬件接口扩展外设，如 RS232、RS485、模拟采集、LoRa 等。其中 LoRa 主要用于和全网通模块通信。RS485、RS232 用于外部数据输入。电源供电可以为外部 12 V 输入，也可以为内部电池供电，板载芯片可以根据实际情况无缝自动切换供电状态，保证设备正确运行。其硬件设计框图如图 3－21 所示。

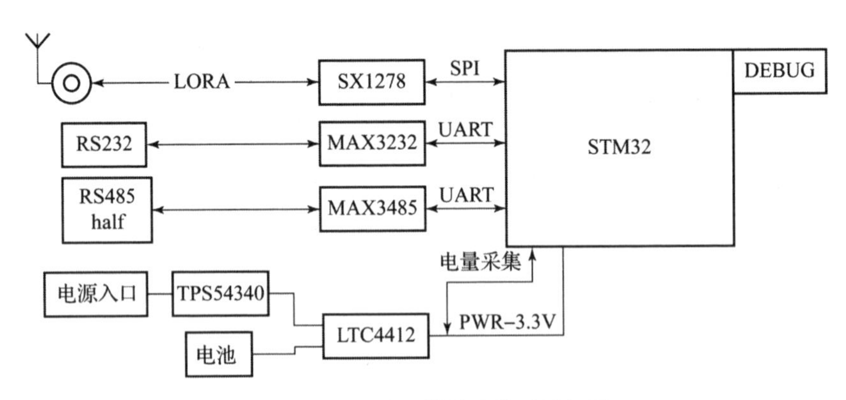

图 3－21　低功耗模块硬件设计框图

RS232 接口电路方面，RS232 作为一种标准，目前已在通信接口中广泛应用，其电气接口电路采用的是不平衡传输方式，即所谓单端通信。其支持 1200、4800、9600、115200 等多种波特率，用户可通过调整波特率的方式使通信距离长达 15 m。本设计使用 RS232 接口主要用于与外界的传感器、通信设备进行数据交互，比如其他厂家的 RTU 等。电路设计如图 3－22 所示。

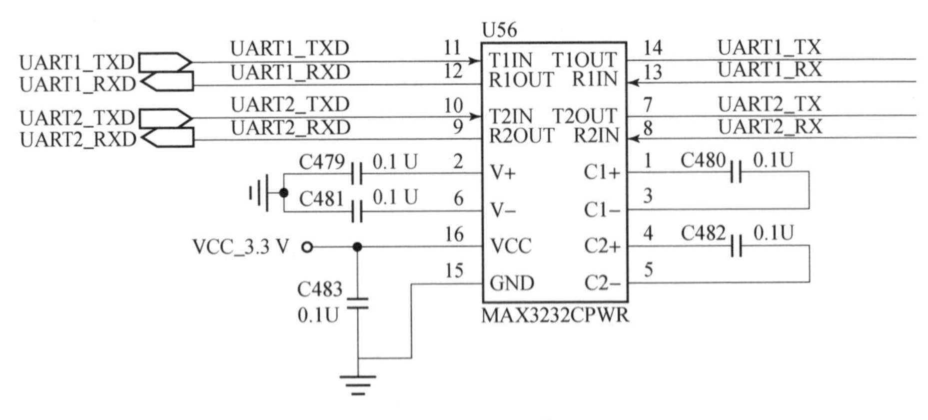

图 3－22　RS232 接口

RS485 接口电路方面，RS485 相对于 RS232 而言采用了平衡传输方式，从而增加了抗共模干扰的能力，传输距离也大大增加。本设计中 RS485 接口的作用是与外界的传感器进行数据交互，通过 MAX3485 的 RE、DE 信号来控制 485 的收或发。接口部分有 120 欧姆阻抗匹配电阻，保证信号的完整性。电路设计如图 3－23 所示。

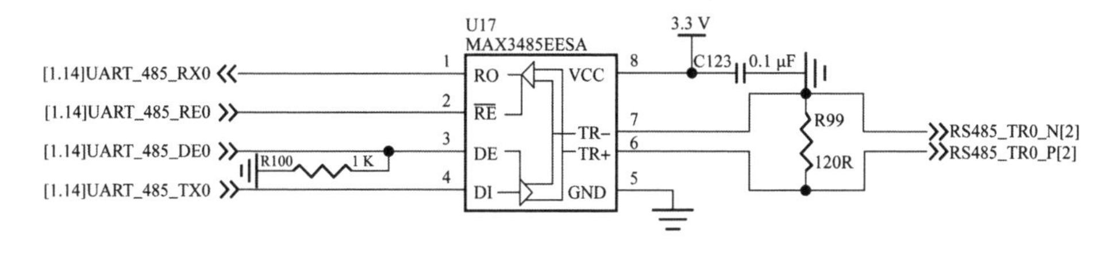

图 3－23　RS485 半双工接口

ADC 接口电路方面，通过 STM32 内置的 10 比特模拟采集通道采集电池电量，将读回的电压值通过校准算法转换成电量比例。其电路设计如图 3－24 所示。

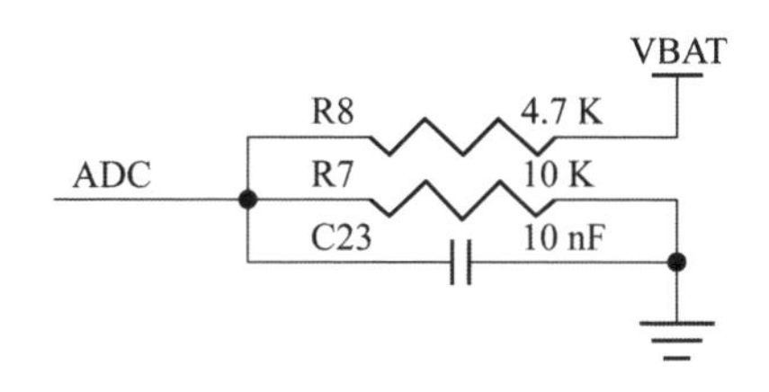

图 3－24　电量采集电路

LoRa 电路方面，选用 Semtech 公司的 SX1278 器件，该器件选用了 LoRa TM 扩频调制跳频技术高效的接收灵敏度和超强的抗干扰功用，其通信距离、接收灵敏度都远超现在的 FSK、GFSK 调制，且多个传输的信号占用同一个信道而不受影响，具有超强的抗干扰性。本设计采用 433 MHz 频段，发射部分使用 PA_LF，功率在 15 dBm。具体电路设计如图 3－25 所示。

供电切换电路方面，主要通过 linear 的 LTC4412 芯片，如图 3－26 所示，其中 BATIN 为电池输入，3. 8 V 外部供电输入，POWER_SOURCE 用于供电源指示。当芯片感知到 3. 8 V 时，MOS 管会自动关断电池的通道，从而使供电自动切换到外部供电；相反，MOS 打开，供电自动切换到电池通道。

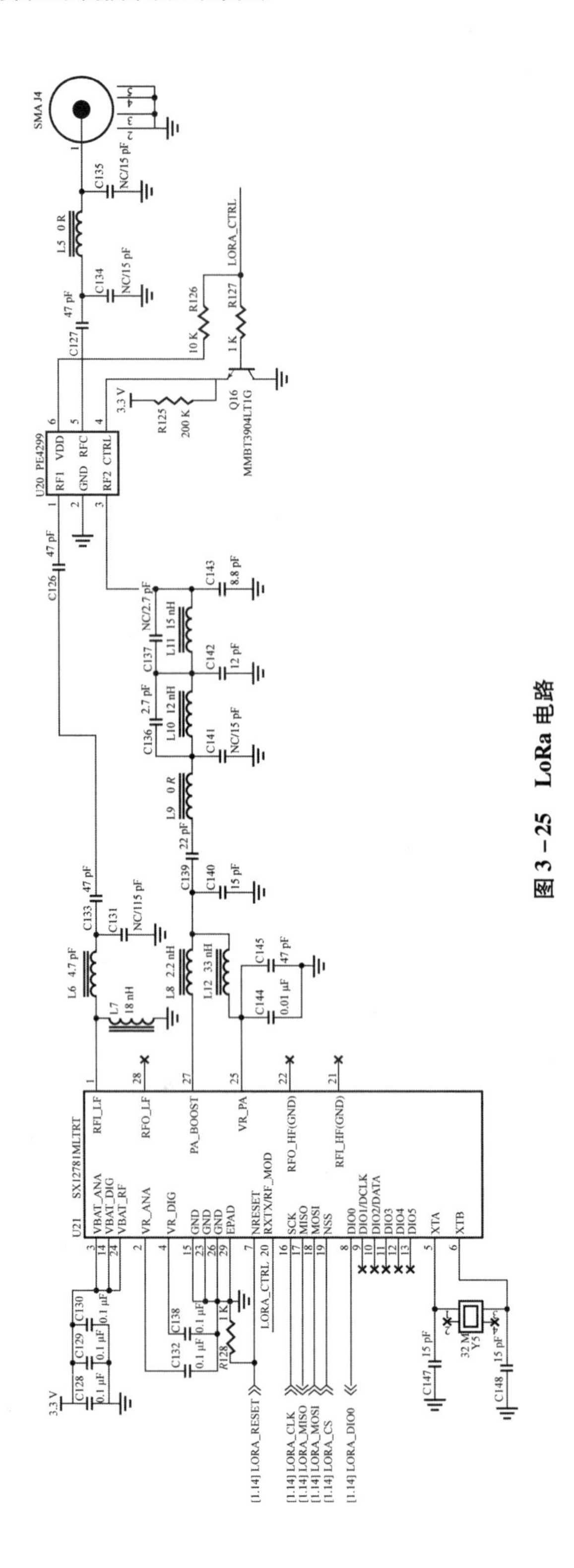
SMA J4
NC/15 pF
C135
L5 0 R
C134
C127 47 pF
R126
10 K
R127
1 K
LORA_CTRL
U20 PE4299
RF1 VDD
GND RFC
RF2 CTRL
3.3 V
R125
200 K
Q16
MMBT3904LT1G
C126 47 pF
C143
8.8 pF
C137 NC/2.7 pF
L11 15 nH
C142
12 pF
C136 2.7 pF
L10 12 nH
C141
NC/15 pF
L9 0 R
C139 22 pF
C140
15 pF
C133 47 pF
C131
NC/115 pF
L6 4.7 pF
L7 18 nH
L8 2.2 nH
L12 33 nH
C145
47 pF
C144
0.01 μF
U21 SX1278IMLTRT
RFI_LF
RFO_LF
PA_BOOST
VR_PA
RFO_HF(GND)
RFI_HF(GND)
VBAT_ANA
VBAT_DIG
VBAT_RF
VR_ANA
VR_DIG
GND
EPAD
NRESET
RXTX/RF_MOD
SCK
MISO
MOSI
NSS
DIO0
DIO1/DCLK
DIO2/DATA
DIO3
DIO4
DIO5
XTA
XTB
C128
C129
C130
0.1 μF
C132
C138
R128
LORA_CTRL
32 M
Y5
15 pF
C147
C148
[1.14] LORA_RESET
[1.14] LORA_CLK
[1.14] LORA_MISO
[1.14] LORA_MOSI
[1.14] LORA_CS
[1.14] LORA_DIO0

图 3-25 LoRa 电路

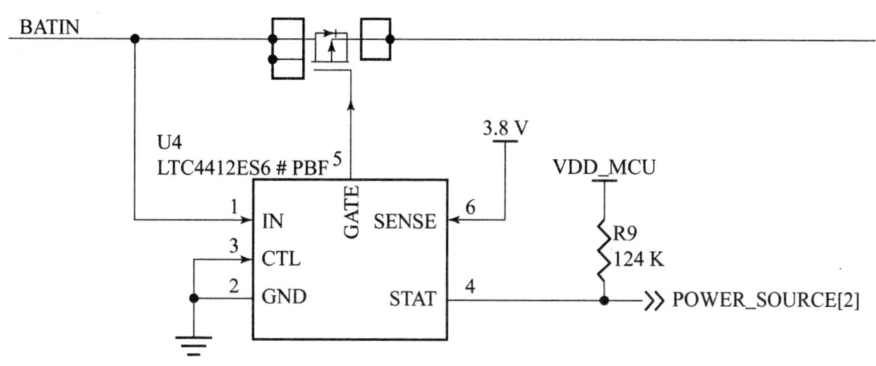

图 3 –26　供电切换电路

2）软件设计

LoRa 通信协议方面，全网通 LoRa 与低功耗 LoRa 之间通信采用自主协议私有格式进行通信，其数据格式如表 3 –8 所示。

表 3 –8　LoRa 模块间通信私有格式

项目	包头	命令字	时间戳	包序号	数据长度	数据
内容	0x0BADBEEF	0x5E000001	Timestamp	0 ~ 9	1 ~ 256	0xXX
长度	4 bytes	4 bytes	8 bytes	1 bytes	1 bytes	1 ~ 256

LoRa 通信机制方面，自主健康管理设备的 LoRa 中继模块不支持频分，使用时分机制进行数据通信。时分机制需要时统系统，在设计中使用 LoRa 中继发送统一时统信息。

一个全网通模块与多个低功耗模块构成一个 LoRa 子网（图 3 –27），当前设计一个全网通中继模块至少支持 8 个低功耗终端模块，使用时分通信机制与其低功耗终端进行数据交互。为了避免因各个终端晶振差异造成的时间差异，全网通 LoRa 中继开机时送一次时统信息，之后每隔一定时间发送一次。所有终端按此时统信息进行校时，对此时统信息报，终端并不发送反馈信息报。其通信流程如下。

（1）各低功耗终端在每分钟的前 10 s 监听全网通的时统信息包。

（2）各低功耗终端根据时统信息包中的时间戳进行校时。

（3）各低功耗终端根据自身的 S N 和时统信息包中的时隙信息安排自身的发送时隙。

（4）各低功耗终端在第 11 s 进入发送模式。

（5）各低功耗终端等待自身的发送时隙，时隙到来，发送数据。

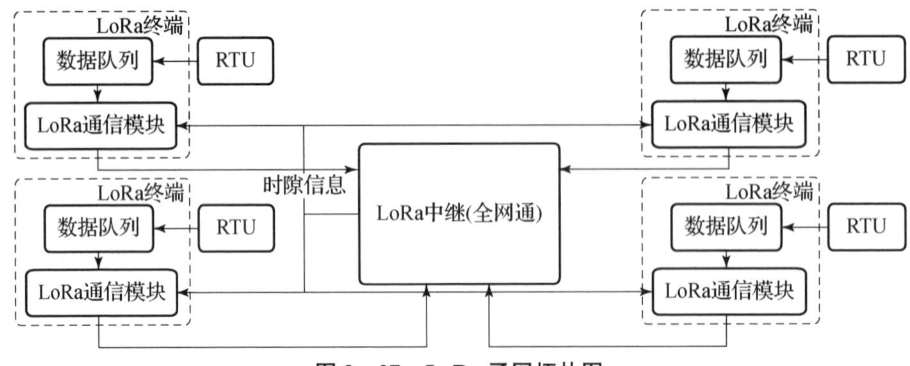

图 3-27　LoRa 子网拓扑图

LoRa 中继机制方面，当全网通模块的所有直通模式不可用时，全网通进入中继模式，其原理如图 3-28 所示。

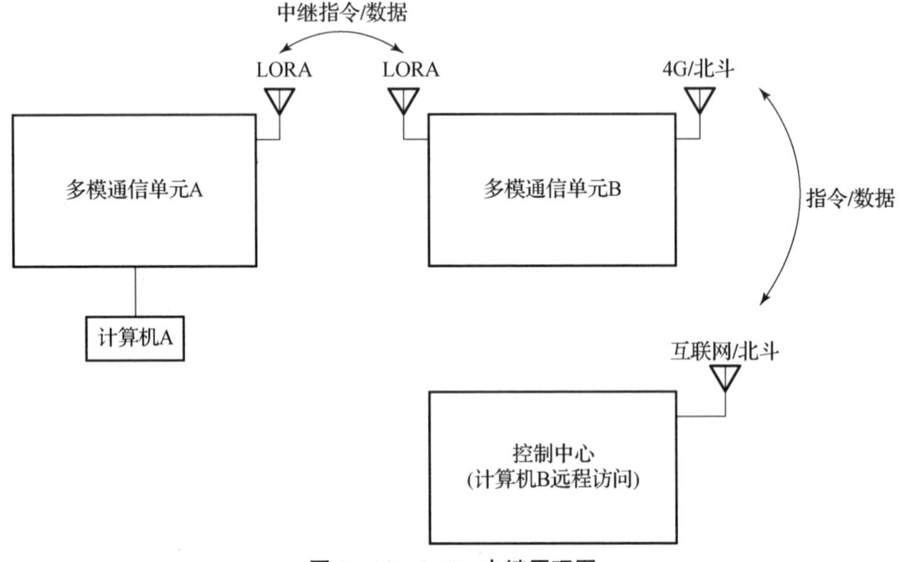

图 3-28　LoRa 中继原理图

在中继模式下，全网通模块 LoRa 与低功耗模块 LoRa 使用相同的处理机制。其过程如下。

（1）全网通 A 检测到直通模式不可用。

（2）在每分钟的第 0 s 全网通 A 切换到全网通 B 的发送频点，进行监听。

（3）全网通 A 根据时统信息包中的时间戳进行校时。

（4）全网通 A 根据自身的 SN 和时统信息包中的时隙信息安排自身的发送时隙。

（5）全网通 A 在第 5 s 切换频点，5～9 s 发送自身的时统信息包。

（6）全网通 A 在第 10 s 切换为监听模式，监听自身的低功耗终端。

（7）全网通 A 在自身的发送时隙到来前 1 s，切换成发送模式，以全网通 B 的监听频点发送数据。

3.5　泥石流监测预警通信设备测试验证

本节介绍泥石流监测预警通信设备的测试验证情况，具体包括模块测试、通信压力测试、高低温性能测试、中继通信距离测试等内容。

3.5.1　模块测试

模块测试部分的主要任务是在设备集成为整机之前，对各个子模块的状态和功能进行确认，为整机测试打好基础。本书重点介绍板卡通电测试、LoRa 通信测试以及 LoRa 收发数据测试等典型环节的测试验证情况。

1. 板卡通电测试

板卡通电测试时，首先对被测板卡加电，再通过与原理图对比，确认各元器件上电压测试点的工作电压与设计值是否一致，从而判断板卡通电后工作是否正常。以低功耗模块为例，板卡上电测试图如图 3－29 所示。

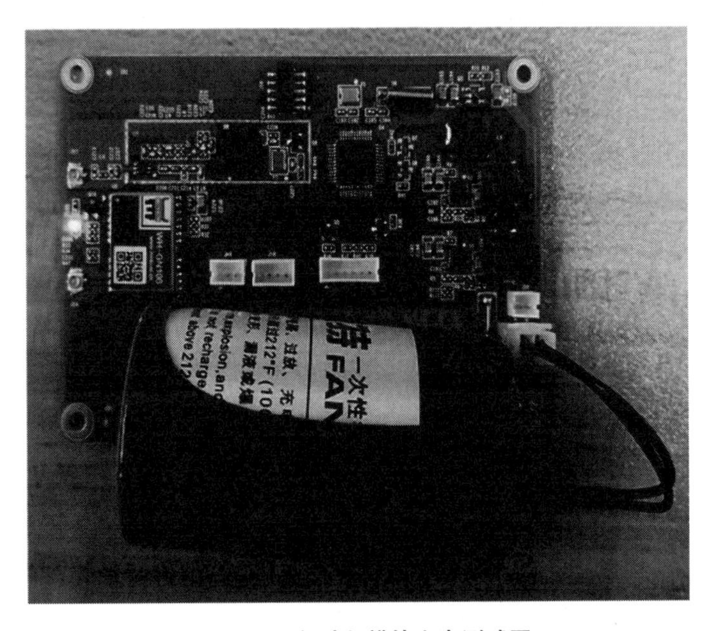

图 3－29　低功耗模块上电测试图

测试结果如表 3－9 所示。

表 3－9　低功耗模块板卡上电测试结果

低功耗模块板卡电压测量结果			
序号	设计电压	实测电压/V	结果
1	电池	3.6	电压正常
2	外部供电转换	3.8	电压正常
3	负载供电	3.4	电压正常

2. LoRa 通信测试

全网通模块的 LoRa 与低功耗模块的 LoRa 通信协议为私有定制协议，采用加密透传的方式进行。测试过程中，低功耗模块的 LoRa 向全网通模块的 LoRa 发送数据“00”，全网通模块接收到数据后，通过 SPI 接口发送给地检计算机，并在地检计算机软件中显示出来。通信链路测试结果如图 3－30 所示，从图中可以看到，地检计算机成功接收到连续的数据“00”。

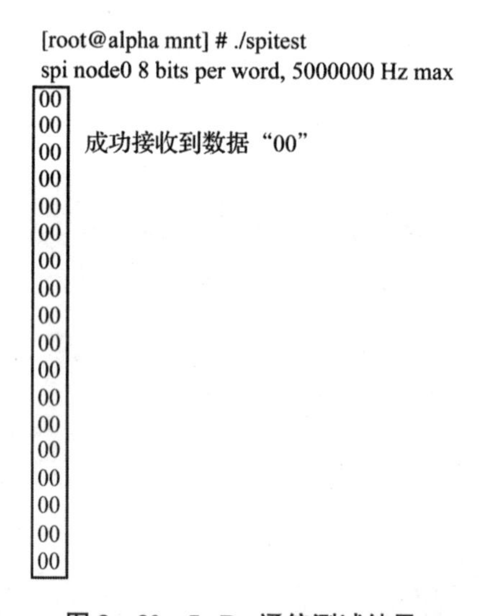

图 3－30　LoRa 通信测试结果

3. LoRa 收发数据测试

全网通模块的 LoRa 与低功耗模块的 LoRa 通过时分进行通信，在测试过程中，全网通模块给低功耗模块发送数据测试数据“data&test”，低功耗模块正确接收，测试正常，结果如图 3－31 所示；低功耗模块给全网通模块发送测试数据“data&test”，地检显示发送成功，测试正常，结果如图 3－32 所示。

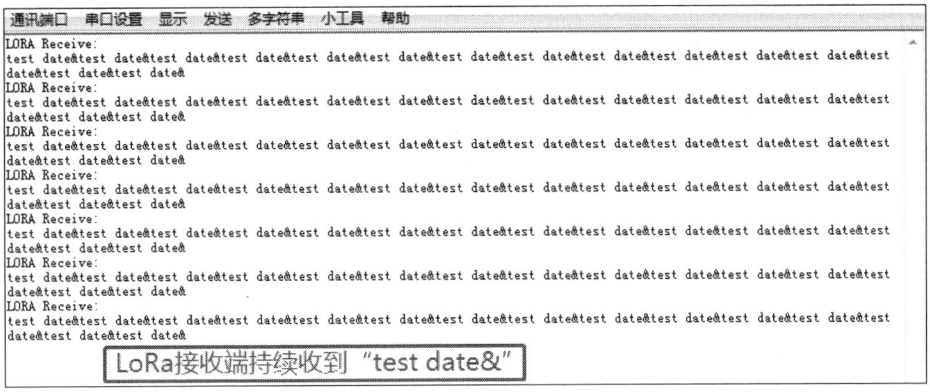

```
通讯端口 串口设置 显示 发送 多字符串 小工具 帮助
LORA Receive:
test date&test date&test date&test date&test date&test date&test date&test date&test date&test date&test date&test date&test
date&test date&test date&
LORA Receive:
test date&test date&test date&test date&test date&test date&test date&test date&test date&test date&test date&test date&test
date&test date&test date&
LORA Receive:
test date&test date&test date&test date&test date&test date&test date&test date&test date&test date&test date&test date&test
date&test date&test date&
LORA Receive:
test date&test date&test date&test date&test date&test date&test date&test date&test date&test date&test date&test date&test
date&test date&test date&
LORA Receive:
test date&test date&test date&test date&test date&test date&test date&test date&test date&test date&test date&test date&test
date&test date&test date&
LORA Receive:
test date&test date&test date&test date&test date&test date&test date&test date&test date&test date&test date&test date&test
date&test date&test date&
LORA Receive:
test date&test date&test date&test date&test date&test date&test date&test date&test date&test date&test date&test date&test
date&test date&test date&
```

LoRa接收端持续收到“test date&”

图 3-31 LoRa 接收数据

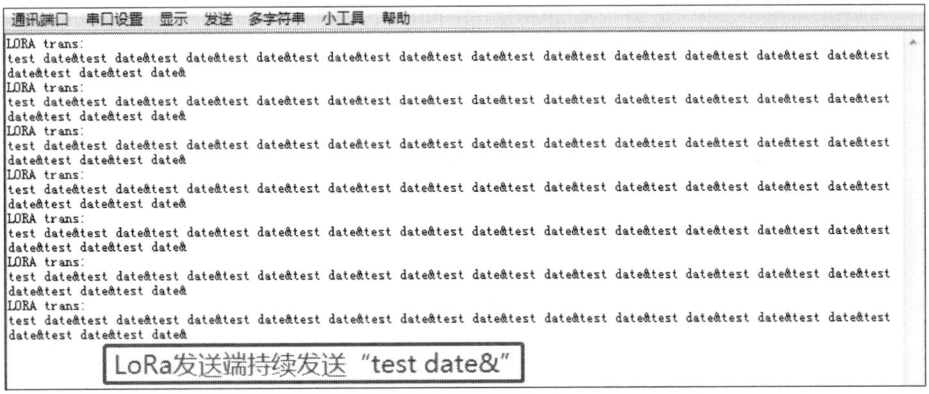

```
通讯端口 串口设置 显示 发送 多字符串 小工具 帮助
LORA trans:
test date&test date&test date&test date&test date&test date&test date&test date&test date&test date&test date&test date&test
date&test date&test date&
LORA trans:
test date&test date&test date&test date&test date&test date&test date&test date&test date&test date&test date&test date&test
date&test date&test date&
LORA trans:
test date&test date&test date&test date&test date&test date&test date&test date&test date&test date&test date&test date&test
date&test date&test date&
LORA trans:
test date&test date&test date&test date&test date&test date&test date&test date&test date&test date&test date&test date&test
date&test date&test date&
LORA trans:
test date&test date&test date&test date&test date&test date&test date&test date&test date&test date&test date&test date&test
date&test date&test date&
LORA trans:
test date&test date&test date&test date&test date&test date&test date&test date&test date&test date&test date&test date&test
date&test date&test date&
LORA trans:
test date&test date&test date&test date&test date&test date&test date&test date&test date&test date&test date&test date&test
date&test date&test date&
```

LoRa发送端持续发送“test date&”

图 3-32 LoRa 发送数据

3.5.2 通信压力测试

通信压力测试主要考核被测设备在高强度通信环境下的通信性能，对于确保泥石流监测预警通信设备野外工作的稳定性和系统可靠性具有重要意义。

1. 4G 通信压力测试

1）测试内容与要求

4G 通信是预警系统的数据通信单元中数据传输的主要通信方式，几乎承载着所有数据的传输任务，需要对其进行大数据压力测试，以保证其通信的稳定性，这是 4G 通信测试的重点。除此之外，还需要进行链路中断后恢复测试，保证 4G 通信的稳定性，测试要求如下。

（1）通信链路中断后恢复测试。在日常的运行和维护过程中，控制中心会出现临时停止、暂停服务的情况，因此需要测试 4G 在通信链路恢复后的快速恢复能力。

(2) 大数据压力测试。在正常状态下，只发送本设备搭载的载荷设备数据，但是当出现故障时，需要通过 LoRa 借道附近的另一个正常的多模通信单元进行数据发送，因此需要测试 4G 在数据量成倍增加时能够正常工作。

(3) 信号中断后恢复测试。因现场某些原因，可能出现4G 信号临时中断或变弱的情况，因此需要测试在信号恢复正常后，是否能够自动恢复连接，并续传数据到控制中心。

2) 测试方法与评价准则

通过下述方法对 4G 通信进行测试，将测试结果与评价准则进行比对，以判断 4G 通信的性能。

(1) 通信链路中断后恢复测试。

测试方法：关闭控制中心服务，10 min 之后再开启控制中心服务，从服务开启开始计时，测试中断前已连接的全网通模块都恢复连接需要的时间。

评价准则：在 5 min 内，原先已连接的全网通模块都必须恢复连接，重复该项测试 10 次，每次恢复连接率必须达到 100%。

(2) 大数据压力测试。

测试方法：在控制中心，每 60 s 向多模通信单元发送一个载荷数据查询的命令，持续 60 min，并进行统计，是否出现网络断线，以及数据包丢失的情况，并记录次数。

评价准则：在 60 min 内，允许出现断线重连和丢失数据包的现象发生，但断线重连和丢包的次数总和不超过 3 次，即断线重连和丢包的频率必须小于 5%。

(3) 信号中断后恢复测试。

测试方法：去掉 4G 模块的天线 30 min，然后重新装上天线，当插上天线后，测试 4G 通信能否自动恢复连接，以及记录恢复时间。

评价标准：4G 通信能够自动恢复连接，恢复时间小于 10 min，超出 30 min 或更长间未恢复连接的，视为不合格。

(4) 数据并发测试。

测试方法：多个监测站，每天零点上报状态，每隔 1 h 上报一次，持续 24 小时。

评价准则：在 24 h 内，控制中心收到状态报的概率不低于 98% 并且正确解析。

3) 测试结果

测试结果如表 3-10 所示，从表中可知，4G 通信压力测试的各项测试结果均满足要求。

表 3－10　4G 通信压力测试

编号	测试内容	测试结果
1	通信链路中断后恢复测试	恢复连接率 100%，满足要求
2	大数据压力测试	未出现断线重连及丢包，满足要求
3	信号中断后恢复测试	通信恢复时间小于 5 min，满足要求
4	数据并发测试	控制中心接收状态报概率 100%，满足要求

2. 北斗短报文通信压力测试

1）测试内容与要求

北斗短报文通信是4G 通信的重要补充，在 4G 信道中断时为窄带监测预警载荷提供数据上报的通信服务。相比于4G 通信而言，北斗短报文在通信可靠性和通信容量方面都要弱一些，需要通过专门的测试对北斗短报文的性能进行确认。测试要求如下。

（1）数据丢失测试。北斗短报文在通信过程中，有一定概率会出现丢包情况，导致泥石流监测预警数据不能被控制中心正确接收。因此需要对北斗短报文的数据丢失率进行评估。

（2）数据并发测试。由于监测站与中心站采用“多对一”的通信模式，所以数据上报有集中并发的特点。比如说早 8：00 平安报，通常是多个监测站同时发送数据上报，要求控制中心北斗接收端能够正确处理并存储。

2）测试方法与评价准则

通过下述方法对北斗短报文通信进行测试，把测试结果与评价准则进行比对，以判断北斗短报文通信的性能。

（1）数据丢失测试。

测试方法：设置北斗短报文传输方式为主动自报式，每 60 s 上报一次状态，持续 60 min。

评价准则：在 60 min 内，数据丢失率小于 8%，并且数据正确率为 98%。

（2）数据并发测试。

测试方法：多个监测站，每天零点上报状态，每隔 1 h 上报一次，持续 24 小时。

评价准则：在 24 h 内，控制中心收到状态报的概率不低于 90% 并且正确解析。

3）测试结果

测试结果如表 3－11 所示，从表中可知，北斗短报文压力测试的各项测试结果均满足要求。

表 3－11　北斗短报文压力测试

编号	测试内容	测试结果
1	数据丢失测试	数据丢失率小于 5%，接收数据正确率 100%，满足要求
2	数据并发测试	控制中心收到状态报概率优于 95%，全部正确解析，满足要求

3. 卫通通信压力测试

卫通通信作为 4G 通信的后备通信方式，当 4G 出现故障无法通信时，自动切换到卫通进行通信。当 4G 通信停止服务时，通信列表中 4G 设备消失，增加卫通通信设备。

通过通信策略，设置卫通通信的优先级高于 4G 通信的优先级，就可以实现卫通通信压力测试，压力测试操作方式和评价准则与 4G 通信一致。

卫通通信压力测试的测试结果如表 3－12 所示，从表中可知，卫通通信压力测试的各项测试结果均满足要求。

表 3－12　卫通通信压力测试

编号	测试内容	测试结果
1	通信链路中断后恢复测试	恢复连接率 100%，满足要求
2	大数据压力测试	未出现断线重连及丢包，满足要求
3	信号中断后恢复测试	通信恢复时间小于 10 min，满足要求
4	数据并发测试	控制中心接收状态报概率 100%，满足要求

4. LoRa 中继通信压力测试

1）测试内容与要求

LoRa 自组网能够在没有人工干预的情况下，实现多个 LoRa 模块之间的自组网通信。要求 LoRa 网络节点能够感知其他节点的存在，并确定连接关系，组成结构化的网络。此外，当节点位置发生变化或故障时，网络可自我修复，并对网络拓扑结构进行相应的调整，保证系统稳定正常工作。

2）测试方法与评价准则

通过下述方法对 LoRa 自组网的中继通信进行测试，把测试结果与评价准则进行比对，以判断 LoRa 自组网中继通信的性能。

测试方法：多个 LoRa 网络节点的自组网，任意一个节点给网络节点发送数据，测试目标网络节点是否能收到正确的数据。

评价准则：该自组网内，任意节点都可以给网络中其他的 LoRa 网络节点发送数据，目标网络节点也都正确收到数据。

3）测试结果

LoRa 中继通信压力测试的测试结果如表 3－13 所示，从表中可知，LoRa 中继通信压力测试的各项测试结果均满足要求。

表 3－13　LoRa 中继通信压力测试

编号	测试内容	测试结果
1	中继通信测试	目标节点正确接收到数据，满足要求

3.5.3　高低温性能测试

1. 测试内容与要求

本书中，高低温性能测试针对多模通信单元 A（全网通设备）与多模通信单元 C（低功耗设备）开展。测试方法也可作为其他复杂山区泥石流监测预警设备高低温性能测试的参考。

测试主要考核多模通信单元 A（全网通设备）与多模通信单元 C（低功耗设备）在高低温及温变过程中的功能和性能的符合性，为地质灾害监测预警系统的设计是否满足总体要求提供依据。测试的主要任务包括以下几个。

（1）4G 通信功能测试。

（2）LoRa 通信功能测试。

（3）高温启动测试。

（4）低温启动测试。

2. 测试方法与评价准则

测试系统框图如图 3－33 所示。

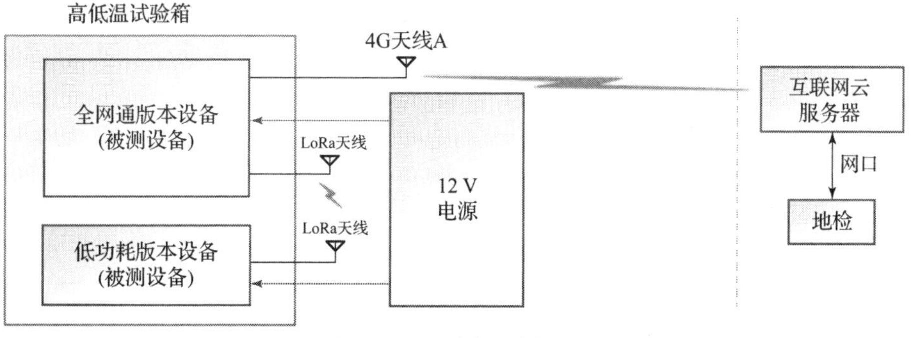

图 3－33　测试系统框图

测试温度曲线如图 3－34 所示。

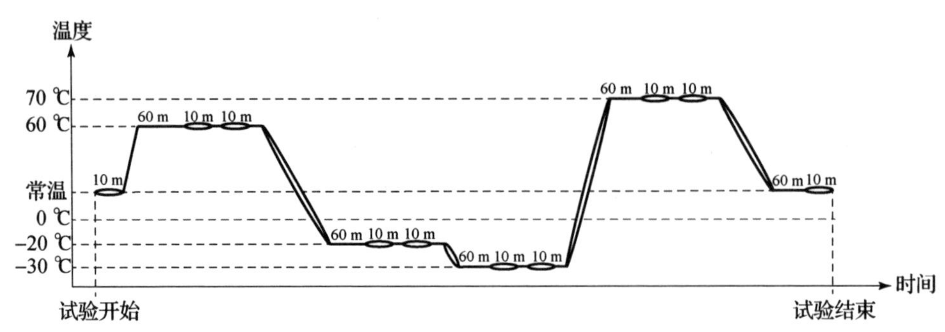

图 3－34　测试温度曲线

具体的测试步骤包括以下几个。

（1）将全网通版本设备与低功耗版本设备、全网通版本设备与控制中心系统的数据通信频率设置为每 7 s 发送一包数据。

（2）将设备放置于温箱内，连接好电缆，试验开始，常温下开机工作 10 min，关机，升温至 60 ℃。

（3）等待 0.5 h，开机工作 10 min，关机，再开机工作 10 min，关机，再开机，降温至－20 ℃，其间一直工作。

（4）关机，等待 0.5 h，开机工作 10 min，关机，再开机工作 10 min，关机，再开机，降温至－30 ℃，其间一直工作。

（5）关机，等待 0.5 h，开机工作 10 min，关机，再开机工作 10 min，关机，再开机，升温至 70 ℃，其间一直工作。

（6）关机，等待 0.5 h，开机工作 10 min，关机，再开机工作 10 min，关机，再开机，降温至常温，其间一直工作。

（7）关机，等待 0.5 h，开机工作 10 min，关机，试验结束。

1）4G 通信测试

4G 通信是全网通版本设备中数据传输的主要方式，几乎承载着所有数据的传输任务。在高低温试验中，开启自动测试模式，即可验证双向 4G 通信是否正常。高低温下 4G 通信测试的具体内容如表 3－14 所示。

表 3－14　高低温下 4G 通信测试

高低温 4G 通信测试项目			
编号	温度	测试内容	备注
1	常温	4G 通信是否正常，有无丢包	
2		4G 信号强度	

续表

高低温4G通信测试项目				
编号	温度	测试内容		备注
3	60 ℃	4G通信是否正常，有无丢包	第一次	
4			第二次	
5		4G信号强度		
6	60～(−20)℃	4G通信是否正常，有无丢包		
7	−20 ℃	4G通信是否正常，有无丢包	第一次	
8			第二次	
9		4G信号强度		
10	−20～(−30)℃	4G通信是否正常，有无丢包		
11	−30 ℃	4G通信是否正常，有无丢包	第一次	
12			第二次	
13		4G信号强度		
14	−30～70 ℃	4G通信是否正常，有无丢包		
15	70 ℃	4G通信是否正常，有无丢包	第一次	
16			第二次	
17		4G信号强度		
18	70 ℃～常温	4G通信是否正常，有无丢包		
19	常温	4G通信是否正常，有无丢包		

2）LoRa中继通信压力测试

测试LoRa在高低温试验过程中，是否可以正常双向通信，测试内容如表3－15所示。

3）高温启动测试

高温启动测试验证设备在高温（70 ℃）重复启动，是否可以正常工作。测试项可以与LoRa通信和4G通信合并测试。

4）低温启动测试

低温启动测试验证设备在低温（−30 ℃）重复启动，是否可以正常工作。测试项可以与LoRa通信和4G通信合并测试。

表 3－15　高低温 LoRa 通信测试

高低温 LoRa 通信测试项目				
编号	温度	测试内容		备注
1	常温	LoRa 通信是否正常，有无丢包		
2	60 ℃	LoRa 通信是否正常，有无丢包	第一次	
3			第二次	
4	－20～60 ℃	LoRa 通信是否正常，有无丢包		
5	－20 ℃	LoRa 通信是否正常，有无丢包	第一次	
			第二次	
7 6	－30～－20 ℃	LoRa 通信是否正常，有无丢包		
8	－30 ℃	LoRa 通信是否正常，有无丢包	第一次	
9			第二次	
10	－30～70 ℃	LoRa 通信是否正常，有无丢包		
11	70 ℃	LoRa 通信是否正常，有无丢包	第一次	
12			第二次	
13	70 ℃～常温	LoRa 通信是否正常，有无丢包		
14	常温	LoRa 通信是否正常，有无丢包		

3. 测试结果

1）设备安装

按照测试方案，测试设备包括全网通版本设备和低功耗版本设备，低功耗与全网通设备之间通过 LoRa 通信，全网通设备与控制中心之间通过 4G 通信。低功耗和全网通设备放置与高低温箱内（图 3－35），天线和电缆通过箱体侧面孔放置于箱体外，然后密封箱体侧面孔，把低功耗的内置开关置于开状态，然后关闭高低温箱箱门。

全网通设备通过 4G 通信直接把数据发送到云服务器，所以可以通过已联网的电脑直接用浏览器打开控制中心进行数据监测，如图 3－36 所示。

2）温度设置

设备安装完毕后，通过高低温箱的控制面板，进行箱内温度设置，按照测试步骤，先进行高温试验，同时烘干设备内可能积蓄的水蒸气，以保证接下来低温测试的正确性和安全性。高低温测试中，恒温测试的温度分别为 60 ℃、－20 ℃、－30 ℃和 70 ℃，设备在上述恒温中测试图如图 3－37 所示。

图 3－35　高低温测试设备安装图

图 3－36　监测控制中心数据图

图 3－37　恒温中测试图

3）测试结果

按照测试方案，详细的测试过程如表3－16所示。

表3－16　高低温测试过程表

步骤	内容	开始时间	结束时间	设备状态	测试结果	判读结果
1	测试前准备	9：15	9：35	未加电		
2	常温测试	9：35	9：45	工作	应收84包数据，实际收到84包数据	正常
	箱温从常温升到60 ℃	9：45	9：55	关机		
3	等待0.5 h	9：55	10：25	关机		
	箱温60 ℃状态下第一个10 min测试	10：25	10：35	工作	应收86包数据，实际收到86包数据	正常
	箱温60 ℃状态下第二个10 min测试	10：38	10：48	工作	应收87包数据，实际收到87包数据	正常
	箱温从60 ℃降到－20 ℃	10：48	11：33	工作	应收369包数据，实际收到369包数据	正常
4	等待0.5 h	11：33	12：03	关机		
	箱温－20 ℃状态下第一个10 min测试	12：05	12：15	工作	应收87包数据，实际收到87包数据	正常
	箱温－20 ℃状态下第二个10 min测试	12：16	12：26	工作	应收88包数据，实际收到88包数据	正常
	箱温从－20 ℃降到－30 ℃	12：28	12：37	工作	应收74包数据，实际收到74包数据	正常
5	等待0.5 h	12：39	13：09	关机		
	箱温－30 ℃状态下第一个10 min测试	13：09	13：19	工作	应收87包数据，实际收到87包数据	正常
	箱温－30 ℃状态下第二个10 min测试	13：20	13：30	工作	应收87包数据，实际收到87包数据	正常
	箱温从－30 ℃升到70 ℃	13：31	13：45	工作	应收111包数据，实际收到111包数据	正常

续表

步骤	内容	开始时间	结束时间	设备状态	测试结果	判读结果
6	等待 0.5 h	13：46	14：16	关机		
	箱温 70 ℃状态下第一个 10 min 测试	14：16	14：26	工作	应收 87 包数据，实际收到 87 包数据	正常
	箱温 70 ℃状态下第二个 10 min 测试	14：27	14：37	工作	应收 87 包数据，实际收到 87 包数据	正常
	箱温从 70 ℃降至常温 20 ℃	14：38	15：05	工作	应收 223 包数据，实际收到 223 包数据	正常
7	等待 0.5 h	15：05	15：35	关机		
	箱温常温状态下 10 min 测试	15：35	15：45	工作	收到 87 包数据	正常
	结束测试	15：45		关机		

4）测试结论

通过测试，全网通和低功耗设备在 -30 ~ 70 ℃温度范围内，通过了全部测试项目，设备性能稳定，数据传输可靠。

3.5.4　中继通信距离测试

1. 测试内容与要求

中继通信距离测试针对多模通信单元 A（全网通设备）与多模通信单元 C（低功耗设备）开展，重点验证 LoRa 中继通信在不同环境下的实际通信距离。

2. 测试方法与评价准则

测试方法：测试 LoRa 中继距离，采用点对点测试的方法，把其中一个 LoRa 置于某固定位置，另一个 LoRa 通过车载电源供电，并随车辆移动。固定的 LoRa 终端每 10 s 向车内 LoRa 终端发送一个消息，若车内 LoRa 终端能够正确接收消息，则证明中继通信链路正常，否则认为中继通信链路断开，最终得到的保证中继通信链路正常的最远距离即为该环境下的中继通信距离。

评价准则：在正常建链情况下，LoRa 通信不允许有丢包。

3. 测试结果

按照测试方案中对于测试环境的要求，本次测试分别选取通视环境、准通视环境和山地环境进行测试。

1）通视环境

将 LoRa 发射端置于离地面 30 m 的楼顶，确保发射端对接收端持续可见，且无遮挡，并进行 LoRa 通信距离测试。测试结果显示，在 LoRa 相距 566 m、1 200 m、2 300 m 和 3 200 m 时通信均正常且稳定，最远通信距离为 3 200 m，数据图如图 3 – 38 所示。

主题	消息内容	收到时间
$dp/2501001	□韻"datapoints":[{"name":2 [{"data":"0148EFGHIJKLMNOPQRSTUVWX	2020-03-01 14:48:02
$dp/2501001	□韻"datapoints":[{"name":229,"points": [{"data":"0147DEFGHIJKLMNOPQRSTUVWXYZABCDEFGHIJKLMNOP	2020-03-01 14:47:55
$dp/2501001	□韻"datapoints":[{"name":229,"points": [{"data":"0146CDEFGHIJKLMNOPQRSTUVWXYZABCDEFGHIJKLMNO	2020-03-01 14:47:48
$dp/2501001	□韻"datapoints":[{"name":229,"points": [{"data":"0145BCDEFGHIJKLMNOPQRSTUVWXYZABCDEFGHIJKLMN	2020-03-01 14:47:41
$dp/2501001	□韻"datapoints":[{"name":229,"points": [{"data":"0144ABCDEFGHIJKLMNOPQRSTUVWXYZABCDEFGHIJKLM	2020-03-01 14:47:34
$dp/2501001	□韻"datapoints":[{"name":229,"points": [{"data":"0143ZABCDEFGHIJKLMNOPQRSTUVWXYZABCDEFGHIJKL	2020-03-01 14:47:27
$dp/2501001	□韻"datapoints":[{"name":229,"points": [{"data":"0142YZABCDEFGHIJKLMNOPQRSTUVWXYZABCDEFGHIJK	2020-03-01 14:47:20
$dp/2501001	□韻"datapoints":[{"name":229,"points": [{"data":"0141XYZABCDEFGHIJKLMNOPQRSTUVWXYZABCDEFGHIJ	2020-03-01 14:47:13
$dp/2501001	□韻"datapoints":[{"name":229,"points": [{"data":"0140WXYZABCDEFGHIJKLMNOPQRSTUVWXYZABCDEFGHI	2020-03-01 14:47:06
$dp/2501001	s": [{"data":"0139V VWXYZABCDEFGH	2020-03-01 14:46:59

从14:46:59到14:48:02，共计收到10包数据

数据包编号从“0139”到“0148”，依此增加，未丢包

700　共 4,611 页　10　6,991 - 7,000　共 46,110 条

图 3 – 38　LoRa 发射端置于楼顶时距离 3 200 m 的数据通信图

2）准通视环境

准通视环境测试的地点选择京藏高速沿线，从北京市昌平区的二拨子桥（测试起点，桥高约 4 m）到回龙观桥（测试终点），距离 3.4 km 的京藏高速辅路沿线进行测试，该路线较直，且遮挡较少，符合准通视测试环境。

被测设备为低功耗版本设备（图 3 – 39）和全网通版本设备（图 3 – 40）的单体设备，无须进行额外的安装操作，测试步骤为低功耗版本设备固定在测试起点（图 3 – 39），全网通版本设备和测试电脑放置于车内（图 3 – 40），沿测试路线，逐步向测试终点移动，边走边测。测试过程中使用电脑中安装的 PuTTY 软件读取全网通版本的日志信息，并判断是否正确收到低功耗版本发来的测试数据。

图 3-39　低功耗版本设备安装

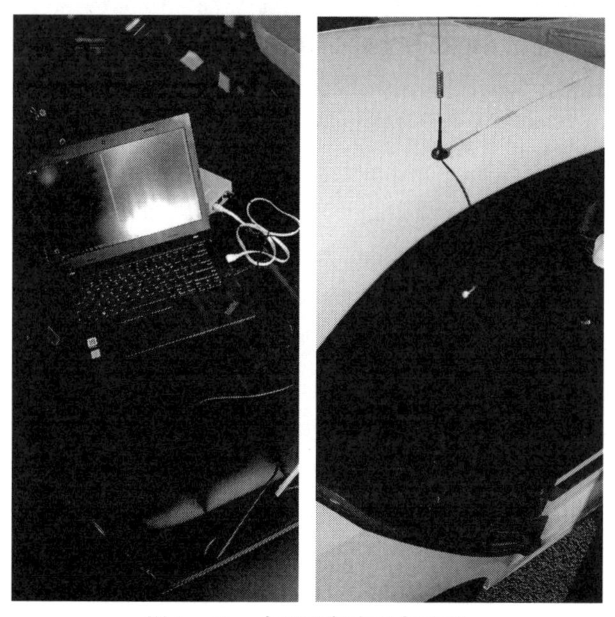

图 3-40　全网通版本设备安装

（1）500 m 测试点。全网通版本设备与低功耗版本设备在相距 500 m 时，通信正常且稳定，数据详见图 3-41。

图3-41 准通视环境 LoRa 设备相距 500 m 数据通信图

（2）900 m 测试点。全网通版本设备与低功耗版本设备在相距 900 m 时，通信正常且稳定，数据详见图 3-42。

（3）1 300 m 测试点。全网通版本设备与低功耗版本设备在相距 1 300 m 时，通信正常且稳定，数据详见图 3-43。

3）山地环境

山地环境测试的地点选择大杨山森林公园，从北京市昌平区延寿镇下庄办事处（测试起点）途经安四路桃花岛景区（途径点）至北京红栌温泉园附近（测试终点），距离 5.5 km 的安四路进行测试，该路线属于绕山公路，且小山丘多，符合山地测试环境。

山地环境测试时，全网通版本设备的安装与准通视环境测试一样，但低功耗版本设备测试时，为了获取多种设备样本，分别选取两个地点作为低功耗版本设备的安装点进行测试。在测试点一，把低功耗版本设备的天线挂于树上，如图 3-44 所示；在测试点二，把低功耗版本设备的天线吸在广告牌立柱上，如图 3-45 所示。

图 3-42　准通视环境 LoRa 设备相距 900 m 数据通信图

图 3-43　准通视环境 LoRa 设备相距 1 300 m 数据通信图

图 3-44　山地环境设备安装点一

图 3-45　山地环境设备安装点二

（1）低功耗版本设备安装于测试点一场景。全网通版本设备与低功耗版本设备在相距 500 m 时已经无法收到信号，以 10 m 为单位逐步缩短距离，在 411 m 处，通信正常且稳定，数据详见图 3-46。后经过分析，由于山体阻挡，绕过山体到山体背面，信号立刻消失。

（2）低功耗版本设备安装于测试点二场景。第二测试点测试过程中，以 50 m 为单位进行前进，如接收不到信号，则以 10 m 为单位进行回退，全网通版本设备与低功耗版本设备在相距 450 m 处，通信正常且稳定，数据详见图 3-47。

在此基础上，继续进行测试，当全网通版本设备与低功耗版本设备在相距 1 000 m 处，已无信号，退回至 969 m 处，通信正常但存在丢包现象，数据详见图 3-48。

图 3－46　山地环境 LoRa 设备相距 411 m 数据通信图

图 3－47　山地环境 LoRa 设备相距 450 m 数据通信图

4）测试结论

中继距离测试结果如表 3－17 所示。

测试结果表明，LoRa 在通视环境下通信距离为 3. 2 km，准通视环境下通信距离为 1. 3 km，在普通山区环境下（经过 J 形弯道）通信距离约 1 km，在复杂山区环境下（经过 S 形弯道）通信距离约 500 m。

图 3-48　山地环境 LoRa 设备相距 969 m 数据通信图

表 3-17　中继距离测试结果

序号	测试工况	测试距离/km	测试结果
1	通视环境	3. 2	通信稳定，无丢包现象
2	准通视环境	0. 5	通信稳定，无丢包现象
3	准通视环境	0. 9	通信稳定，无丢包现象
4	准通视环境	1. 3	通信稳定，无丢包现象
5	山区环境，S 形弯道	0. 4	通信稳定，无丢包现象
6	山区环境，J 形弯道	0. 45	通信稳定，无丢包现象
7	山区环境，J 形弯道	0. 97	通信正常，但存在丢包现象

3.6 本章小结

本章详细介绍了泥石流监测预警高可靠通信技术。首先从泥石流监测设备的工作特点出发，分析了泥石流监测设备对于通信带宽、通信频率的需求，然后结合监测点通信环境和自然环境特点，分析了各类无线通信技术对于泥石流监测预警设备通信需求的适应性。在此基础上，以本次科技部课题为例，介绍了一套泥石流监测预警的可靠通信方案。最后，详细介绍了该方案的测试验证情况。

参 考 文 献

[1] 邹玉龙，丁晓进，王全全. NB - IoT 关键技术及应用前景 [J]. 中兴通讯技术，2017，23 (1)：43 - 46.

[2] 武秀广，任培明. VSAT 卫星通信系统综述 [J]. 数字通信世界，2014 (6)：41 - 43.

[3] 汪宏武. 变革中的卫星移动通信系统 [J]. 卫星与网络，2013 (12)：36 - 42.

[4] 孙晨华，肖永伟，赵伟松，等. 天地一体化信息网络低轨移动及宽带通信星座发展设想 [J]. 电信科学，2017 (12)：43 - 52.

[5] 陈玉卿. 基于北斗短报文通信的用电信息采集系统研究 [D]. 合肥：合肥工业大学，2019.

[6] 李先勤. BGAN 通信系统中移动终端射频前端器件的设计 [D]. 大连：大连海事大学，2016.

[7] 苏一丹. 基于 BGAN 的多媒体信息传输在船舶上的应用 [J]. 广东造船，2011 (4)：62 - 64.

[8] 朱凯. 远程无线网桥的研究与设计 [D]. 成都：电子科技大学，2016.

[9] 王振亚. WLAN 优化系统的设计与实现 [D]. 武汉：华中师范大学，2014.

[10] 赵文举. 低功耗广覆盖 LoRa 系统的研究与应用 [D]. 北京：北京邮电大学，2019.

第4章
泥石流监测预警自主健康管理与遥测遥控技术

4.1 引言

泥石流监测预警设备一般被部署工作在野外人烟稀少的地段，为了使系统设备可靠安全地运行，要求实时监控其工作状态和可靠性状况，及时进行故障定位诊断和预测，以便系统可以在预计寿命周期内完成预期的功能，在此基础上准确定位性能退化及故障部位，减少现场维护次数。此外，利用自主健康管理技术还可以在系统发生非致命故障或非正常状态时，自主进行一些模式切换以确保系统设备的基本功能实现。结合遥测遥控技术的应用更可以实现设备状态监视、远程模式切换、系统远程升级等能力。本章主要介绍自主健康管理在泥石流监测预警系统设备中的应用情况及遥控遥测技术的使用情况。

4.2 自主健康管理技术概述

自主健康管理技术发展自健康监测技术。早在20世纪70年代，美国就已经在航空发动机中采用了健康监测技术，从飞行器健康管理、综合系统健康管理，到故障预测与健康管理等复杂健康管理技术的不断发展，目前已经发展为精确风险控制、风险决策和集成优化的高度。

4.2.1 自主健康管理需求分析

电子设备的安全可靠运行，要求可以对其工作状态及可靠性状态进行实时的监控，及时地进行故障诊断和预测，确保系统在预定寿命周期完成预期功能。并且可以准确定位或量化故障部位，及时地进行模式切换或者提醒进行必要的维修或更换。健康管理根据诊断或预测的信息、可用资源和使用需求对维修活动做出适当决策。

随着 20 世纪人类航空航天技术的发展，更极端的环境和使用条件催生出最初的可靠性理论、环境试验、系统实验等各种质量方法。载人航天的出现更迫使人们对系统状态的监视要求有新的要求，此时出现了故障保护和冗余管理。之后出现了针对故障源诊断和故障原因诊断的技术，最终产生了故障预测的方法。

健康管理发展自健康监测技术，在 20 世纪 70 年代美国已经用于航空发动机监测中，从飞行器健康管理、综合系统健康管理到故障预测与健康管理等复杂健康管理技术的不断发展，目前已经发展为精确风险控制、风险决策和集成优化的高度。

故障预测与健康管理技术（prognostic and health management，PHM）的出现及演变正是人类认识和利用自然规律的一个典型反映，从故障和异常事件的被动反应到主动防御，再到事先预测和综合规划管理。

PHM 技术是一种全面的故障检测、隔离、预测及健康管理的技术，它的引入不仅仅是为了消除故障，更是为了了解和预报故障何时可能发生，可以使人们在系统尚未发生故障之前就能依据系统当前的健康状况决定何时维修，从而实现自助式保障及降低使用和保障费用的目标。

泥石流监测报警系统使用自主健康管理技术正是顺应电子系统时代潮流的做法。

泥石流监测预警系统主要由工作在野外的电子设备组成，根据实际使用的环境总结有几个特点：①部署地点通常地形复杂；②对长时间能源自供给要求高；③紧急情况下需要系统自动处理一些突发状况来确保整个系统的可用性。上述特点给日常维护和状态监视等工作带来了一些困难。为了解决上述问题，在实际布设使用泥石流预警系统时引入了自主健康管理技术。

4.2.2　自主健康管理技术基本内容

泥石流监测预警系统的本质是一个复杂的电子系统，它通过集中处理判决系统中传感器收集到的数据，并将结果传输后台以达到预报预警的功能。

一个典型的电子系统的自主健康管理体系结构如图 4－1 所示。

从架构上看，通常需要自主健康管理系统具备测试能力；传感器、部组件分系统有关数据的采集能力；借助系统模型、确证、关联和信息融合技术，精确地检测和隔离系统、部组件或子单元故障或失效状态的能力；预测即将发生的故障，并估计剩余寿命的能力；系统状态管理的能力。

综合起来，典型的自主健康管理系统需要考虑以下几方面。

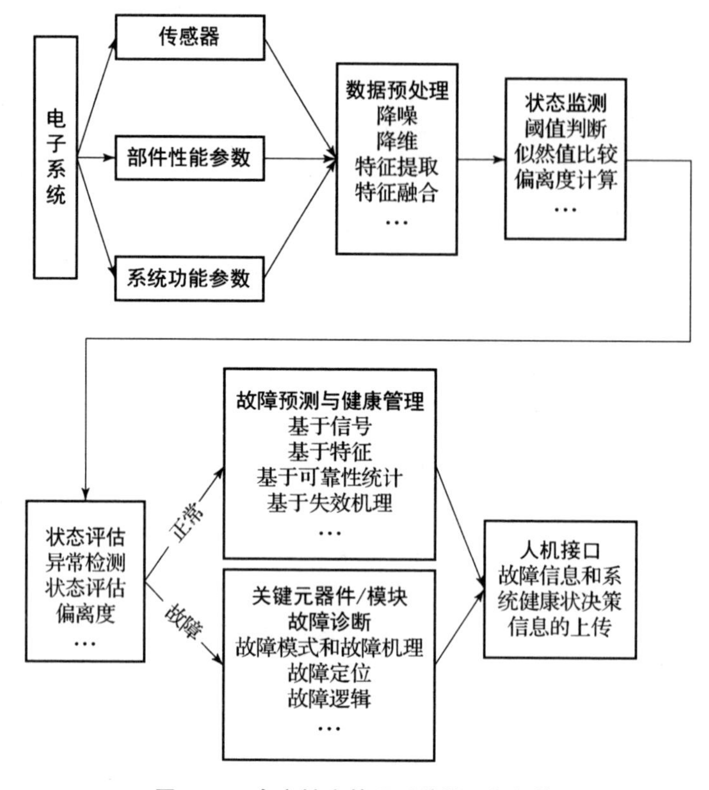

图 4－1　自主健康管理系统的一般架构

(1) 当前系统处于何种健康状态，是正常态、性能下降态或功能失效态；评估当前状态与正常状态的偏离程度，用于决策维修的是否进行。

(2) 依据当前系统健康状况决定是否进行维修。若进行维修，需要判断系统由何故障引起健康水平下降，并能检测识别故障模块或元器件，防止系统完全失效。

(3) 若不进行维修，继续监视系统当前状态并预测未来时间系统是否可以正常完成功能，并根据以往和现有状态做出未来状态预测，做到提前预警。

因此，自主健康管理所需的关键技术包括以下几点。

(1) 状态监测与健康管理技术。要求利用先进的传感器获得尽可能准确的电子系统运行状态信息，通过设计更先进的数据分析技术来获得对电子系统健康状况的精确估计。

(2) 诊断技术。对系统进行维修时，如何定位出故障模块或元器件是非常重要的。由于此时的故障程度还不足以引起系统完全失效，因此大多属于早期故障状态，需要设计先进的特征提取技术和具有良好性能的分类技术。

(3) 预测技术。当系统、分系统、部组件可能出现小缺陷或早期故障，或逐渐降级到不能以最佳性能状态完成功能的某一点时，选取相关检查方式，实际预测系统来检测这些小缺陷、早期故障和降级水平，提前做好准备。预测技术一般又分为系统状态预测和寿命预测两类。

（4）信息融合技术。多传感器数据融合是指由多个传感器组成具有协同互补的传感阵列进行智能处理，以尽量高的效率诊断方法将各自的信息综合起来，以便对电子系统状态的确定获得更为准确的结论。

（5）人工智能技术。自主健康管理中广泛采用人工智能技术，包括专家系统、神经网络、模糊逻辑和遗传算法等，通过上述手段的智能推理获得对系统状态的准确监控和故障诊断。

4.2.3　自主健康管理技术实现方法

结合泥石流监测预警系统的特性，系统内关键遥测采集和自主决策切换的设计是泥石流自主健康管理设计的重要关注点。

自主健康管理实施的第一步是确定将要进行监测的参数，其主要包括监测记录环境参数及工作或非工作状态下的产品参数，为模型和算法的选择与开发提供必要的信息，以供检测和预测产品的健康状态。此外，也可以对产品的设计数据和生命周期内的应力数据进行建模。利用失效物理模型库，对产品的寿命进行分析和估算。若没有监控可以表征产品退化的参数，那么自主健康管理系统将无法准确预测产品的健康状态。此外，还可以采用 FMEA（失效模式与影响分析）等其他系统方法来取得需要监控的参数，开展 FMEA/FMECA 可以帮助确定在预期生命周期载荷的条件下对产品可靠性、可能失效位置、潜在失效机理等方面对产品产生巨大影响的重要部件或结构。根据这些信息，就能确定造成损伤且导致重要失效机理的关键参数，从而可以进行监控。FMEA/FMECA 在确定相关基于失效物理模型以供日后进行剩余寿命评估等方面也有帮助。

在确定了需要监测的参数后，需要选择、安装各种类型的传感器，并利用系统总线汇总采集参数信息，并对这些参数进行监测，来获取系统的状态数据。常用的传感器包括温度、压力、位移、应变、振动、流量等传感器。数据信息包括数据速率、带宽占用率、流量，以及仪器设备的电流、电压、磁场强度等。作为电子系统泥石流监测系统对电子系统的敏感参数选择应该更关注电路健康状况和能源流及信息流状态。

原始数据在进行预处理后，通过相关分析、数据挖掘、特征提取等操作让数据信号变成有用信息，并分析出数据中的特征信息，利用这些数据特征信息并结合预警装置，可以实现异常检测。利用异常检测技术对监控的数据进行分析，用来在线诊断产品的健康状态。一种实施异常检测的可行方法是利用机器学习方法，它可将监控数据与基准数据进行实时比较，以检测异常状态。基准数据是在确定产品正常工作的情况下，结合不同的进行状态和载荷条件来进行收集的。其特性包括均值和标准差、距离、特征值、关系，以及其他根据数据推断出的模式。之后利用提取后的特征、健康基准与监控数据特征进行比较，以监测异常。基准数据不应包含任何运行异常，否则将影响健康产品状态的定义，从而造成错误的异常指示。

将信号特征与失效判断进行对比获得相应的状态指示或者报警，对系统各个子系统和部组件的状态进行测试及报告，发现故障的子系统或部件并执行相应的操作；再将被测子系统和部组件的状态信息输出至下一步骤。如果电子产品发生异常，会给出告警信号，根据这些告警信号可对异常情况发生的位置进行诊断定位，确定异常来源位置、失效模式等；若电子产品未发生异常，那么可以通过对监测参数特征的数据进行分析，对产品当前健康状态进行评估。融合状态监视数据、判断被监测系统、子系统和部组件是否发生故障，以及健康状况是否下降，生成系统健康状态数据和故障诊断记录。诊断处理过程是将系统的历史健康信息和趋势、系统当前运行状态、系统的维护保障记录等信息进行融合处理，从而得到故障诊断结果。常用的故障诊断的方法主要有基于模型的方法和基于数据的方法以及基于规则的专家系统、基于知识的智能故障诊断方法、基于案例推理的方法等。常用的健康评估的方法主要有基于模糊判断的方法和基于专家系统的方法等。

利用健康状态的评估结果可以进一步对其剩余有效寿命进行预测：根据健康评估结果并结合系统关键特征的未来趋势来预测设备的未来状态，评估剩余使用寿命。故障预测是健康管理中最为困难的一步，一般采用基于物理模型预测、基于数据驱动的预测等方法。其中基于数据驱动的预测方法主要采用了数据挖掘技术，包括数据特征提取、健康评估、故障诊断、故障预测几个主要步骤。通过故障预测，可对系统重要特征参数进行统计，从而得到一个随时间变化的系统故障率曲线，据此预测系统可能发生故障的时间和概率，或者对系统损伤过程进行建模，然后根据模型来判断系统未来的状态。

通过以上几个步骤得到电子产品的故障诊断及预测结果以后，一方面可以通过电路板级的技术手段对故障进行容错、纠错，进而可以进一步更新部件的剩余寿命评估结果；另一方面如果故障不能通过电路板级手段进行容错、纠错处理，那么就需要使用其他手段来进行处理。电路板外的技术手段主要是通过一个后勤决策引擎，根据故障情况、任务目标和需求、可替换部件的情况等信息来进行决策，以采取合适的维系策略及措施，包括维修保障的安排、调整设备操作的配置，以更新剩余有效寿命的预计结果。推理决策时自主健康管理系统的重要能力，它需要对操作的历史记录、当前与将来的任务及可用资源的限制等做出综合判断，包括任务可行性分析、风险预测及资源信息管理等过程。

4.3　自主健康管理系统方案

4.3.1　总体方案

泥石流监测预警系统自主健康管理可以实现以下五种功能；①通信环境感知与通信模式切换；②传感器状态监测与自主管理；③多模通信单元自监测与自主复位；④人在环路的系统管理；⑤自主健康管理系统远程升级。

泥石流监测预警系统中的多模通信单元通过通信环境感知算法对所处环境中各种通信信道的信道质量进行评估，并作为通信模式切换的依据。若当前通信信道断开或者通信质量变差不足以满足系统需求时，自主健康管理系统将根据通信手段优先级顺序自动切换信道。

传感器状态监测与资质管理是指通过安装在关键部位的传感器收集敏感参数来判断当前系统工作状态的情况，当关键参数超过设定阈值的时候，系统将根据预置决策进行模块复位或关断处理，使异常模块或组件不引起整个系统的崩溃。

多模通信单元自监测与自主复位是通过内部 FPGA 设计看门狗功能实现，当软件进入死循环或者系统软件崩溃时触发自动复位机制，将多模通信单元基带处理模块进行自动复位。

人在环路的系统管理是指通过自主健康管理系统通过人机接口将系统故障信息和系统健康状态信息上传到后方控制中心，关键决策和自主功能切换功能的开闭都由后台有权限的控制人员进行设置。

自主健康管理系统支持远程升级的功能，通过通信单元将由控制中心发送的升级文件进行下载后，通过内建的固态存储芯片备份当前版本系统软件，再将新版本系统软件进行覆盖更新。当更新过程失败时，可自动回退到更新前的系统软件版本。

4.3.2　通信环境感知与通信模式切换方案

多模通信单元通过通信环境感知算法对所处环境中各种通信信道的信道质量进行评估，并作为通信模式切换的依据。各种通信模式的信道质量可以从各个通信模块发送的状态上报信息中获得。各种通信模式的信道质量评估参数如表 4 - 1 所示。

表 4-1 信道质量评估参数

序号	通信信道	评估参数	评估方法	备注
1	4G 通信	(1) SIM 卡状态 (2) 在网状态 (3) 信号强度	三项参数均满足要求，则判定信道可用	
2	自组网通信	(1) 信号强度 (2) 通信速率	通信速率满足要求，则判断信道可用	
3	短报文通信	(1) 信号强度 (2) 报文发送状态查询	信号强度满足要求，且定期查询报文均发送成功，则判断信道可用	报文发送状态查询占用报文发送时隙，因此需要对监测数据报文和发送状态查询报文的发送频度进行优化
4	卫星通信	(1) SIM 卡状态 (2) 信号强度	两项参数均满足要求，则判定信道可用	
5	LoRa 通信	应答信号	收到邻近站点的应答信号，则判定信道可用	

获得通信信道质量信息后，多模通信单元需要进行信道的最优选择，并根据最优选择算法的结果切换至相应的通信模式。

信道最优选择采用查表轮询的方法实现，在系统中存入一张优先级设置表格，表格中的优先级顺序可以根据用户的需求进行调整。算法运行时，首先调取表格中的最高优先级通信模式，再查询该通信模式信道是否可用，若信道可用则切换至该通信模式；若信道不可用，则继续查询次高优先级通信模式信道可用性。以此类推，直到查到一个可用的信道为止，并切换为相应的通信模式。

当系统工作时，通信环境感知算法定期对信道可用性进行评估，并刷新可用性结果。信道最优选择算法则定期对当前通信模式的信道可用性进行检查，并判断是否需要启动通信模式切换。通信环境感知与通信模式切换算法流程如图 4-2 所示。

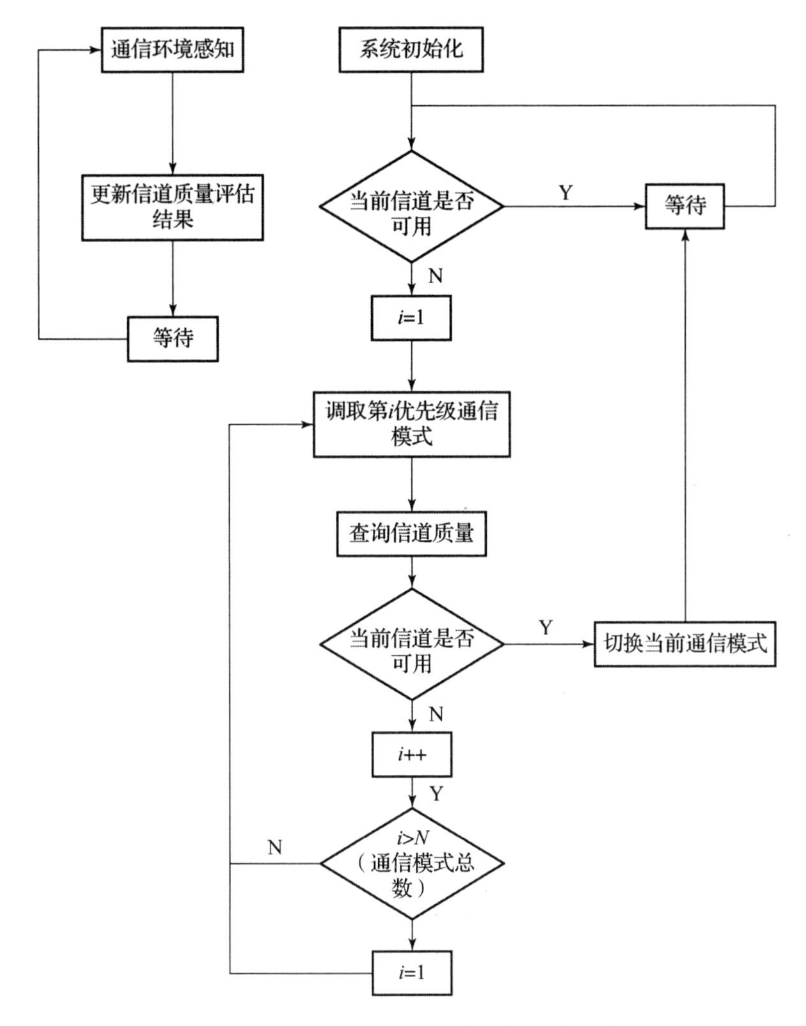

图 4-2　通信环境感知与通信模式切换算法流程图

4.3.3　系统远程升级方案

系统远程升级包硬件主要由控制中心服务器和多模通信单元组成，控制中心服务器作为软件升级的主动发起者，首先通过建立的信道向多模通信单元发送升级命令，多模通信单元的嵌入式系统在硬件启动后，首先执行引导程序 bootloader 进行一系列的初始化操作，同时选择执行升级控制程序，待服务器接收到嵌入式系统的确认升级回复后就开始向多模通信单元发送升级程序代码，在发送程序代码前，服务器会将代码打包，加入标志位、命令头、序列号、CRC 交验等内容。当多模通信单元收到数据包后将返回一个接收确认信息，之后进行解包操作，进行数据包校验，若校验通过，则提取数据域中的升级代码，在指定的 FLASH 区域进行旧版本程序的擦除后复制新程序代码。擦除旧程序前会进行版本备份以用于升级失败后的恢复。升级过程示意图如图 4 –3 所示。

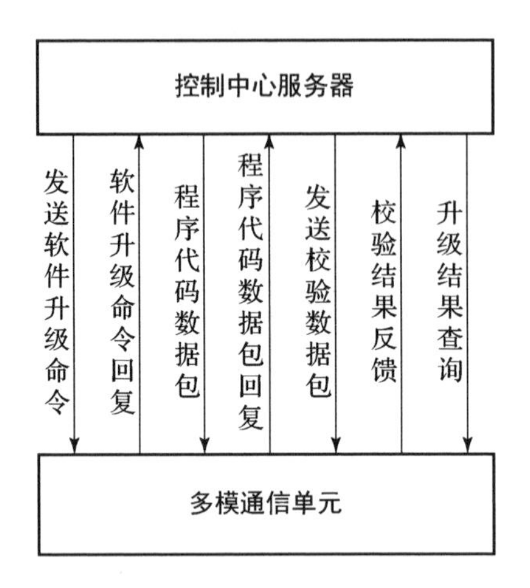

图 4 –3　升级过程示意图

4.3.4　遥测遥控信息流方案

在泥石流监测预警系统中，采用遥测遥控技术，综合管理平台的中心控制单元能够定期采集各个模块的电压、电流以及工作状态遥测，并在收到遥测采集指令后，通过数据通信模块将其发送给控制中心。综合管理平台的中心控制单元能够接收并解析控制中心发来的控制指令，并能够将这些指令通过接口单元发送给相应的目标设备。

监测预警系统的典型组成框图如图 4 –4 所示。

在该系统中，控制中心是整个系统的运行管理中心和数据汇聚中心。系统中各个模块的遥测数据和业务数据均通过不同的无线信道发送给控制中心，并在控制中心进行解析和处理后，存入遥测数据库，供上层应用调用查看。指挥控制中心的综合显示屏可以对关键遥测数据进行可视化展示，方便管理员全面掌握监测预警系统的运行状态。管理员可以通过读取特定时间段的特定遥测数据，对监测预警系统中各个模块的工作状态进行分析和判断。各类自主健康管理软件，也可以按照事先设定的数据处理算法和阈值，对遥测数据进行二次处理和判读，并自动触发相应的操作指令，实现对监测预警系统的健康状态监测和自主管理。

多模通信单元是系统中负责遥测采集、指令执行以及通信链路建立的机

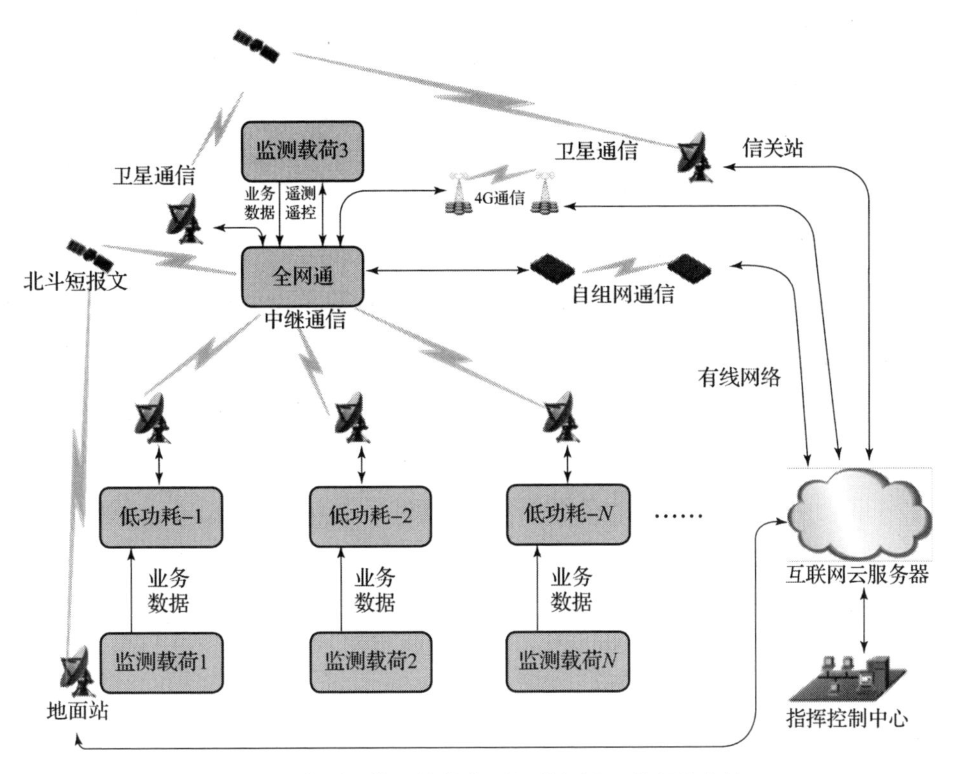

图4-4　监测预警系统的典型组成框图（外部信息流）

构，分为全网通模块和低功耗模块两种版本。全网通模块是多模通信单元的高配版本，具备4G、北斗、卫通、自组网等多种通信功能，采用高性能的嵌入式计算平台，能够实现较为复杂的网络管理、数据通信、接口驱动、自主管理等相关功能，并且可通过软件重构实现对多模通信单元功能和性能的重新定义，实现监测预警系统的持续演进和优化。全网通模块所配备的多种通信功能互为备份，并且针对复杂山区通信信号稳定性差的现状，具备通信信号环境智能感知和通信模式自适应切换能力，可以满足不同山区通信环境下的可靠通信需求，保证监测预警系统稳定可靠在线。

低功耗模块是多模通信单元的低配版本，仅配备LoRa自组网通信功能，需要与全网通模块配合使用，通过将本地数据发送至全网通模块，再借用全网通模块强大的通信功能将数据中继通信至控制中心。低功耗模块结构简单，采用超低功耗的数字芯片平台，仅对外提供GPIO、串口等较为简单的数字接口，可以为雨量计、断线传感器、土壤水分传感器、地声传感器、泥水位传感器等业务数据较为简单、智能化程度不高的窄带泥石流监测载荷提供数据采集和传输服务。同时，低功耗模块的功耗极低，可以大大减小对于供电的需求，降低现场供电设备安装施工的难度。此外，低功耗模块的硬件成本远低于全网通模块，与全网通模块配合使用，可以在保障系统可靠性的同时，有效降低整个监测预警系统的成本。

监测预警系统的外部信息流见图 4-4。其中，包含了遥控信息流、遥测信息流和业务信息流三个部分。

遥控信息的处理流程如下。

(1) 系统管理员在控制中心根据需要生成对特定目标设备的遥控指令。

(2) 控制中心根据目标设备 ID 查询对应目标的连接状态和通信方式。

(3) 若目标设备正常在线，则控制中心按照目标设备的通信方式，将生成的指令发送出去。

(4) 若目标设备处于离线状态，则控制中心向管理员报错，并丢弃该指令。

(5) 若目标设备是多模通信单元，则目标多模通信单元在接收到指令后，进行解析，并执行。

(6) 若目标设备是监测载荷，则遥控指令将先发送至监测载荷所连接的多模通信单元，再由多模通信单元解析后转发给监测载荷，并由监测载荷执行。

遥测信息的处理流程与业务信息的处理流程类似，在此一并进行描述。

(1) 业务信息由监测载荷在达到触发条件时（报警触发、定时触发）采集监测现场的业务信息（雨量数据、光学图像、雷达回波处理结果等），并发送给多模通信单元。

(2) 常规监测载荷一般没有遥测信息，光学载荷、雷达载荷等新型载荷会有一些表征载荷工作状态的遥测信息，这些遥测信息在达到触发条件时（超过门限触发、定时触发）将会组帧发送给多模通信单元。

(3) 多模通信单元在接收到监测载荷的业务数据或遥测数据后，在本地进行存储，并同时将其通过当前通信方式组帧发送至控制中心。

(4) 多模通信单元本身也会产生遥测信息，如工作电压、电流、心跳、通信模式、信号强度等，这些遥测信息在达到触发条件时（超过门限触发、定时触发）将会组帧并通过当前通信方式发送至控制中心。

(5) 控制中心接收到业务数据或遥测数据后，首先判断数据来源和数据类型，并将数据解析后按照特定数据结构存入控制中心数据库中，同时将解析内容在控制中心大屏上显示出来。

(6) 对于有特定声光报警要求的业务数据或遥测数据，控制中心还将对阈值进行判断，并触发相应的报警模式。

多模通信单元内部的软件信息流如图 4-5 所示。

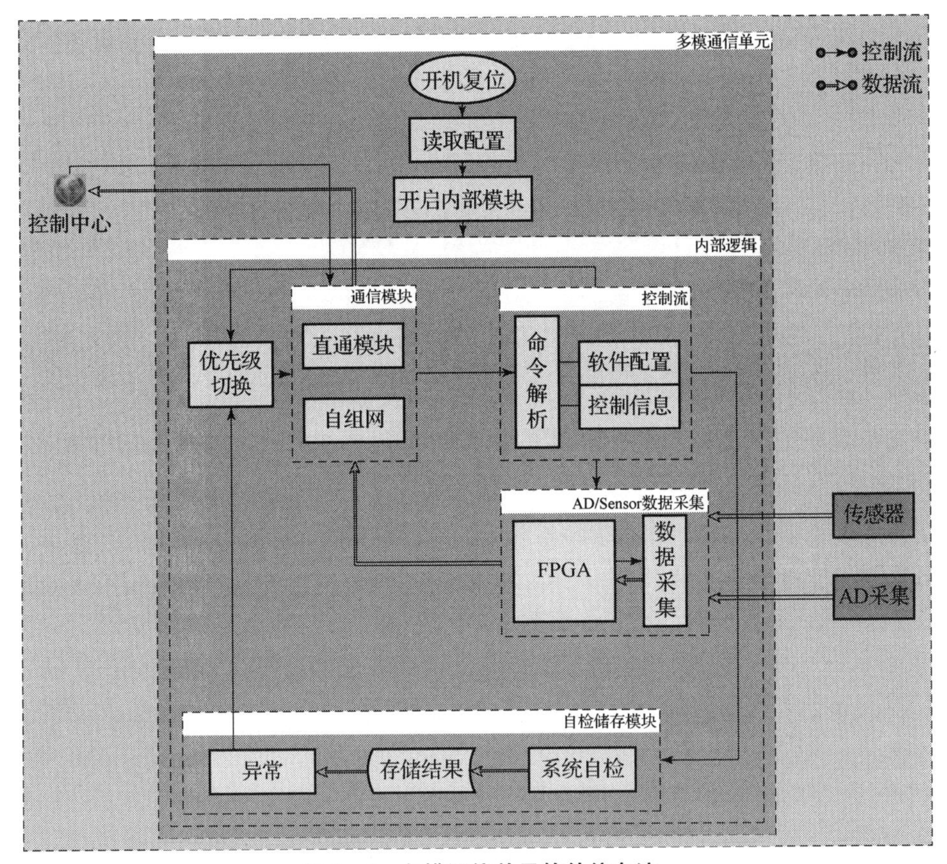

图 4-5　多模通信单元软件信息流

多模通信单元软件功能上讲可以分为逻辑控制和数据通信两大部分，逻辑控制对应的 Linux 模块，数据通信主要包含直通数据通信、LoRa 通信、数据采样等模块。图中双线箭头表征了外部业务数据（遥测数据）信息流，单线箭头表征了多模通信单元内部的控制信息流。

监测载荷生成的业务数据和遥测数据首先进入多模通信单元的数据采样模块，之后经过 FPGA 组帧后，在控制模块的控制下发送至通信模块，并由通信模块选择合适的通信方式发送给控制中心。

多模通信单元内各个模块生成的遥测数据也是由数据采集模块收集、组帧并在控制模块的控制下发送至通信模块，并由通信模块选择合适的通信方式发送给控制中心。

控制中心发来的指令首先进入通信模块进行数据解析，接着将解析后的数据发给命令解析模块完成命令解析，之后由控制模块内部的软件配置和控制信息生成模块生成具体的指令动作，并发送到相应执行机构执行生效。

命令解析与分发流程如图 4-6 所示。

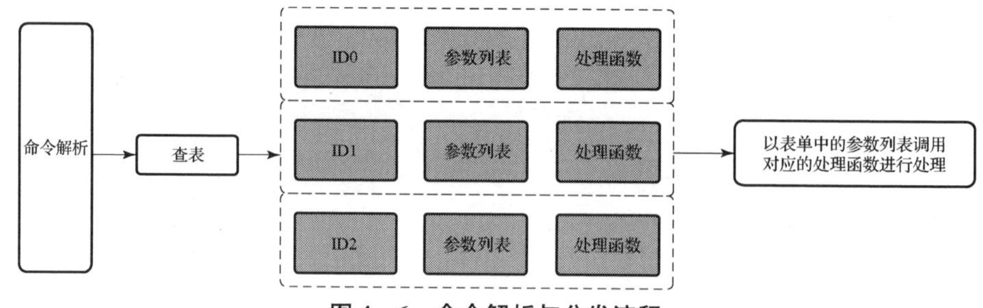

图 4-6　命令解析与分发流程

4.3.5　遥测遥控接口方案

多模通信单元与外部传感器的数据接口包含 RS232、RS485、SPI ADC、GPIO 开关量等外部数据接口，具体如表 4-2 所示。

表 4-2　多模通信单元与外部传感器的数据接口

编号	接口	描述
1	24 V 供电	用于整机供电
2	24 V 输出	用于外设供电
3	AD 采集	外部模拟量采集（0~5 V），可用于采集土壤湿度等
4	RS232	外部串口通信，可用于北斗等
5	RS485	外部 485 半双工通信，可 2 路拼成全双工使用。用于电源控制器通信等
6	GPI	外部开关量输入，可用于断线、雨量等
7	GPO	外部开关输出，可用于状态指示灯
8	RJ45 网口	外部网络接口，可用于 CPE、卫通等通信设备
9	LoRa 天线	LoRa 外接天线
10	4G 天线	4G 外接天线

除了上述数据接口外，多模通信单元内部还有电压、电流等遥测信息采集电路。本小节将具体介绍这些遥测遥控接口的设计方案。自主健康管理系统将通过关键电路电压电流等敏感参数指标来判断部组件工作状态。

1. 电压采集电路

系统设计有五路电压采集电路，其作用是实时检测各个接入模块的加电状态，电压遥测通过使用直接连线的方式引入，电路设计如图 4-7 所示。

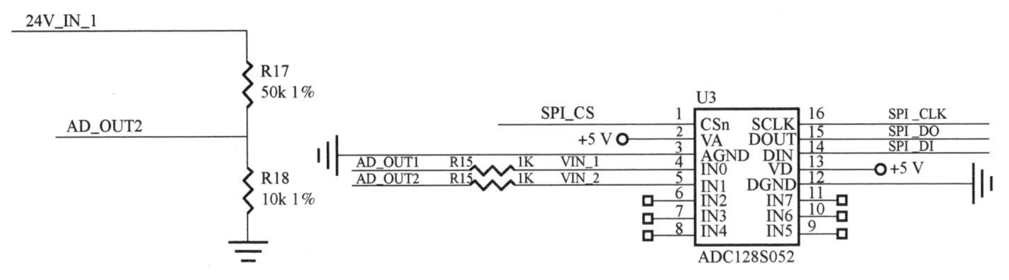

图4－7　电压采集电路

2. 电流采集电路

系统设计有五路电流采集电路，其作用是实时检测各个接入模块的工作电流，电流遥测通过直接连线的方式引入，电路设计如图4－8所示。

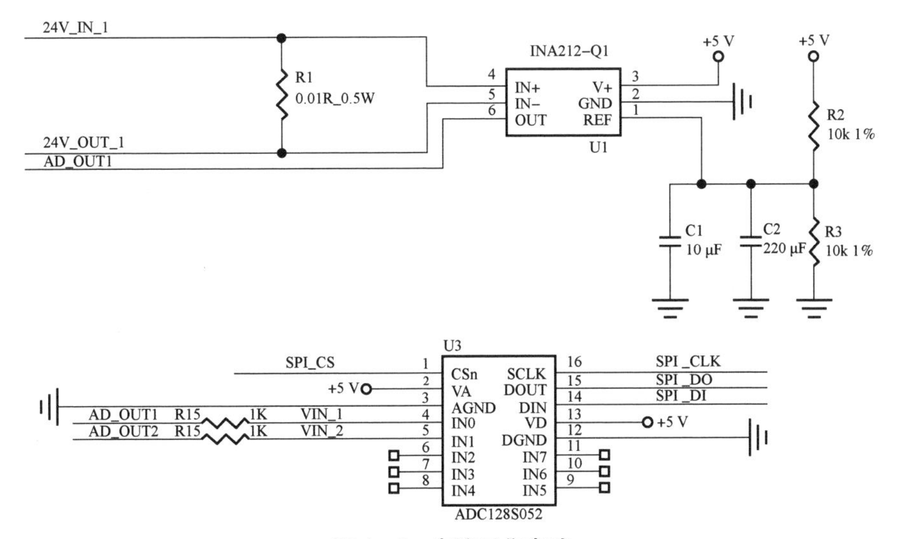

图4－8　电流采集电路

3. 供电开关控制电路

系统设计有四路供电开关控制电路，开关器件选用热拔插芯片来控制各个设备的加断电，并具6 A过流保护的功能。同时在电源接口处加入TVS以及保险丝，使电路更加可靠。电路设计如图4－9所示。

4. ADC接口电路

ADC采用TI的ADC128S052，采样精度12BIT，数据转换率最高500KSPS。Zynq7000通过SPI轮训的方式查询各个通道的模拟量，从而进行电流检测、电压检测以及对外的4路模拟采集。数字部分采用3.3 V供电，便于和Zynq7000适配。模拟部分采用专用的低噪声5 V参考电源，保证精度的同时增加了采集范围。电路设计如图4－10所示。

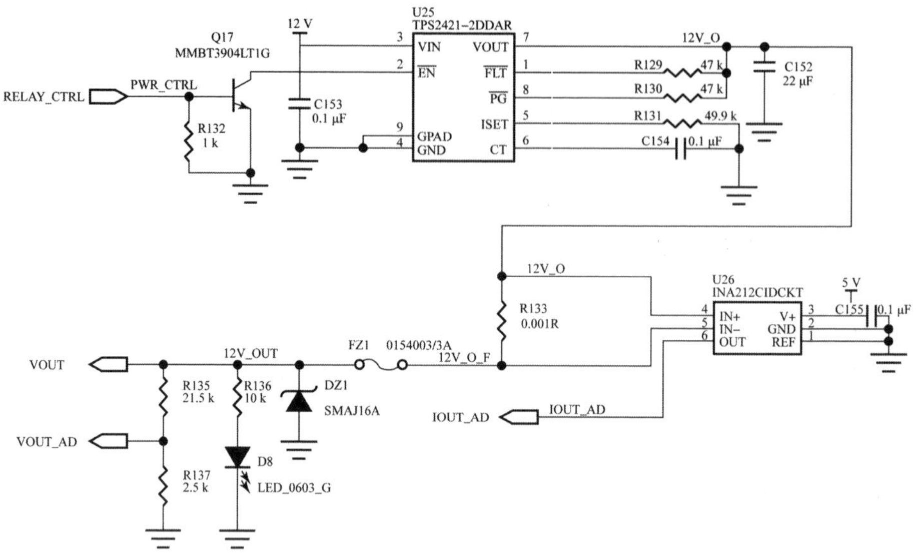

图 4-9　供电开关控制电路

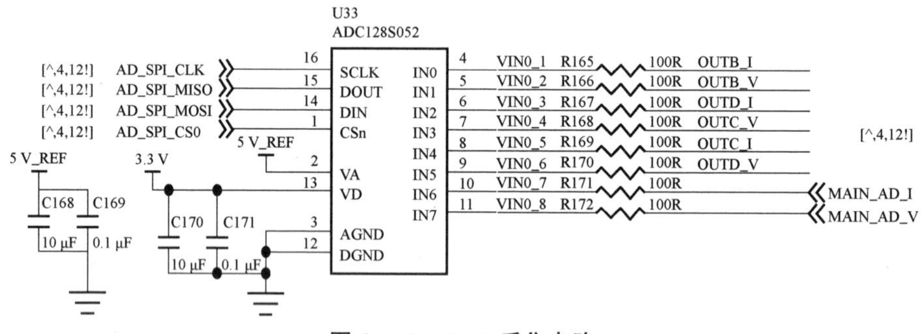

图 4-10　ADC 采集电路

5. RS232 接口电路

本设计使用 RS232 接口主要用于与外界的传感器、通信设备进行数据交互，如北斗、卫通等。主控制板设计有四路 RS232 接口，电路设计如图 4-11 所示。

6. RS485 接口电路

本设计中 RS485 接口的作用是与外界的传感器进行数据交互，RS485 相对于 RS232 而言采用了平衡传输方式，从而增加了抗共模干扰的能力，传输距离也大大增加。主控制板设计有三路半双工 RS485 接口，通过 MAX3485 的 RE、DE 信号来控制 RS485 的收或发。接口部分有 120 Ω 阻抗匹配电阻，保证信号的完整性。电路设计如图 4-12 所示。

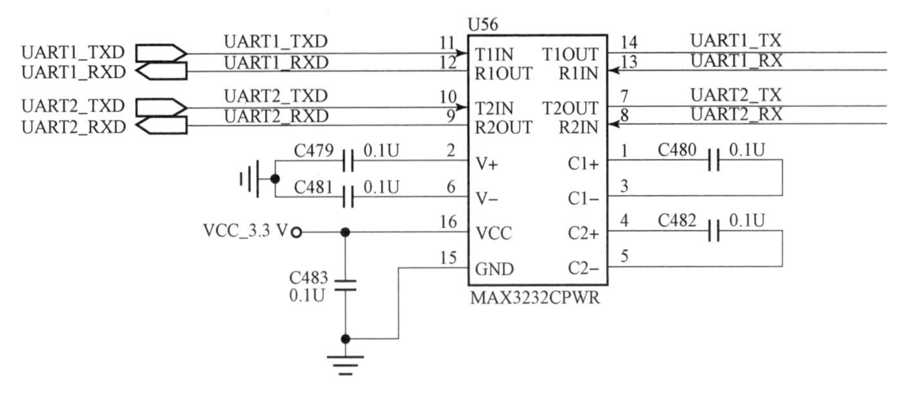

图 4 - 11　RS232 接口

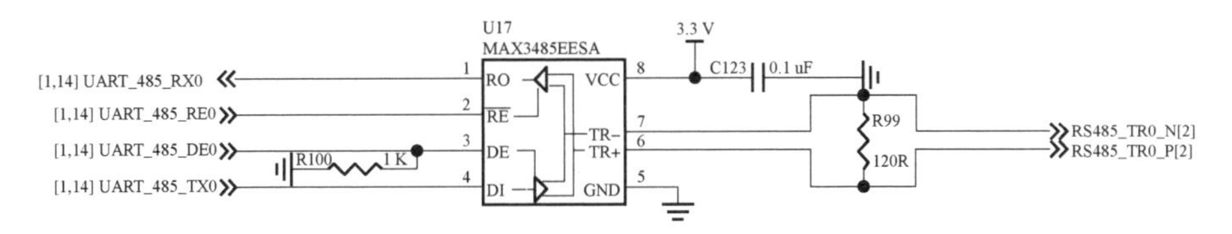

图 4 - 12　RS485 半双工接口

7. GPIO 扩展接口电路

多模通信单元一共预留 4 路输入、4 路输出的 GPIO 接口。GPIO 输入输出接口的作用是对外扩展 IO，通过三极管做电平隔离，主要用于雨量采集以及断线采集。其中输出为 OC 门，耐受 40 V，输入的耐受电压范围 3.3 ~ 15 V。电路设计如图 4 - 13 所示。

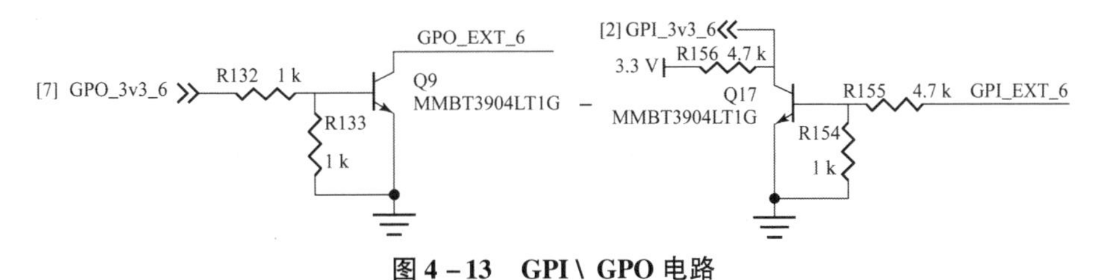

图 4 - 13　GPI \ GPO 电路

8. RJ45 网口电路

主控制板设计有 1 路 10M/100M/1000M 以太网（主/备），支持 IEEE1588 协议。以太网的作用是与外界进行数据交互，与外界连接的设备包括卫星通信终端、4G 通信天线、自组网模块、视频、雷达等。对外的接口数量众多，需要接交换机进行网口扩展。电路设计如图 4 - 14 所示。

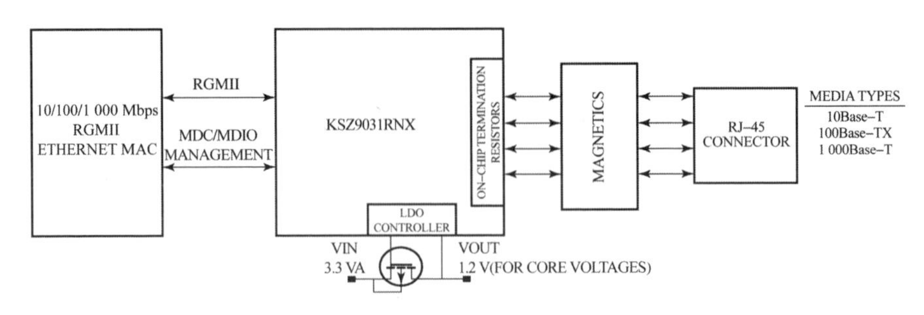

图 4-14 RJ45 网口

9. 供电开关控制接口

系统设计有四路供电开关控制电路，开关器件选用热拔插芯片来控制各个设备的加断电，并具 6 A 过流保护的功能。同时在电源接口处加入 TVS 以及保险丝，使电路更加可靠。电路设计如图 4-15 所示。

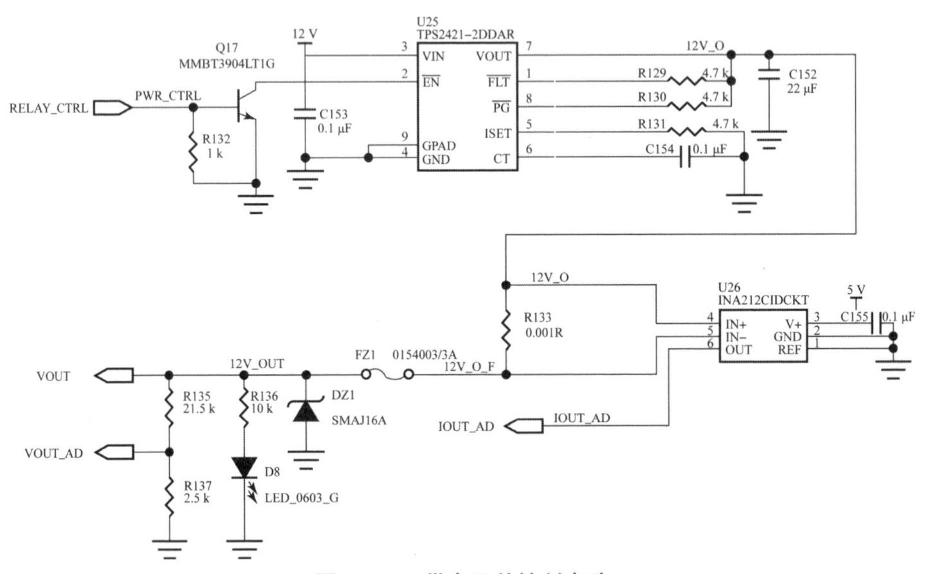

图 4-15 供电开关控制电路

4.4 自主健康管理与遥测遥控接口协议

遥控遥测的数据遵照各种接口协议在控制中心、传感器和各个通信模块之间进行通信。同时自主健康管理系统也通过各个接口及模块的遥测来进行系统状态判定及模式自主切换等工作，使用遥控指令来完成指令切换动作。

4.4.1　与控制中心的通信协议

多模通信单元使用多种通信手段与指挥控制中心和其他通信单元进行通信。针对网络各通信方式的优点和约束，4G、卫星通信和 WLAN 适合大数量数据传输，三种通信方式均采用相同的通信协议。由于北斗短报文存在发送数据长度的限制，每次发送的数据量较小，另外由于北斗短报文发送频度受到体制设计限制，发送间隔不得小于 60 s，因此需要针对北斗短报文的使用特点单独设计专用通信协议。

1. 基于 4G、卫星通信和 WLAN 的通信协议

4G、卫星通信和 WALN 的带宽满足大数传输，该通信协议包含所有交互指令，具体如表 4－3 所示。

表 4－3　4G、卫星通信和 WALN 交互指令

索引	命令描述	命令字
1	获取设备信息	0x0001
2	获取传感器数据	0x0002
3	获取设备工作状态	0x0003
4	获取设备时间	0x0004
5	设置设备时间	0x0005
6	获取北斗参数	0x0006
7	设置北斗参数	0x0007
8	获取中心参数	0x0008
9	设置中心参数	0x0009
10	获取中心连接状态	0x000A
11	设置中心连接状态	0x000B
12	获取存储设置参数	0x000C
13	设置存储设置参数	0x000D
14	获取自动上报开关参数	0x000E
15	设置自动上报开关参数	0x000F
16	获取数据采集开关参数	0x0010

续表

索引	命令描述	命令字
17	设置数据采集开关参数	0x0011
18	获取雨量通道参数	0x0012
19	设置雨量通道参数	0x0013
20	获取 RS485 通道参数	0x0014
21	设置 RS485 通道参数	0x0015
22	获取 ADC 通道数	0x0016
23	获取 ADC 通道参数	0x0017
24	设置 ADC 通道参数	0x0018
25	获取通信优先级参数	0x0019
26	设置通信优先级参数	0x001A
27	获取通信开关参数	0x001B
28	设置通信开关参数	0x001C
29	获取当前工作模式	0x001D
30	设置当前工作模式	0x001E
31	上报传感器数据	0x001F
32	上报设备信息帧	0x0020
33	设备升级	0x0021
34	设置设备序列号	0x0022

2. 基于北斗短报文的通信协议

考虑到北斗传输时间和单次传输数据量过小的限制，针对北斗短报文的传输只传输关键数据。北斗短报文传输协议与 4G、卫通和 WLAN 格式不同，因此针对每条命令进行单独的定义。

北斗短报文发送命令为 BDTXA，该命令具体解释如下：

功能描述：输入语句，用于设置用户设备发送通信申请。

格式：$BDTXA,xxxxxxx,x,x,c--c*hh<CR><LF>

各部分的定义如表 4-4 所示。

表 4-4　北斗短报指令格式说明

编号	含义	取值范围	单位	备注
1	用户地址（ID 号）	0-0x1FFFFF		此次通信的收信方地址
2	通信类别	0-1		0：特快通信，1：普通通信
3	传输方式	0-2		0-汉字，1-代码，2-混合传输
4	通信电文内容			注 1

注 1：正常情况下，通信类别固定为 0 即可

注 2：通信电文内容

传输方式 =0 时，每个汉字以 16 bit 表示，占用两个 ASCII 码长，以计算机内码传输；

传输方式 =1 时，每个代码以一个 ASCII 码表示。

传输方式 =2 时：电文内容首字母固定为“A4”，按先后顺序每 4 bit 截取一次，转换成十六进制数，每个十六进制数以 ASCII 的形式表示。如数据长度不是 4 bit 的整数倍，高位补 0，凑成整数倍。

注 3：用户设备接收本条指令，反馈 FKI 指令

范例：

汉字通信：

$CCTXA,250048,1,0,一二三四五六七八九十*32

代码通信：

$CCTXA,250069,1,1,12341234123412341234*41

混合通信：

$CCTXA,250069,1,2,A4313233343536373839З0B1B1BEA9B1B1BEA9*32

（此条混合通信表示的通信内容为：1234567890 一二三四五六七八九十）

“A43132333435363738393 0B1B1BEA9B1B1BEA9”称为数据段。

本书采用混合通信方式。在数据段中，A4 为混合模式的固定开头，即 Byte0 和 Byte1 分别为 A 和 4，Byte2 和 Byte3 表示命令（十六进制）。所有字段均严格按照位数定义执行，不够位数需要在前段补 0。

短报文模式下支持的命令如表 4-5 所示。

表 4-5　短报文模式指令

索引	命令描述	命令字
1	获取传感器数据	0x00
2	获取设备工作状态	0x01
3	获取设备信息	0x02
4	获取北斗工作状态	0x03

4.4.2 与传感器的接口协议

整个系统还需要对各钟连接的传感器进行遥测采集及遥控等操作，本节重点介绍这些操作所遵循的接口协议。

1. 雨量计

地质灾害监测系统连接了雨量传感器，该传感器在实际使用过程中，是通过雨水流进承雨口组件，经过上漏斗、上翻斗、梯级控释漏斗的联合平滑作用后，进入计数翻斗，计数翻斗每翻转一次，触发干簧管通断一次来进行雨量计算的。本系统使用多模通信单元的 GPIO 接口采集干簧管的通断信号，即可获得翻斗翻转的次数，进而反演出对应的雨量。多模通信单元按照约定的采集间隔（通常最短为 5 min）计算翻斗翻转的次数，并上报给控制中心。翻斗式雨量计注水雨强过程曲线如图 4 - 16 所示。

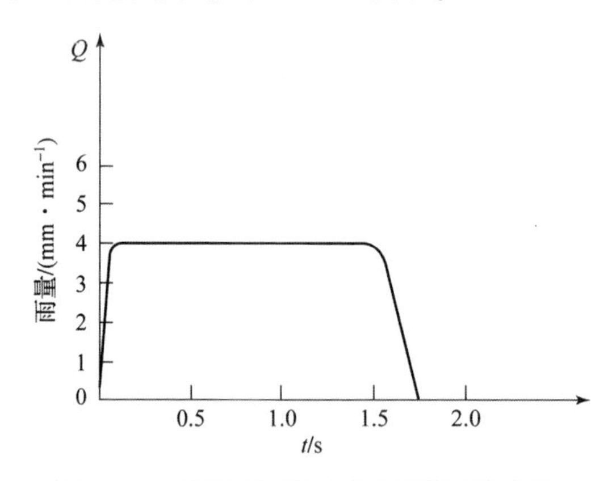

图 4 - 16 翻斗式雨量计注水雨强过程曲线

2. 断线传感器

断线传感器导通时，采集点两端的电阻很小，相当于一根普通导线；断线传感器断开时，采集点两端的电阻很大，相当于不导通。利用这一特点，使用多模通信单元的 GPO 接口连接采集点的一端，另一端连接多模通信单元的 ADC 输入接口，即可实时的采集到断线传感器的通断信号以及供电电压。

当没有断开信号时，多模通信单元按照约定的频率向控制中心发送数据（通常不高于 5 次/min），当断开信号时，立即发送数据 1 次，此后以每秒 1 次的频次发送数据 1 min，然后再恢复到断开前的发送频率。

3. 土壤水分传感器

土壤水分传感器是利用土壤导电率变化来进行含水率测量的。在使用过程中，将土壤水分传感器连接多模通信单元 ADC 采样端，利用电压采集反算出土壤当前含水率，采样周期可以根据实际情况进行设置。

4. 泥石流监测微波雷达

微波雷达通过动目标检测技术实现对泥石流流速距离的监测。

多模通信单元与泥石流监测微波雷达的接口协议如下。

（1）通信方式：雷达连接多模通信单元连接方式为 UDP。

（2）通信对象 IP 地址：192.168.1.5（雷达自身 IP 地址为 192.168.1.100）。

（3）通信对象端口号：10002。

（4）通信内容：每一条雷达上报包长为 15 个 Byte。

格式为：

包头(0x1A CF FC 1D 4Byte) + 校验(1Byte) + 雷达上报内容(10Byte)

数据协议如表 4－6 所示。

表 4－6　泥石流监测雷达上报数据协议表

包头（4 Byte）				校验（1 Byte）	雷达上报内容（10 Byte）									
					字头	报警级别	目标距离范围			备份	SUM值		备份	内通指示
1A	CF	FC	1D	XX	01	03/0A/0B	低8位	中8位	高8位	00	低8位	高8位	00	00/55

5. 泥石流视频监测传感器

多模通信单元与泥石流视频监测传感器的接口协议如下。

（1）通信方式。

TCP。

（2）数据格式。

标准 JSON 格式。

（3）接口说明。

与泥石流视频监测传感器接口格式如表 4－7 所示。

表 4－7　与泥石流视频监测传感器接口格式

编号	名称	描述	说明
1	msgType	报文类型	byte（固定为 2）
2	sequence	报警序号	int
3	device	报警设备名称	string

续表

编号	名称	描述	说明
4	time	报警时间戳	long
5	picture	报警图片	byte [n]

其中，picture 的数据结构如表 4－8 所示。

表 4－8 Picture 的数据结构

含义	类型	大小	说明
包头	Byte (4)	4 Byte	固定 0x1A 0xCF 0xFC 0x1D
图像总尺寸	unsigned int	4 Byte	大端存储模式
当前包大小	unsigned int	4 Byte	大端存储模式，当前发送的数据包中，图像数据的大小
分包总数	Byte (1)	1 Byte	
当前包索引	Byte (1)	1 Byte	索引值从 0 开始
图像数据	Byte (n)	不定	文件数据流

多模通信单元在接收到 msgType 为 2 时，会进行数据流包头确认和图像信息大小数据块的处理，然后进行后续文件接收。

为了监控状态的在线状态还设置了“心跳”信号上报机制，当该信号中断时将认为设备工作异常。

心跳信息上报实例如下：

{"msgType":1,"device":"device1","status":0,"time":1448851676000}

参数说明如表 4－9 所示。

表 4－9 心跳信息参数说明

编号	名称	描述	说明
1	msgType	报文类型	Byte (固定为 1)
2	device	报警设备	string
3	status	报警类型	Byte，0：设备在线；1：设备离线；2：设备故障
4	time	报警时间戳	long

注：心跳信息的上报周期 1 min。

4.4.3　与通信模块的接口协议

从各种传感器得到的信息将在多模通信单元内部进行处理后，送至通信模块的其他单元或与控制中心进行通信。

1. 卫星通信模块控制协议

卫通模块提供了状态查询的 AT 指令。系统通过 RS485 发送查询指令后，卫通回复“OK\r\n”，则标识卫通已入网：

主机：AT+?\r\n

卫通：OK\r\n

2. LoRa 通信协议

LoRa 通信协议如图 4-17 所示。

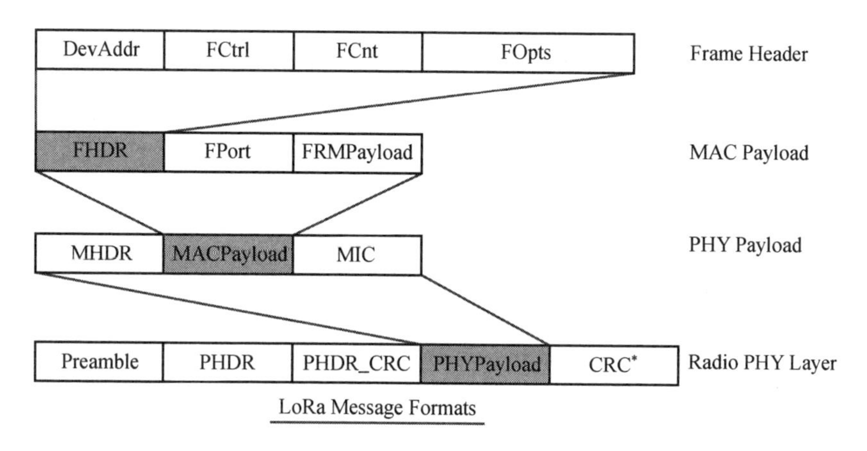

图 4-17　LoRa 通信协议

LoRa 模块通过内嵌的物理层（PHY）单元实现具体的通信协议。以下是 LoRa 物理层（PHY）的功能。

（1）物理层构造帧，以便通过 RF 链路从 MAC 层传输有效载荷。

（2）为整个帧插入 PHDR、PHDR_CRC、前同步码和 CRC。CRC 字段仅在上行链路消息中可用。

（3）作为前导码，基于 LoRa、GFSK 或 FSK 的调制技术使用特定的恒定同步字。该前导码将有助于接收器处的同步，如接收器所知。

（4）物理层（PHY）根据全国范围的要求使用特定的 RF 频段。

3. 北斗短报文控制协议

北斗短报文所有指令包含起始符、指令类型、指令内容、校验和、结束符，如表 4-10 所示。

表 4-10　北斗短报文指令结构

序号	内容	描述
1	$	起始符
2	BDICI	指令类型
3	,	字段间隔符
4	2031958，02097151，2031960，4，1，4，N，100	指令内容
5	*	校验和字段开始符
6	09	校验和
7	<CR> <LF>	回车换行，表示本条语句结束

以下是北斗短报文指令的一个例子：

$BDICI,2031958,02097151,2031960,4,1,4,N,100*09<CR><LF>

起始符：所有输入输出指令均以“$”起始，相对用户机而言，输入时“--”表示为“BD”或者“CC”，输出时，“--”表示为“BD”。

校验和：校验和字段是语句中的最后一个字段，它在定界符“*”之后。是对语句中所有字符异或运算。

指令内容：所有字符指在定界符“$”与“*”之间（但不包括这些定界符）的全部字符，两位 ASCII 码表示。

北斗短报文模块所支持的语句类型包括通用语句 24 条，指挥型专用语句 5 条，详见表 4-11。

表 4-11　北斗短报文模块语句类型

序号	语句标识符	语句内容	备注
通用语句			
1	BBR	读取软件版本及其他信息指令	输入
2	BBX	软件版本及其他信息	输出
3	ICA	读取 IC 卡信息指令	输入
4	ICI	IC 卡信息	输出
5	ICX	多张 IC 卡信息	输出
6	ICD	读取 IC 卡状态	输入
7	ICT	IC 卡状态信息	输出

续表

序号	语句标识符	语句内容	备注
通用语句			
8	RMO	输出或关闭特定语句指令	输入
9	BSI	输出波束状态信息	输出
10	TXA	通信申请指令	输入
11	TXR	接收的通信信息	输出
12	TXS	指定卡号的通信申请指令	输入
13	FKI	反馈信息	输出
14	CXA	通信、回执或定位查询申请指令	输入
15	HZR	回执信息	输出
16	DWA	定位申请指令	输入
17	DWR	定位信息	输出
18	WAA	位置报告 1 申请指令或输出位置报告信息	双向
19	WBA	位置报告 2 申请指令	输入
20	BSS	主波束、时差波束设置指令	输入
21	ZDA	时间信息	输出
22	CKS	波特率设置指令	输入
23	HFS	恢复出厂设置指令	输入
24	RIS	设备复位指令	输入
指挥型专用语句			
25	ICS	添加下属 IC 卡信息指令	输入
26	ICR	读取 IC 卡信息	输入
27	ICB	IC 卡信息	输出
28	XSD	下属用户定位信息	输出
29	XST	下属用户通信信息	输出

北斗短报文模块的数据类型如表 4 – 12 所示。

表 4-12　北斗短报文模块数据类型

数据类型	符号	定义
变长数字	x. x	可变长度数字字段：字段的整数部分和小数部分长度都是可变的，小数点和小数部分可选。变长数字字段可以用来表示整数。(例如 71. 1 =0071. 1 =71. 100 =00071. 1000 =71)
定长数字	xx……x	固定长度数字字段：长度固定的数字字段，字段长度等于 x 的个数。如果数值为负，字段的首字符就是符号“-”(HEX2D)，字段长度在原有长度的基础上加 1；如果数值为正值，符号省略，字段长度不变
变长字符	c--c	可变长度字符字段：长度可变的字符字段
定长字符	aa……a	固定长度字符字段：长度固定的字符字段，字段长度等于 a 的个数，字符区分大小写
纬度	1111. 11	固定/可变长度字段：小数点左边的数据长度固定为 4 位，其中 2 位数表示“度”，后 2 位数表示“分”。小数点后面位数可变，单位为“分”。当纬度“度”或“分”数据位数不足时在前面补零；当经度值位数为整数时，小数点及小数部分可以省略
经度	yyyyy. yy	固定/可变长度字段：小数点左边的数据长度固定为 5 位，其中前 3 位数表示“度”，后 2 位数表示“分”。小数点后部分长度可变，单位为“分”。当纬度“度”或“分”数据位数不足时在前面补 0；当经度值位数为整数时，小数点及小数部分可以省略
时间	hhmmss. ss	固定/可变长度字段：小数点左边的数据长度固定为 6 位，其中前 2 位数表示“时”，中间 2 位数表示“分”，后 2 位数表示“秒”。小数点后部分表示“秒”，长度可变。当时/分/秒部分数据位数不足时，在前面补零；当时间为整秒时，小数点部分可以省略
状态	A/V	固定长度字段：A-肯定、存在、准确等；V-否定、不存在、错误等
单位	U	固定长度字段：长度为一个字符，用于表示数值的单位，取值为大写英文字母。常用单位对应关系为：米=m，米/秒=m/s，千米=km，千米/小时=km/h

4.5　自主健康管理系统测试验证情况

4.5.1　通信模式自主切换

多模通信单元通过通信环境感知算法对所处环境中各种通信信道的信道质量进行评估，并作为通信模式切换的依据。各种通信模式的信道质量可以从各个通信模块发送的状态上报信息中获得。

通过主动切断当前通信链路测试通信模式自主切换功能。首先在多模通信单元控制界面设定通信模式切换顺序，将切换顺序设置为 4G 通信模式优先，卫星通信模式优先级最低。当主动切断 4G 通信时，多模通信单元将自动将链路切换至卫星通信模式，系统日志显示切换，并且可以在控制中心首页进行通信方式的查看。测试结果如图 4－18 所示。

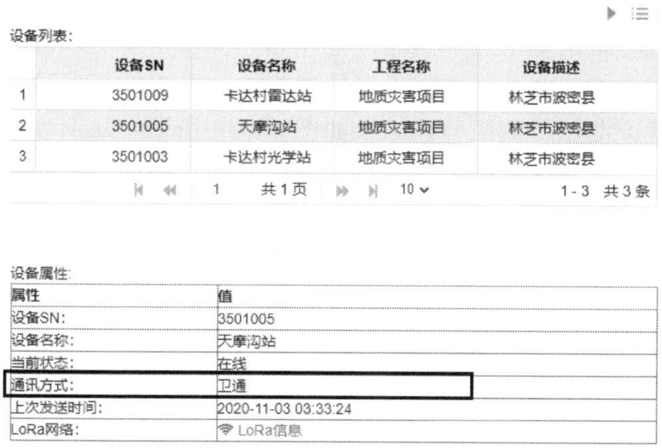

设备列表：

	设备SN	设备名称	工程名称	设备描述
1	3501009	卡达村雷达站	地质灾害项目	林芝市波密县
2	3501005	天摩沟站	地质灾害项目	林芝市波密县
3	3501003	卡达村光学站	地质灾害项目	林芝市波密县

1　共 1 页　10　1-3　共 3 条

设备属性:

属性	值
设备SN:	3501005
设备名称:	天摩沟站
当前状态:	在线
通讯方式:	卫通
上次发送时间:	2020-11-03 03:33:24
LoRa网络:	LoRa信息

图 4－18　通信模式自主切换测试结果

4.5.2　传感器状态监测与自主管理

多模通信单元设置有自检模式，使用自检模式系统将对与本单元连接的设备和各个通信模块进行状态轮询。

在远程控制端软件中选中需要自检的设备，单击“设备检测”，弹出是否需要进行自检的对话框，单击“确定”按钮，即开始设备自检。自检结果将被保存成为日志形式在本地保存及回传至控制中心。测试结果如图 4－19 所示。

	□	设备SN	设备注册码	设备名称	备注	操作
1	□	3501004	[illegible]	塘龙沟站	林芝市波密县	指令发布 设备监测
2	□	3501005	[illegible]	天摩沟站	林芝市波密县	指令发布 设备监测
3	□	3501009	[illegible]	卡达村雷达站	林芝市波密县	指令发布 设备监测
4	□	3501002	[illegible]	卡达村光学站	林芝市波密县	指令发布 设备监测

1 共1页 10 1-4 共4条

	□	设备SN	设备名称	消息内容	收到时间	操作
1	□	3501003	RTU-3	自动测试上报信息 模式:4G模式 总包数:5 当前包索引:5	2021-01-13 12:06:05	
2	□	3501003	RTU-3	自动测试上报信息 模式:4G模式 总包数:5 当前包索引:4	2021-01-13 12:06:04	
3	□	3501003	RTU-3	自动测试上报信息 模式:4G模式 总包数:5 当前包索引:3	2021-01-13 12:06:03	
4	□	3501003	RTU-3	自动测试上报信息 模式:4G模式 总包数:5 当前包索引:2	2021-01-13 12:06:02	
5	□	3501003	RTU-3	自动测试上报信息 模式:4G模式 总包数:5 当前包索引:1	2021-01-13 12:06:01	
6	□	3501003	RTU-3	4G:true 卫通:true 北斗:false 北斗ID: 目标北斗ID:0417849	2021-01-13 12:05:47	

图 4－19　设备远程自检测试结果

4.5.3　传感器接口测试

1. 雨量计接口测试

通过将翻斗式雨量计与多模通信单元相连，并手动倒入清水模拟小雨触发雨量计工作，控制中心接收解析多模通信单元上报的雨量数据，实现对雨量计接口的验证测试。测试验证结果如图 4－20 所示。从图中可以看到，多模通信单元可以正确读取雨量计数据，并按照约定格式上传至控制中心，证明雨量计接口设计正确、工作正常。

发送设备SN	数据设备SN	时间	当前雨量/mm	累计雨量/mm
2501001	2501001	2018-11-25 22:06:22	0.00	9.80
2501001	2501001	2018-11-25 22:07:22	0.00	9.80
2501001	2501001	2018-11-25 22:08:22	0.00	9.80
2501001	2501001	2018-11-25 22:09:22	0.00	9.80
2501001	2501001	2018-11-25 22:10:22	0.00	9.80
2501001	2501001	2018-11-25 22:11:22	0.00	9.80
2501001	2501001	2018-11-25 22:12:22	0.00	9.80
2501001	2501001	2018-11-25 22:13:22	3.50	13.30
2501001	2501001	2018-11-25 22:14:22	1.60	14.90
2501001	2501001	2018-11-25 22:15:22	0.00	18.00
2501001	2501001	2018-11-25 22:16:22	2.40	20.40

图 4－20　雨量计接口自测试结果

2. 土壤水分传感器接口测试

将土壤水分传感器插入被测土壤中，并按照接线要求连接多模通信单元，通过相被测土壤中导入少量清水，模拟土壤含水率变化，再通过控制中心接收解析多模通信单元上报的土壤含水率变化情况，验证多模通信单元与土壤水分传感器接口的正确性。测试结果如图 4－21 所示。从图中可以看到，控制中心可以正确接收并解析多模通信单元上报的土壤含水率数据，并且随着土壤含水率的增加，上报的数据也发生了变化，证明土壤水分传感器接口设计正确、工作正常。

	发送设备SN	数据设备SN	时间	含水率/%
▶	2501001	2501001	2018-11-25 22:05:22	10.25
	2501001	2501001	2018-11-25 22:06:22	10.25
	2501001	2501001	2018-11-25 22:07:22	10.27
	2501001	2501001	2018-11-25 22:08:22	10.27
	2501001	2501001	2018-11-25 22:09:22	10.27
	2501001	2501001	2018-11-25 22:10:22	10.27

图 4－21　土壤含水率计接口自测试结果

3. 断线传感器接口测试

将多模通信单元与断线传感器相连，通过控制中心接收解析多模通信单元上报的传感器电压，验证多模通信单元与断线传感器接口的正确性。测试结果如图 4－22 所示。从图中可以看出，控制中心可以正确接收并解析多模通信单元上报的断线传感器电压，证明断线传感器接口设计正确、工作正常。

	发送设备SN	数据设备SN	时间	断线状态	传感器电压/V
	2501002	2501002	2018-11-25 22:50:21	闭合	12.0
	2501002	2501002	2018-11-25 22:50:51	闭合	12.0
	2501002	2501002	2018-11-25 22:51:21	闭合	12.0
	2501002	2501002	2018-11-25 22:51:51	闭合	12.0
	2501002	2501002	2018-11-25 22:52:21	闭合	12.0
	2501002	2501002	2018-11-25 22:52:51	闭合	12.0
	2501002	2501002	2018-11-25 22:53:21	闭合	12.0
	2501002	2501002	2018-11-25 22:53:51	闭合	12.0
	2501002	2501002	2018-11-25 22:54:21	闭合	12.0
	2501002	2501002	2018-11-25 22:54:51	闭合	12.0
	2501002	2501002	2018-11-25 22:55:21	闭合	12.0

图 4－22　断线传感器接口自测试结果

4. 泥石流监测雷达接口测试

多模通信单元与泥石流监测的接口测试包含三个部分，分别是接口匹配性初测、雷达接口远程联试和雷达接口外场联试。

雷达接口匹配性初测：包括雷达供电、控制接口正确性测试，雷达数据包接收与解析正确性测试以及雷达报警数据接收与解析正确性测试。

通过第一次联试可以实现雷达的正常工作，以及雷达与多模通信单元程序的数据对接，能够上报心跳数据以及目标报警数据，数据级别为 03/0A/0B（目标发现预警级别/预报警级别/警报级别）。由于接口匹配性初测在室内环境下开展，模拟目标不能满足泥石流报警真实情况，所以在报警测试时仅出现了03/0A（目标发现预警级别/预报警级别）两个报警级别，没有出现0B（触发泥石流）级别的报警信息，雷达属于工作正常。与多模通信单元程序数据交换正常。测试结果如图4－23所示。

图4－23　雷达接口匹配性初测报警数据

雷达接口远程联试：通过云端数据库将泥石流监测雷达与中心控制模块互联，并在互联网端实现与泥石流监测雷达的远程联调。联调内容主要包括雷达IP地址修正后的连通性测试，数据格式调整后的接口协议匹配性与数据解析正确性测试以及雷达心跳包和数据端口合二为一的设计正确性与接口匹配性验证测试。

通过测试证明雷达发送的报警数据能够被正确接收和解析，测试结果如图4－24所示。在设定的轮询时间内接收到雷达发来的心跳信号。

雷达接口外场联试：在第二次联调的基础上，验证：①中心控制单元可以正确接收并解析上述雷达发送的数据；②中心控制单元可以通过通信模块正确发送雷达数据至控制中心；③中心控制单元收发雷达的告警数据，不存在丢包，无误差。

本轮联试中，通过监测人体定向移动产生距离差，触发泥石流监测雷达报警位移的阈值而产生报警，并把泥石流监测雷达上报的数据与其模拟器直接采的数据做一致性比对分析，结果一致。测试结果如图4－25所示。

5. 泥石流监测视频传感器接口测试

泥石流监测视频传感器原理是当球机摄像头捕捉到靶标的偏移量，通过工控机的处理，把偏移图像发送给全网通多模通信单元的数据接收模块，然后通过全网通多模通信单元的通信网络，把报警数据发给送控制中心，其系统框架图如图4－26所示。

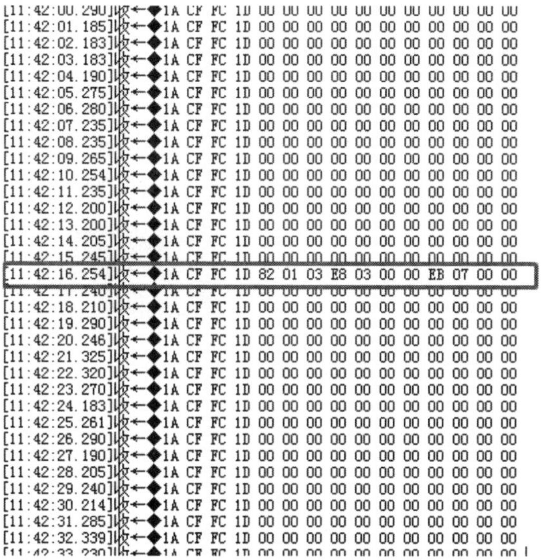

```
[11:42:00.290]收←◆1A CF FC 1D 00 00 00 00 00 00 00 00 00 00 00
[11:42:01.185]收←◆1A CF FC 1D 00 00 00 00 00 00 00 00 00 00 00
[11:42:02.183]收←◆1A CF FC 1D 00 00 00 00 00 00 00 00 00 00 00
[11:42:03.183]收←◆1A CF FC 1D 00 00 00 00 00 00 00 00 00 00 00
[11:42:04.190]收←◆1A CF FC 1D 00 00 00 00 00 00 00 00 00 00 00
[11:42:05.275]收←◆1A CF FC 1D 00 00 00 00 00 00 00 00 00 00 00
[11:42:06.280]收←◆1A CF FC 1D 00 00 00 00 00 00 00 00 00 00 00
[11:42:07.235]收←◆1A CF FC 1D 00 00 00 00 00 00 00 00 00 00 00
[11:42:08.235]收←◆1A CF FC 1D 00 00 00 00 00 00 00 00 00 00 00
[11:42:09.265]收←◆1A CF FC 1D 00 00 00 00 00 00 00 00 00 00 00
[11:42:10.254]收←◆1A CF FC 1D 00 00 00 00 00 00 00 00 00 00 00
[11:42:11.235]收←◆1A CF FC 1D 00 00 00 00 00 00 00 00 00 00 00
[11:42:12.200]收←◆1A CF FC 1D 00 00 00 00 00 00 00 00 00 00 00
[11:42:13.200]收←◆1A CF FC 1D 00 00 00 00 00 00 00 00 00 00 00
[11:42:14.205]收←◆1A CF FC 1D 00 00 00 00 00 00 00 00 00 00 00
[11:42:15.245]收←◆1A CF FC 1D 00 00 00 00 00 00 00 00 00 00 00
[11:42:16.254]收←◆1A CF FC 1D 82 01 03 E8 03 00 00 EB 07 00 00
[11:42:17.240]收←◆1A CF FC 1D 00 00 00 00 00 00 00 00 00 00 00
[11:42:18.210]收←◆1A CF FC 1D 00 00 00 00 00 00 00 00 00 00 00
[11:42:19.290]收←◆1A CF FC 1D 00 00 00 00 00 00 00 00 00 00 00
[11:42:20.246]收←◆1A CF FC 1D 00 00 00 00 00 00 00 00 00 00 00
[11:42:21.325]收←◆1A CF FC 1D 00 00 00 00 00 00 00 00 00 00 00
[11:42:22.320]收←◆1A CF FC 1D 00 00 00 00 00 00 00 00 00 00 00
[11:42:23.270]收←◆1A CF FC 1D 00 00 00 00 00 00 00 00 00 00 00
[11:42:24.183]收←◆1A CF FC 1D 00 00 00 00 00 00 00 00 00 00 00
[11:42:25.261]收←◆1A CF FC 1D 00 00 00 00 00 00 00 00 00 00 00
[11:42:26.290]收←◆1A CF FC 1D 00 00 00 00 00 00 00 00 00 00 00
[11:42:27.190]收←◆1A CF FC 1D 00 00 00 00 00 00 00 00 00 00 00
[11:42:28.205]收←◆1A CF FC 1D 00 00 00 00 00 00 00 00 00 00 00
[11:42:29.240]收←◆1A CF FC 1D 00 00 00 00 00 00 00 00 00 00 00
[11:42:30.214]收←◆1A CF FC 1D 00 00 00 00 00 00 00 00 00 00 00
[11:42:31.285]收←◆1A CF FC 1D 00 00 00 00 00 00 00 00 00 00 00
[11:42:32.339]收←◆1A CF FC 1D 00 00 00 00 00 00 00 00 00 00 00
[11:42:33.230]收←◆1A CF FC 1D 00 00 00 00 00 00 00 00 00 00 00
```

图 4－24　雷达接口远程联试报警数据

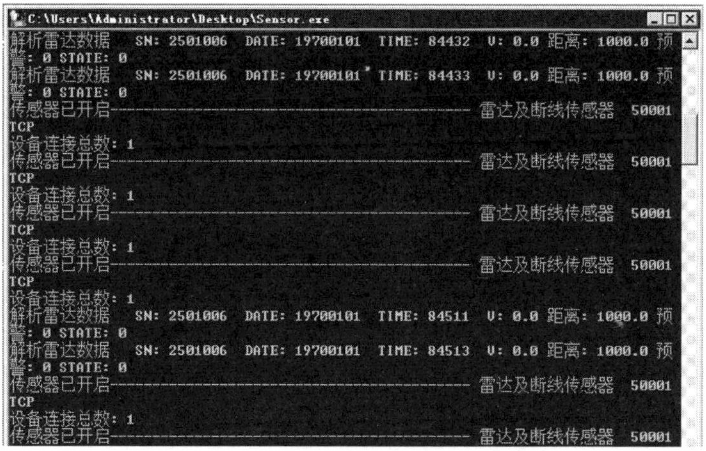

```
C:\Users\Administrator\Desktop\Sensor.exe
解析雷达数据   SN: 2501006  DATE: 19700101  TIME: 84432  V: 0.0 距离: 1000.0 预警: 0 STATE: 0
解析雷达数据   SN: 2501006  DATE: 19700101  TIME: 84433  V: 0.0 距离: 1000.0 预警: 0 STATE: 0
传感器已开启------------------------------------ 雷达及断线传感器  50001
TCP
设备连接总数: 1
传感器已开启------------------------------------ 雷达及断线传感器  50001
TCP
设备连接总数: 1
传感器已开启------------------------------------ 雷达及断线传感器  50001
TCP
设备连接总数: 1
传感器已开启------------------------------------ 雷达及断线传感器  50001
TCP
设备连接总数: 1
解析雷达数据   SN: 2501006  DATE: 19700101  TIME: 84511  V: 0.0 距离: 1000.0 预警: 0 STATE: 0
解析雷达数据   SN: 2501006  DATE: 19700101  TIME: 84513  V: 0.0 距离: 1000.0 预警: 0 STATE: 0
传感器已开启------------------------------------ 雷达及断线传感器  50001
TCP
设备连接总数: 1
传感器已开启------------------------------------ 雷达及断线传感器  50001
```

图 4－25　控制中心显示雷达报警数据

其中，可见光系统独立供电，与全网通多模通信单元通过网络进行连接，与多模通信单元之间只进行数据传输。

在林芝市波密县培龙沟完成了全网通多模通信单元与泥石流监测视频传感器的现场安装调试，控制中心可以收到可见光系统的报警图片，并且为了能让控制中心可以知晓当前可见光系统是否工作正常，在可见光系统遥测包中增加了心跳信号的内容，如图 4－27 所示。

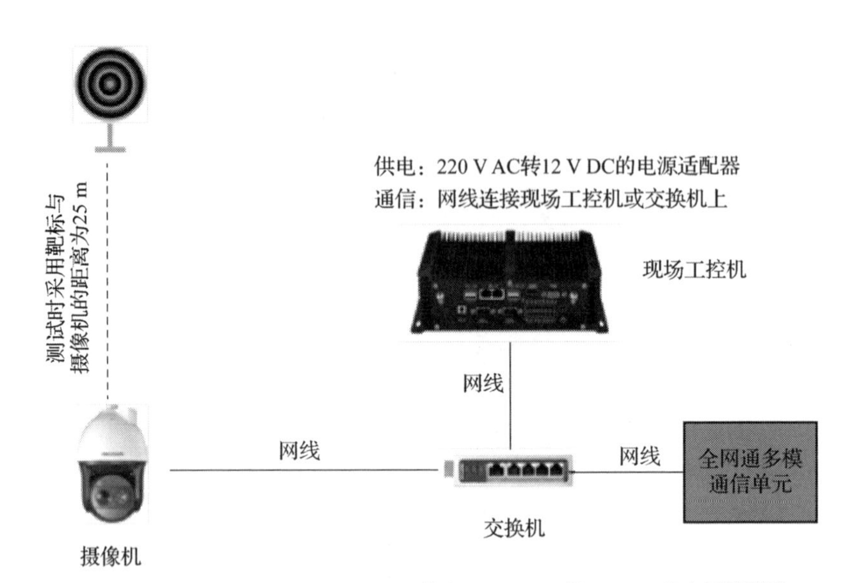

图 4－26　可见光系统框架图

设备SN3501004 可见光 上报类别: 设备状态上报 设备状态:设备故障 上报时间:2020-07-26 17:52:31	2020-07-26 17:53:00
设备SN3501004 可见光 上报类别: 设备状态上报 设备状态:设备心跳 上报时间:2020-07-26 17:52:22	2020-07-26 17:52:51
设备SN3501004 可见光 上报类别: 设备状态上报 设备状态:设备故障 上报时间:2020-07-26 17:52:15	2020-07-26 17:52:45

图 4－27　可见光系统心跳包数据

4.5.4　系统远程升级

系统远程升级测试时，首先选中多模通信单元设备，单击“指令发布”，在弹出的对话框中，在下发指令中选择“设备软件升级”。多模通信单元接收到升级指令后，将会接收升级软件包，并在完成接收后开启软件升级，升级完毕后返回升级成功遥测信息。控制中心收到多模通信单元设备返回的升级成功遥测信息后，在控制中心软件显示“升级成功!”的日志。测试结果如图 4－28 所示。

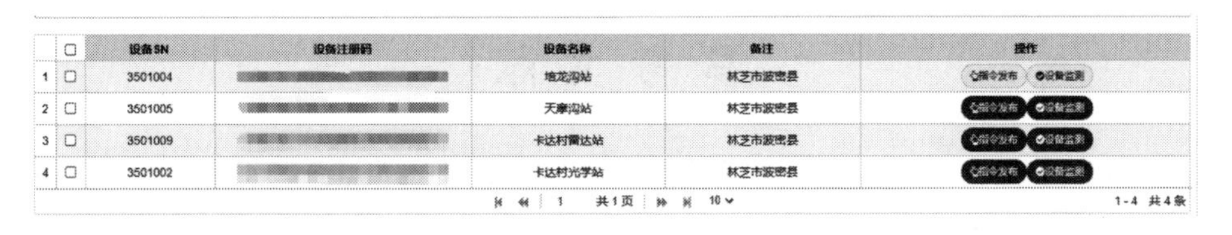

图 4－28　系统远程升级测试结果

4.6　本章小结

本章介绍了目前主流的自主健康管理技术，结合泥石流监测预计系统的实际特点，提出了适用于实际布设环境场景的自主健康管理技术和遥测遥控技术。通过对敏感参数的提取和判断，系统可实现自主地对故障模块或组件的屏蔽，通信信道自主选择，整体系统健康状态和软件运行状态监控等功能，并可以将这些健康信息上报至后方控制中心，也可通过管理员的操作对系统设备进行关断、切换及软件远程升级等工作。未来引入人工智能或机器学习等新技术后，自主健康管理技术将有更强的自主性和可靠性，使长时间无人维护成为可能。

参考文献

[1] 孔学东，恩云飞．电子产品故障预测与健康管理［M］．北京：电子工业出版社，2013.
[2] MITCHELL T M. 机器学习［M］．曾华军，译．北京：机械工业出版社，2008.
[3] 景博，黄以锋，张建业．航空电子系统故障预测与健康管理技术现状与发展［J］．空军工程大学学报，2010，11（6）：1－6.
[4] 袁慎芳．结构健康监控［M］．北京：国防工业出版社，2007.

第5章 泥石流监测预警供电系统设计技术

5.1 引言

电能是各种仪器设备运转的直接动力，特别是在远离人烟、地质环境复杂、气候条件恶劣、长期多雨无光照、无法从电网中获得稳定供电的地区，地质灾害监测预警系统对电源的可靠、稳定供给需求更加迫切。野外地质灾害监测时需要根据外部的环境针对性地敷设相关监测设备，但其通常位于偏远的山区，环境恶劣，无正常的市电供给，且灾害发生前一段时间就是气候条件最为恶劣的季节，不但影响监测系统获取能源，而且还可能导致设备自身损害，对其可靠性也提出更为苛刻的要求。本章首先介绍常用的自供电、储能与调节技术，并对比分析了发电、储能及其调节技术的优缺点，在此基础上，针对泥石流监测的环境特点，开展了针对性供电设计，并提供了应用参考。

5.2 常用的供电技术

能源的产生、存储和调节是供电系统的基础，只有厘清其不同部分的工作原理、适用范围、优缺点等特性，并进行合理的设计，才能针对泥石流监测预警需求，给出最优的供电系统方案。

5.2.1 常用的自供电技术

目前的自供给发电多采用清洁的可再生能源，如太阳能、风能、水能、生物质能、地热能等，相比于化石能源，可有效减少二氧化碳的排放量，经济环保。此外，这类发电方式，就近向负载供电，减少了电缆的长度和电缆传输的损耗，降低了电缆遭受环境破坏而损坏的风险，实现了快速建设、低成本、可靠供电的目的。

1. 太阳能供电技术

太阳能来源于太阳内部核聚变反应，通过太阳光以电磁波形式将能量辐射到地球，据估算每年地表吸收的太阳能大约相当于 17 万亿吨标准煤的能量，仅占太阳辐射总能量的 22 亿分之一，开发利用前景十分广阔。

我国是世界上太阳能资源比较丰富的国家，到达我国陆地表面的太阳辐射的功率约为 1.68×10^3 TW，水平面平均辐照度约为 175 W/m^2，高于全球平均水平。根据 2009—2019 年的统计数据，全国陆地表面平均年水平面总辐射量为 1 492.5 kWh/m^2，如图 5－1 所示。但是太阳能资源地区性差异较大，总体上呈现高原、少雨干燥地区大，平原、多雨高湿地区小的特点。其中甘肃西部、内蒙古西部、青海北部、西藏中西部的太阳能资源最丰富，年水平面总辐射量超过 1 750 kWh/m^2；新疆大部、内蒙古大部、甘肃大部、宁夏、陕西北部、山西北部、河北中北部、青海东部、西藏东部、西藏东部、四川西部、云南大部、海南等资源很丰富，年水平面总辐射量在 1 400～1 750 kWh/m^2 之间；东北大部、华北南部、黄淮、江淮、江汉、江南及华南大部的总辐射量在 1 050～1 400 kWh/m^2 之间，太阳能资源丰富；重庆、贵州中东部、湖南西北部及湖北西南部地区的辐射量不足 1 050 kWh/m^2，为太阳能资源一般地区。同时，由于我国地形复杂，海拔高低不同，不同地区气候差异较大，导致各地的光照条件、光照时间也各不相同，表 5－1 统计了我国主要城市年平均光照时间。

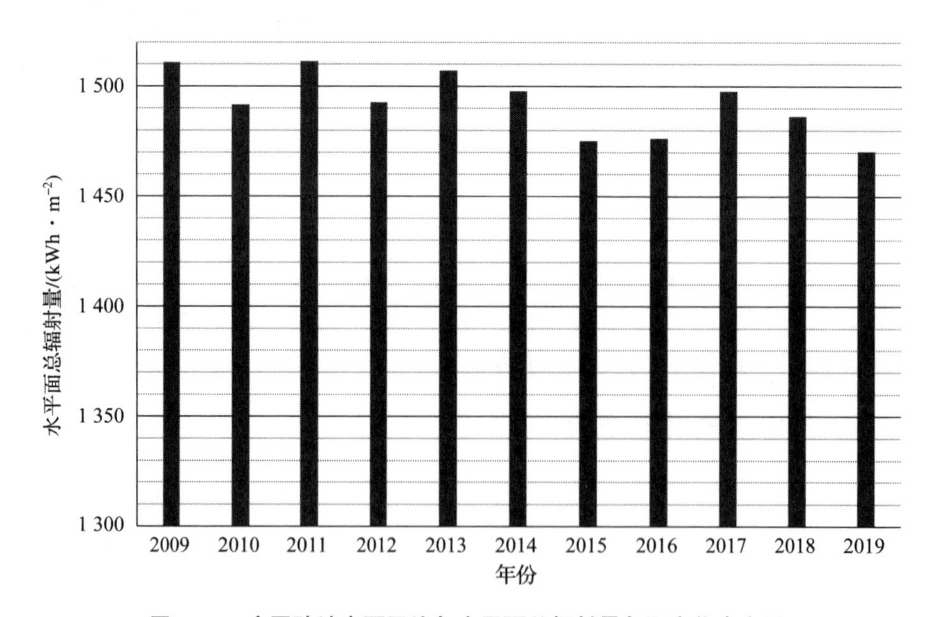

图 5－1　全国陆地表面平均年水平面总辐射量年际变化直方图

表5-1 我国主要城市年平均光照时间

城市	年平均日照时间/h	城市	年平均日照时间/h
哈尔滨	4.4	杭州	3.42
长春	4.8	南昌	3.81
沈阳	4.6	福州	3.46
北京	5	济南	4.44
天津	4.65	郑州	4.04
呼和浩特	5.6	武汉	3.80
太原	4.8	长沙	3.22
乌鲁木齐	4.6	广州	3.52
西宁	5.5	海口	3.75
兰州	4.4	南宁	3.54
银川	5.5	成都	2.87
西安	3.6	贵阳	2.84
上海	3.8	昆明	4.26
南京	3.94	拉萨	6.7
合肥	3.69	九寨沟	4.4

太阳能发电技术主要包括两种类型，分别是太阳能光伏发电和太阳能热发电。太阳能光伏发电主要是利用光伏电池这种半导体材料的光生伏特效应将光能直接转换成电能。光伏发电基本不受地理环境约束，具有结构简单、体积小，易安装、易运输、建设周期短、容易启动、维护简单、随时使用、地点选择灵活、绿色环保、安全清洁、无噪声等优点。但是，太阳能光伏发电易受气候条件影响，并且建设初期成本较高。太阳能热发电主要是通过聚集太阳辐射的能量，将热能转变成高温蒸汽驱动蒸汽轮机进行发电，也叫聚光式发电。其所需场地、规模较大，一般进行集中式、大规模的布置，以实现大容量、高效率的发电。

2. 风能供电技术

风是地球表面上的大气受到太阳辐射而引起的部分空气的流动，是太阳能的一种转化形式。太阳辐射到地球的能量中大约20%转变成为风能，作为一种蕴量巨大的清洁可再生能源受到世界各国的广泛重视。目前通过风能所转换的电能占全世界电能使用量的4%，其资源利用主要集中在风力发电、风帆助航、风力提水、风力制热四个方面。

与世界其他国家相比，中国属于风能资源丰富的国家之一，仅次于俄罗斯和美国，居世界第三位。据第三次全国风能资源评价的气象数据统计，评价结果为全国 10 m 高度层风能资源总储量 42.65 亿 kW，技术可开发量 2.97 亿 kW，面积约 20 万 km^2，潜在技术可开发量为 0.78 亿 kW。若扩展到 70 m 以上高度，风能资源将至少提高 1 倍。我国的风能资源主要集中在东南沿海及附近岛屿、内蒙古和甘肃走廊、东北、华北、西北和青藏高原等部分地区，每年风速在 3 m/s 以上的时间 4 000 小时左右，一些地区年平均风速可到 6 ~7 m/s 以上，具有很大的开发利用价值。

风吹动叶轮使风机转动，将空气的动能转变成风机的机械能，通过传动轴带动发电机，将机械能最终转变成电能，这就是风力发电。依据目前的风机技术，大约达到 3 m/s（微风的程度）便可发电。但叶轮的转速较低，而且风力的大小和方向经常发生变化，导致转速不够稳定，需要附加一个齿轮变速箱、调速结构确保发电机的转速稳定，增加了维护成本。

3. 水能供电技术

水能是太阳能辐射到地球而形成的另外一种能源形式，其发电与风能发电较为类似。水的落差在重力作用下形成动能，冲击水轮机使其旋转，从而使水的动能转化为机械能，然后再由水轮机通过带动发电机旋转，最终实现由机械能到电能的转换。水能具有成本低、无污染等优点，但其获取受季节、气候以及地貌等自然条件影响较大，只适应于水能资源丰富的地区。我国河川水能资源丰富，占据世界首位，但分布很不均匀，大部分集中在西南地区，其次在中南地区，经济发达的东部沿海地区的水能资源较少。

4. 生物质能供电技术

生物质能是太阳能的一种表现形式，其直接或间接来源于绿色植物的光合作用。利用生物质能进行发电，主要以农业、林业、工业废弃物、垃圾等为原料，将其转化为可驱动发电机的能量形式（如燃气、燃油、酒精等），再按照通用的发电技术发电。但其使用起来较为复杂，首先生物质能转化设备需要安全可靠且维修保养方便，其次所利用的原料必须具有足够数量的储存，以保证持续供应。因此其不适合处于长期无人值守的环境下使用。

5. 地热能供电技术

地热能是地球深处的可再生热能，其来源于地球内部熔融岩浆和放射性物质的衰变。目前地热能基本上都是通过地热能发电进行转化的，利用地下热水和蒸汽进行发电，原理与火力发电类似，只是不需要燃料和锅炉。但其只能布置于特定地质环境下，且前期的布置成本较高，后期还需要人工进行维护，使用起来局限性较高。

6. 小结

水能、生物能、地热能等发电方式，局限于地理位置环境，使其无法实现任意地点的布置，且还需人工进行不定期的维护，导致其无法在野外地质灾害监测点进行使用。风能发电虽然位置局限性弱于上述发电方式，但其发电的随机性和不确定性较强，导致储能电源设备需求过大，且其对于安装的位置及高度要求较高，使用场景相对受限。太阳能发电基本不受地理环境约束，具有地点选择灵活、建设规模自由、安装快速便捷、维护简单、绿色环保、安全清洁，可快速扩容维修等优点，虽然其发电也具有间歇性及波动性，但其在一定周期内可控，无疑是野外地质灾害环境下的最佳供电来源。

5.2.2　常用的储能技术

太阳能、风能等自供电技术，由于存在发电的间歇性、波动性，无法确保长时间、稳定可靠的能量供给，为此需要将储能技术与自发电技术相结合，利用储能体的削峰填谷的特性，既可实现不间断的供电，又可提高供电质量。

储能技术从能量转换角度看，可分为化学储能、物理储能、电磁储能以及相变储能等几种类型。其中化学储能是目前发展最为迅速且应用最为广泛的一项储能技术，主要指各种类型的储能电池，如铅酸、镉镍、氢镍、锂离子等电池。物理储能包括抽水储能、飞轮储能等类型。电磁储能包括超导储能、超级电容储能等。

考虑到野外地质灾害监测站的建设难度、维护成本、经济成本及工作要求，化学储能电池无疑最为合适，下面简单介绍一下常用的化学储能技术。

1. 铅酸电池

铅酸电池是一种电极主要由铅及其氧化物制成，电解液是硫酸溶液的电池。放电状态下，正级主要成分是二氧化铅，负载主要成分是铅。充电状态下，正负极主要成分是硫酸铅。其电极反应方程式为

$$PbO_2 + 2H_2SO_4 + Pb \underset{\text{充电}}{\overset{\text{放电}}{\rightleftharpoons}} 2PbSO_4 + 2H_2O \tag{5-1}$$

铅酸电池无记忆效应，但其使用不当易导致容量减少，其原因主要是蓄电池硫化、失水和过放。硫化是指在蓄电池内极板表面的硫酸铅在充电后依然未被转化成活性物质，而逐渐形成的一层白色坚硬的结晶体。失水是指充

电末期或过充条件下，充电电流被用来分解水，此时正极产生氧气、负极产生氢气，造成电解液减少。过放电将蓄电池硫化，从而导致容量降低。因此，应严格按照蓄电池类型及其使用说明开展使用，避免误用导致容量损失。

2. 镉镍电池

镉镍电池的正极由氢氧化亚镍和石墨粉制成，负极材料为海绵网筛状镉粉和氧化镉粉，电解液通常为氢氧化钠或氢氧化钾溶液。其电极反应方程式为

$$2NiOOH + Cd + 2H_2O \underset{\text{充电}}{\overset{\text{放电}}{\rightleftharpoons}} 2Ni(OH)_2 + Cd(OH)_2 \tag{5-2}$$

镉镍电池具有记忆效应，在部分放电后，氢氧化亚镍没有完全转化为氢氧化镍，剩余的氢氧化亚镍将结合在一起，形成较大的晶体，从而造成记忆效应。镉镍电池过放电时，在镍电极上产生氢气，由于蓄电池内部活性物质消耗氢气的能力有限，氢气压力会逐渐增加，因此镉镍蓄电池应严防过放电，避免蓄电池过早失效。镉镍电池过充电时，由于充电电能转化为热能，蓄电池温度急剧升高，因此镉镍电池也应防止过充电。

3. 镍氢电池

镍氢电池正极活性物质为 $Ni(OH)_2$，负极活性物质为金属氢化物，电解液为具有一定浓度的 KOH 水溶液。其电极反应方程式为

$$2NiOOH + H_2 \underset{\text{充电}}{\overset{\text{放电}}{\rightleftharpoons}} 2Ni(OH)_2 \tag{5-3}$$

镍氢电池能量密度高，循环寿命长，安全可靠无污染，耐过充过放能力强。但自放电率大，长期存储时需要间断地进行充电维护。

4. 锂离子电池

锂离子电池的基本概念始于 20 世纪 70 年代提出的摇椅式电池，锂离子电池的充放电是通过锂离子在正负极之间来回转移实现的，人们根据锂离子的这种来回穿梭现象形象地将锂离子电池命名为“摇椅式电池”（rocking chair battery）或者“摇摆电池”（swing battery）。常见的锂离子电池主要由正极、负极、隔膜、电解液、外壳以及各种绝缘、安全装置组成。正极一般为锂嵌入化合物，常用的材料有 $LiCoO_2$、$LiMn_2O_4$、$LiNiO_2$、$LiFePO_4$、$LiNi_{1/3}Mn_{1/3}Co_{1/3}O_2$等；负极一般为可以发生可逆的脱锂和嵌锂，且氧化还原电位尽可能低的材料，常用的负极材料有石墨、MCMB、硅基负极材料、锡基负极材料、钛氧基化合物负极材料和复合负极材料等。

锂离子电池具有高比能量、高电压、无记忆效应等特性，但其比较娇气，不能过充过放，且对工作温度较为苛刻。

5. 小结

将上述各类电池的典型性能参数进行对比，其结果如表5－2所示。

表5－2　常用蓄电池性能对比

项目	铅酸电池	镉镍电池	镍氢电池	锂离子电池
工作电压/V	2.0	1.2	1.25	3.6
比能量/($Wh \cdot kg^{-1}$)	30～45	50～70	65～80	130～180
体积比能量/($Wh \cdot L^{-1}$)	60～80	140～160	90～110	>350
循环寿命/次	500～1 500	2 500	500～1 000	1 000～10 000
每月自放电率/%	4～5	5～20	30～35	<3
记忆效应	无	有	有	无
安全性	好	好	较好	差

比较表5－2中四种电池，镉镍、镍氢电池具有工作电压稳定的特点，而铅酸、锂离子电池工作电压随着放电深度的增加呈下降趋势；比能量方面，铅酸、镉镍、镍氢电池比能量较小，为40～60 Wh/kg，而锂离子蓄电池比能量为前者的2～3倍，另外镉镍、镍氢电池自放电率较高，且有记忆效应，而铅酸、锂离子电池自放电率低，且无记忆效应，因此电性能方面优于镉镍、镍氢蓄电池，但安全性方面，锂离子电池显著低于其他者。性价比方面，铅酸>镉镍>镍氢>锂离子。

考虑到野外使用下对重量和体积的要求都相对宽松，铅酸电池的比能量、体积比能量低的缺点可以得到弥补，并且其由于价格便宜、技术成熟、可靠性高、性价比好等优点，广泛应用于各种通信基站、电力机车、太阳能电站等，也是泥石流监测点的最优储能选择。

5.2.3　常用的太阳能调节技术

太阳能调节技术是指将太阳电池将太阳能转化为电能后，通过调节设备实现对蓄电池充电的调节控制技术，作为供电系统的核心技术，决定着系统的经济成本、设计合理性、可靠性等多种性能。

1. 太阳电池板输出特性

太阳电池的输出特性具有非线性特征，其输出特性和光照强度、环境温度、遮挡条件和负载有很大的关系。图 5 - 2 和图 5 - 3 所示为光照和温度变化下的太阳电池阵输出曲线。

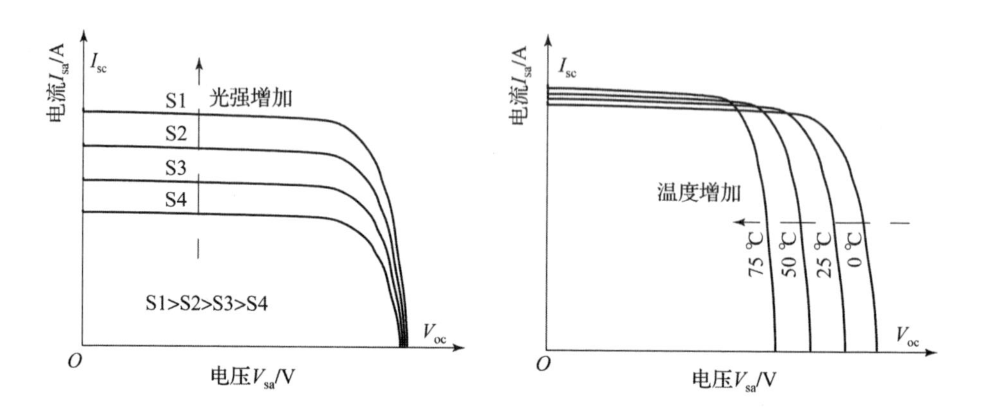

图 5 - 2　太阳电池板 I - V 曲线

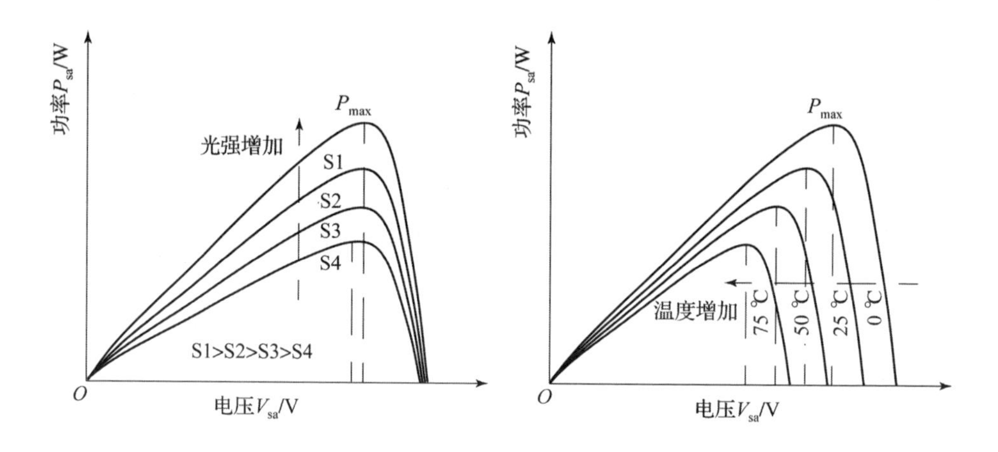

图 5 - 3　太阳电池板 P - V 曲线

可见，随着温度和光照条件的变化，太阳电池板的输出电压、电流以及输出功率也是变化的。在一定的光强和温度条件下，太阳电池可以工作在不同的输出电压，但只有在某一输出电压时它的输出功率最大，该点即为太阳电池阵的最大功率点。除此以外，在实际应用过程中，由于云层、树枝或者积雪的遮挡，太阳电池板的输出曲线也随之发生变化，可能导致出现多个峰值功率点的情况，但这些峰值功率点中只有一个是最大功率点。图 5 - 4 所示为其不同遮挡条件下的太阳电池阵曲线。

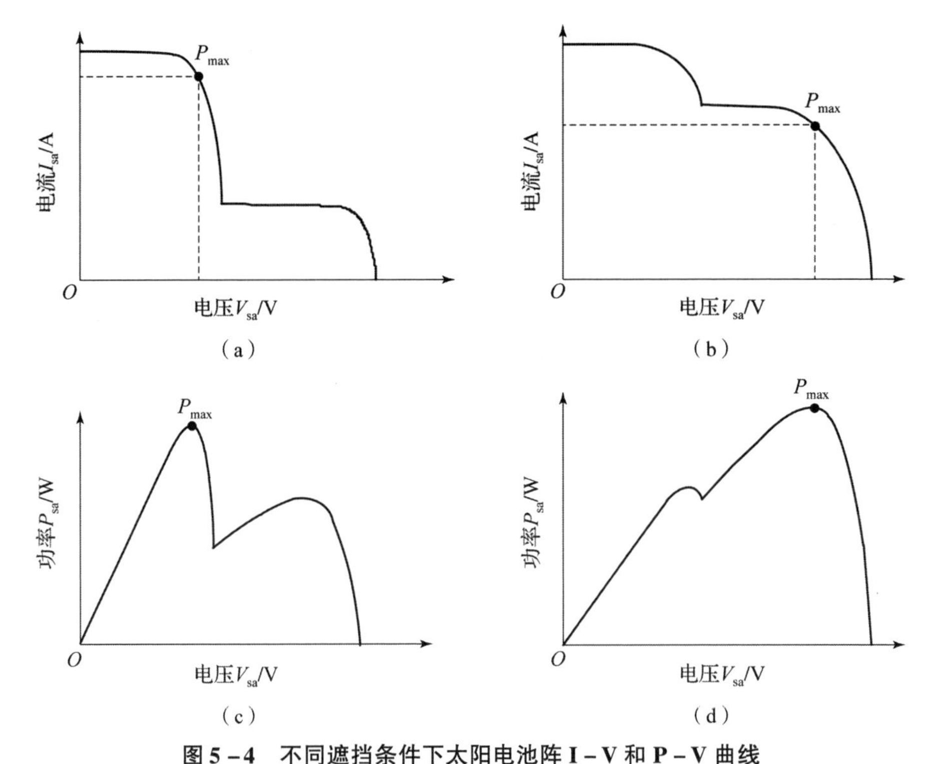

图 5－4　不同遮挡条件下太阳电池阵 I－V 和 P－V 曲线

（a）遮挡串联数较多下太阳电池阵地 I－V 曲线；（b）遮挡串联数较少下太阳电池阵地 I－V 曲线；
（c）遮挡串联数较多下太阳电池阵地 P－V 曲线；（d）遮挡串联数较少下太阳电池阵地 P－V 曲线

2. 太阳能调节技术简述

太阳能调节技术主要包括脉冲宽度（PWM）调节和最大功率点（MPPT）调节两种技术。

（1）PWM 调节技术：一种非常成熟的技术，一般太阳电池阵的电压都高于蓄电池电压，因此调节的 DC/DC 大多为降压型，通过调节 DC/DC 内开关管通断的占空比，从而实现对蓄电池的可控充电。但其控制参数一般是设定的，按照恒压、恒流和浮充的方式对蓄电池进行充电，不会由于外界环境的变化而改变，因而其对太阳电池组件的利用率有所减少，一般利用率为 80%以下。

（2）MPPT 调节技术：太阳电池片的 P－V 属性受光照、温度的影响而呈现单峰特性，因此在未遮挡情况下，必然存在一个最大功率点。PWM 技术为确保寿命期间能够正常调节输出，其通常留有较大的输入电压调节余量，导致其与最大功率点具有一定距离，太阳电池组件的利用率较低。MPPT 技术通过采集太阳电池组件的输入电压、输入电流，通过控制变化后，依靠调节 DC/DC 的占空比，使 DC/DC 的输入阻抗等于太阳电池板的输出阻抗，从而保证太阳电池板一直处于最大功率点处，其相比于 PWM 控制器可提升太阳电池组件 20%~30% 的利用率。

目前关于 MPPT 调节的方法很多，主要包括电压回授法（CVT）、开路电压法、短路电流法、功率回授法、扰动观测法（perturbation and observation）、占空比扰动法、电导增量法、三点相位法、最优梯度法、间歇扫描跟踪法、功率数学模型法、实际测算法、模糊逻辑法、神经网络法（NNP）等。下面简要介绍其有代表性的几种方法。

①电压回授法。早期对太阳电池阵输出功率控制主要采用电压回授法。太阳电池阵的伏安特性如图 5-5 所示，L 是负载特性曲线，当温度保持某一固定值时，在不同的光照强度下与伏安特性曲线的交点 a、b、c、d、e 对应于不同的工作点。人们发现阵列可能提供最大功率的那些点，如 a'、b'、c'、d'、e'点连起来几乎落在同一根垂直线的邻近两侧，这就有可能把最大功率点的轨迹线近似地看成电压 $U=\text{const}$ 的一根垂直线，亦即只要保持阵列的输出端电压 U 为常数，就可以大致保证阵列输出在该温度下的最大功率，于是最大功率点跟踪器可简化为一个稳压器。这种方法实际上是一种近似最大功率法。CVT 法具有控制简单、可靠性高、稳定性好、易于实现等优点，比一般光伏系统可望多获得 20% 的电能；但该跟踪方式忽略了温度对太阳电池开路电压的影响，以单晶硅电池为例，当环境温度每升高 10 ℃时，其开路电压的下降率为 0.35%~0.45%。这表明太阳电池最大功率点对应的电压 U 也随环境温度的变化而变化。对于四季温差较大的地区，CVT 控制方式并不能在所有的温度环境下完全地跟踪最大功率。

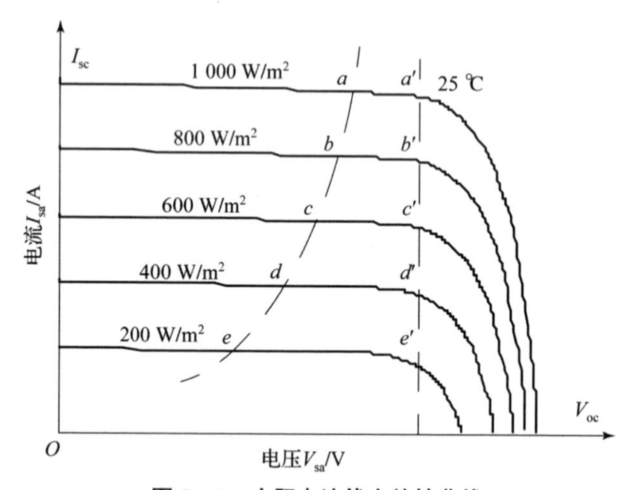

图 5-5 太阳电池伏安特性曲线

②扰动观测法。扰动观察法也称爬山法。其工作原理为测量当前阵列输出功率，然后在原输出电压上增加一个小电压分量扰动后，其输出功率会发

生改变，测量出改变后的功率，与改变前的功率进行比较，即可获知功率变化的方向。如果功率增大就继续使用原扰动，如果功率减小则改变原扰动方向。扰动观察法跟踪情况如图5－6所示。假设工作点在 U_1 处，太阳电池阵的输出功率为 P_1；如果使工作点移到 $U_2 = U_1 + \Delta U$，太阳电池阵地输出功率为 P_2；比较 P_2 与 P_1，因为 $P_2 > P_l$，说明输入信号差 ΔU 使输出功率变大，工作点位于最大功率 P_a 的左侧，增大电压，使工作点继续朝右侧即 P_a 的方向变化。如果工作点已越过 P_a，到达 U_4，此时若再增加 ΔU，则工作点到达 U_5，$P_5 < P_4$，说明工作点在 P_a 右侧，输入信号差 ΔU 使输出功率变小，需要改变输入信号的变化方向，即输入信号每次减去 ΔU，再比较现时功率与记忆功率，就这样周而复始地寻找最大功率点 P_a。

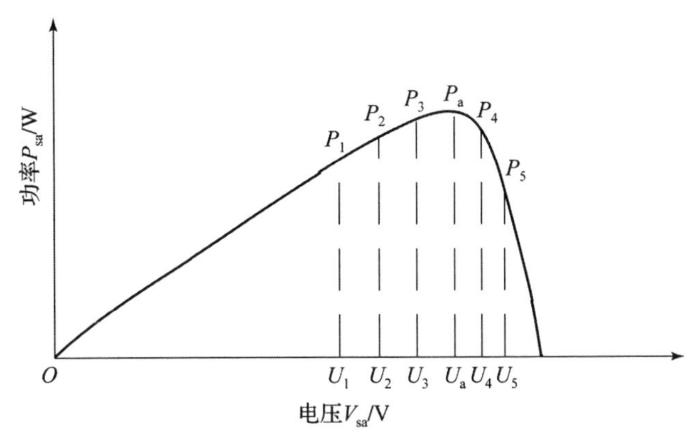

图5－6　扰动观察法跟踪情况

③神经网络法。在出现遮挡而多峰值情况下，常规的开路电压法、扰动观测法和电导增量法等因变化步长短，可能因陷入局部最大功率点而失效。对此，一种有效的解决方案是采用基于现代控理论的智能算法——神经网络法，其具有良好的非线性拟合能力，能够快速地实现多峰值的最大功率点跟踪。

神经网络法是利用神经网络结构来计算最大功率点的方法，通常有三层：输入层、隐藏层和输出层。每一层的节点是变化的，由用户决定。输入信号可以是光伏阵列的参数，如当前的开路电压、短路电流，或者外界环境的参数如光照强度和温度，也可以是上述参数的合成量。输出一般只有一个，即DC/DC的占空比，利用神经网络的自学习能力，在线计算输出当前最优的占空比，也即最大功率点处的工作电压，实现最大值跟踪。

为了精确获得光伏阵列最大功率点，必须经过神经网络训练确定权重。这种训练必须使用大量的输入输出样本数据，其训练过程将要花费较长的时间。通过训练，不仅可使输入输出的训练样本完全匹配，而且内插模式和一定数量的外插模式也能达到匹配，这是简单的查表功能所不能实现的，也是NNP算法的优点。但由于训练时间较长，且大部分太阳电池板都有各自的特性，导致神经网络法只适用于某一个已经测定好的太阳电池板，普遍性不强。

3. 小结

对上述两种调节技术进行对比，结果如表5－3所示。

表5－3　常用太阳电池阵调节方法对比

项目	PWM	MPPT
太阳电池组件利用率/%	70～80	≥90
成熟度	高	相对较低
成本	低	高
可靠性	高	相对较低
电压适应性	差	好

野外地质灾害监测的复杂环境下，太阳电池的布置及安全受限，采用基于MPPT调节方式的控制器无疑是最佳选择。同时随着通信技术的迅速发展，目前的MPPT控制器还加入了通信控制，可获取一段时间内的输入/出功率、输出电压、输出电流、工作时长、蓄电池温度等，并结合传感器获得相关参数，联合判断目前的状态，灵活调节充电过程并及时地开展维护。既确保太阳能功率的最大化转换，又对蓄电池的充放电管理进行了优化，确保系统的最优运行。

5.3　泥石流监测预警光伏供电系统设计

5.3.1　泥石流监测预警光伏供电系统需求分析

野外地质灾害主要包括泥石流、塌方、山体滑坡等，监测点为实现对相关灾害的监测，其针对相应的地质条件、气候条件进行设计。特别是泥石流地质灾害下，其长期的多雨天气，导致获取太阳能困难，对于采用光伏发电的供电系统提出了更加苛刻的要求。同时，野外环境下野生动物的存在，也对设备的安全性提出相应的要求，需进行架高、敷设防护网等措施，防止受到破坏。

太阳板布置时充分考虑光照角度，既要按照不同位置地区的纬度去调整最佳倾角，还要避免其被山体、树木遮挡。输出功率则既要保证正常情况下负载的长时间工作需求，又要保证在恶劣环境下负载间歇开机的工作需求。

蓄电池的容量则重点考虑雨季期多日无光照情况，并留有一定的余量。同时，考虑蓄电池布置时需要兼顾蓄电池的安全性和可维护性。电气调节设备选取上，既需要考虑与太阳电池组件、蓄电池组的兼容性，还需要考虑高湿度、易结露时气候条件下的稳定性，满足特殊环境下的使用要求。

5.3.2　泥石流监测预警光伏供电系统设计

泥石流监测预警光伏发电系统设计主要分两部分：一是光伏发电系统容量的设计，主要对太阳能电池阵列和蓄电池的容量、数量进行设计和计算，以满足用电需求并可靠工作；二是系统的配置及设计，对系统内其他主要部件及辅助设备的选型配置和设计计算，实现与前期容量设计的匹配。光伏发电系统的设计步骤及内容如图5－7所示。

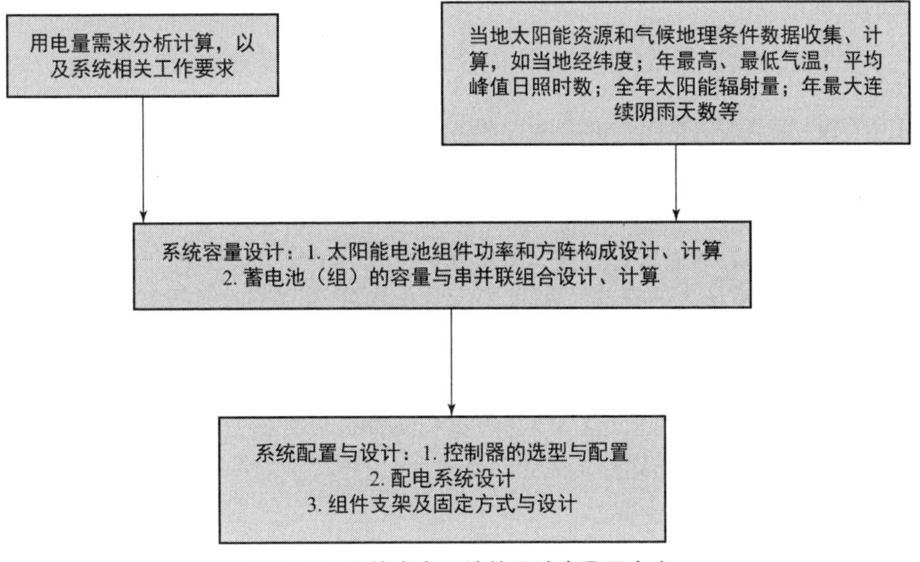

图5－7　光伏发电系统的设计步骤及内容

1. 太阳电池组件配置设计

太阳能电池方阵是根据负载的需求将多个电池组件串并联组合而成。串联得到所需工作电压，并联得到所需工作电流，串并联的数量决定输出功率。方阵所需的串联组件数量主要考虑控制器所能承受的输入电压，还需考虑温度变化以及线缆损耗等因素。一般带蓄电池的光伏发电系统方阵输出电压为蓄电池组标称电压的1.43倍。组件的并联数量则需考虑用电系统的负载功率、每天的工作时间、系统效率（包括变换器效率、线缆损耗、温度变化等）、布置点日平均光照时间、连续阴雨天富裕系数等。除此以外，还需考虑由控制器所能承受的电流或系统总共功率，若系统的功率大大超过控制器所能承受的功率，则考虑更换控制器或选择多个控制器并联。

综上所述，实际配置太阳电池组件容量为

$$P_{\text{total}} = (P_{\text{load}} \times T_{\text{load}} \times \theta) \div (\eta \times T_{\text{sun}}) \tag{5-4}$$

式中，P_{total}为实际配置太阳电池组件容量；P_{load}为负载功率；T_{load}为每日工作时间；θ为连续阴雨天富裕系数，一般取值为 1.2～2；η为系统效率；T_{sun}为日平均光照时间，其取值可根据地点参考表 5－1 中所列数值。

实际太阳电池组件串联数为

$$N_s = V_{\text{system}} \div V_{\text{solar}} \tag{5-5}$$

式中，N_s为实际太阳电池组件串联数；V_{system}为系统工作电压，还需考虑蓄电池的浮充电压、温度变化及线路损耗等，一般为蓄电池标称电压的 1.43 倍；V_{solar}为太阳电池组件的输出电压，一般取最大功率点电压，但还需考虑高温下的温度系数。

实际太阳电池组件并联数为

$$N_p = P_{\text{total}} \div P_{\text{solar}} \div N_s \tag{5-6}$$

式中，N_p为太阳电池组件并联数；P_{solar}为太阳电池组件输出最大功率。

例如，某光伏组件最大输出功率 160 W，最大工作电压 36.2 V，假设用户需求功率 30 W，每天工作 24 h，系统效率 0.85，日平均光照时间为 4 h，选用 DC24V 的直流系统，计算太阳电池组件设计方案。

首先根据系统电压需求计算太阳方阵地串联数，考虑电压富裕量，太阳能电池方阵的输出电压应增大为：$1.43 \times 24 = 34.32$ V，则组件的串联数为 $34.32 \div 36.2 = 1$ 块。再根据用户的需求计算实际配置太阳电池组件容量为 $30 \times 24 \times 1.2 \div 0.85 \div 4 = 254.1$ W，从而计算出并联组件个数为 $254.1 \div 160 = 2$ 块。故该系统应选择此种光伏功率组件为 1 串联、2 并联。

2. 蓄电池组配置设计

蓄电池组配置主要是串并联设计，串联数主要是考虑系统电压，一般系统电压与蓄电池标称电压相对应或设计成整数倍，如 12 V、24 V、36 V、48 V、110 V、220 V 等。并联数需要考虑的主要因素有储能设备自给供电时间、最大储能要求、放电深度、使用寿命以及其他影响因素的修正计算等。

光伏发电系统中储能设备的自给时间是指无太阳发电输入时，储能设备自身能够维持系统正常运行，保证供电连续性的时间。设计时引用一个气象条件参数：当地最大连续阴雨天数。当负载本身可以接受一定程度的电源供给不足时，储能设备的自供给时间要求较松，可以稍短一些，否则就要苛刻一些。同时，考虑到维护人员前去现场的维护救援时间，故蓄电池需采用容量大一点的蓄电池，以确保系统的可靠性。

蓄电池的使用寿命和放电深度存在着因果关系。过放电则会损坏蓄电池，因此需对最大允许放电深度进行考虑。深循环蓄电池的最大允许放电深度一般为 80%，浅循环蓄电池的最大允许放电深度只为 50%。实际使用中一般减小最大放电深度以延长蓄电池的使用寿命、减少维护费用，并增强系统的应急能力。

还需考虑环境因素以及储能设备性能参数影响，对蓄电池的容量设计进行修正。比如蓄电池的容量与放电倍率、温度有关。放电倍率低，蓄电池容量高；放电倍率高，蓄电池容量低。温度低，蓄电池放电容量降低；温度高，蓄电池放电容量升。

综上所述，

实际配置蓄电池容量为

$$Q_{total} = (Q_{load} \times T_{work} \times \theta_{bat}) \div (DOD_{max} \times \theta_{tem}) \tag{5-7}$$

式中，Q_{total}为实际配置蓄电池容量；Q_{load}为负载日平均电量；T_{work}为系统要求自给时间；θ_{bat}为放电率修正系数；DOD_{max}为最大放电深度；θ_{tem}为温度修正系数。

串联蓄电池个数为

$$Nbat - s = V_{system} \div V_{bat} \tag{5-8}$$

式中，$Nbat - s$ 为蓄电池串联数；V_{system}为系统工作电压；V_{bat}为蓄电池额定输出电压。

并联蓄电池个数为

$$N_{bat-p} = Q_{total} \div Q_{bat} \div N_{bat-s} \tag{5-9}$$

式中，N_{bat-p}为蓄电池并联数；Q_{bat}为蓄电池额定容量。

例如，某直流光伏发电系统，负载工作电压 24 V，负载工作电流为 2 A，每天工作时间为 24 h。已知该地区最低气温为 -20 ℃，最大阴雨天数为 7 天，采用深循环电池，要求计算该系统蓄电池组容量及串并联个数。

由需求可知，最大放电深度系数为 0.8，低温修正系数查询厂商的资料为 0.7。

平均放电率 = 7 × 24 ÷ 0.8 = 210 小时率

210 小时率属于慢放电率，根据厂商提供的资料可查出该电池在 210 小时率时的蓄电池容量进行修正，也可根据经验进行估算，修正系数为 0.88，代入公式计算。

实际需求蓄电池组容量 = (2 × 24 × 7 × 0.88) ÷ (0.8 × 0.7) = 528 Ah

选择 2 V/600 Ah 蓄电池，则

蓄电池串联个数 = 24 V ÷ 2 V = 12(个)

蓄电池并联个数 = 528 Ah ÷ 600 Ah = 0.88 = 1(个)

根据以上计算可知，设计需要 12 块 2 V、600 Ah 型号的蓄电池，采用 12

块电池串联即可满足要求。

5.4 泥石流监测站供配电系统应用实例

5.4.1 实际需求

示范安装区域位于西藏南部的雅鲁藏布江谷地的林芝地区波密县境内，纬度为29°21′~30°40′之间。最高海拔6 648 m，最低海拔2 001.4 m，属于热带、亚热带、温带及寒带气候并存的多种气候带，其中海拔2 700 m以下属亚热带气候，2 700~4 200 m属高原温暖半湿润气候，4 200 m以上属于高原冷湿润气候。年均降雨量977 mm，年均气温8.5 ℃，极端最低气温 -14.8 ℃，极端最高气温31 ℃。年平均光照1 563 h，无霜期176天。布置点所在区域每年5—9月为雨季，导致泥石流、山体滑坡、塌方等地质灾害。

在四个示范点，根据不同的需求配置不同的设备，表5-4为不同地点的设备配置表，表5-5为不同设备的功耗。正常情况下所有设备都24 h开机。

表5-4 四个示范点的设备配置表

示范点	多模通信单元A	多模通信单元C	可见光系统	雷达系统	北斗短报文模块	卫通模块	4G天线	LoRa天线
培龙沟	1	1	1	0	1	1	1	2
古乡沟	2	1	1	1	1	1	2	3
天摩沟	1	1	0	1	1	1	1	2
卡达村	1	1	1	1	1	1	1	2

表5-5 设备功耗表

序号	设备名称	电压范围/V	功耗			
			通信模式	MIN	AVR	MAX
1	多模通信单元A（全网通）	10~18	RTU+4G	4.7 W	5.6 W	5.9 W
2			RTU+北斗	7.9 W	9.0 W	36.0 W
3			RTU+卫通	11.6 W	25.6 W	36.0 W
4	多模通信单元C（低功耗）		LoRa中继	6 mW	14 mW	0.46 W
5	微波雷达	12~14		23 W	25 W	30 W

注：1. 北斗短报文与卫通模块由多模通信单元供电，天线无须供电，不考虑可见光系统。

2. 多模通信单元通信模式为多选一，在不同通信模式下，功耗不同。

5.4.2　系统总体设计

根据上述气候条件及其功耗需求，确定采用光伏组件形式的供电系统。光伏组件在光照情况下发电供给载荷工作，多余的电供给蓄电池进行充电。光照不足或无光照下，由蓄电池放电以满足载荷的需求。同时各种信息通过多模通信单元发送到手机、电脑端进行远程监控，根据需求调节控制器的各种阈值，确保系统的长期可靠运行。

图 5－8 所示为野外地质灾害监测供电系统原理图，主要包括光伏组件、控制器、蓄电池组、配电板、移动通信端、各种设备载荷等。

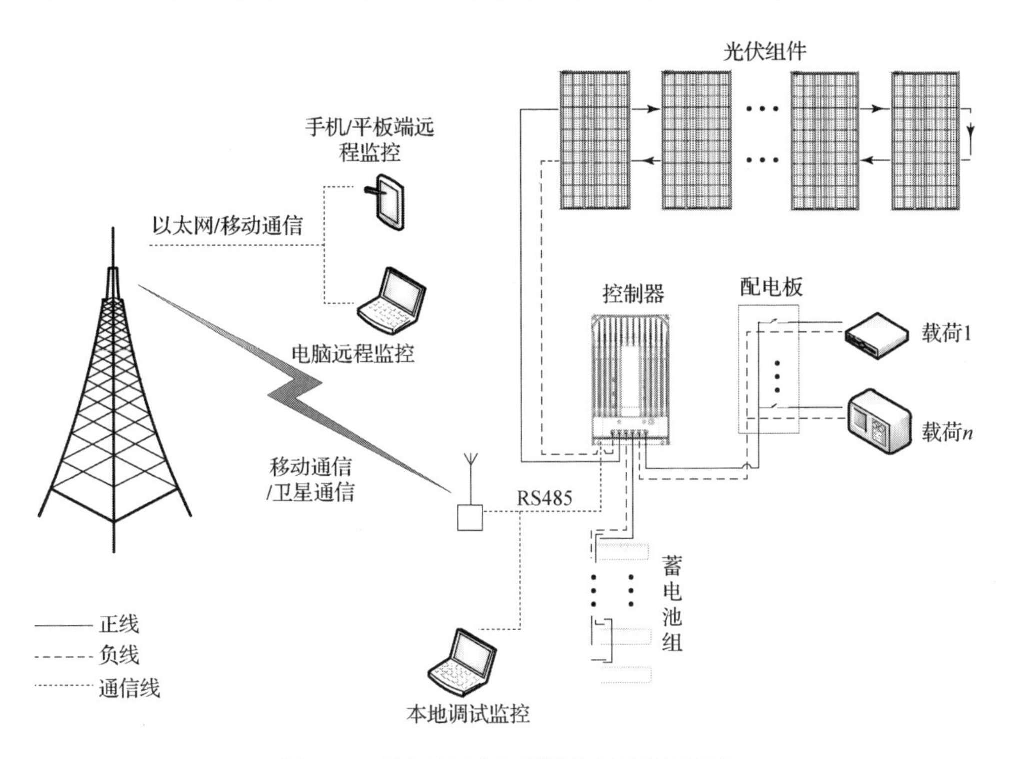

图 5－8　野外地质灾害监测供电系统原理图

5.4.3　设备选型

1. 太阳电池光伏组件

太阳电池是利用半导体材料吸收光、产生光生伏特现象的发电器件。目前市场上流行的光伏电池主要包括单晶硅光伏电池和多晶硅光伏电池。

单晶硅光伏电池由高纯度的单晶硅片制成，其原子结构排列有序，发电效率较高，工业化产品效率一般在 15%～20%，但受限于单晶硅光伏太阳电池材料价格及相应烦琐的电池工艺影响，其成本价格居高不下，市场占有率在 1/3 左右。

多晶硅光伏电池不是由拉成单晶的硅片制成，而是将原料熔化后加工成的正方形硅锭，切成硅片后制成。硅片中单晶硅颗粒大小和取向不同，导致其效率较低，目前工业化产品效率一般在 12%～14%。但由于多晶硅的原材料丰富、生产工艺简单，其价格颇具优势，市场占有率在六成左右。

考虑到泥石流监测点的气候条件、安装实施难度，成本、效率、重量、体积大小等因素，多晶硅光伏电池无疑更加适合。本次采用 255 W 的多晶硅光伏组件，其主要技术参数如表 5－6 所示。

表 5－6　多晶光伏组件技术参数表

产品名称	技术参数
型号	CEC6－4－60－255PD
最大功率/W	255
开路电压 Uoc/V	37.60
短路电流 Isc/A	8.95
最大工作点电压 Ump/V	30.80
最大工作点电流 Imp/A	8.28
功率误差/W	+1～+6
组件效率/%	15.7～17.2
重量/kg	18.3
尺寸/mm	1 640×992×35
电池片类型	156 mm×156 mm 多晶硅四栅电池片，一组 60 片

2. 铅酸蓄电池

泥石流监测时主要利用铅酸蓄电池进行削峰填谷，使用阀控式密闭胶体蓄电池，这种电池为免维护电池，内部封闭，不需加水。同时为适应一年四季环境温差变化，满足高温和低温状态下的工作性能，可实现长寿命的目标。图 5－9 所示为蓄电池的性能曲线，表 5－7 所示为蓄电池的性能特性。

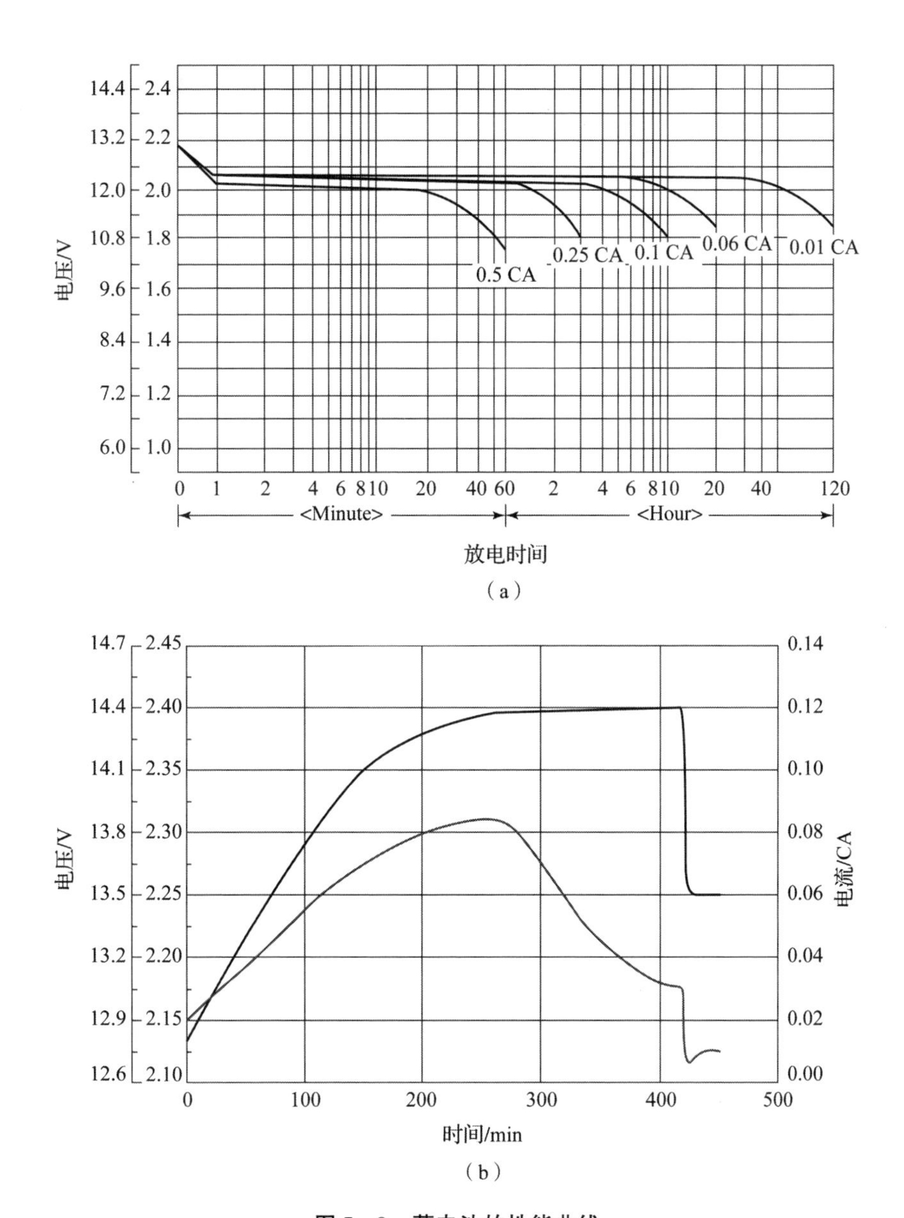

（a）

（b）

图 5－9　蓄电池的性能曲线

（a）放电曲线；（b）充电曲线

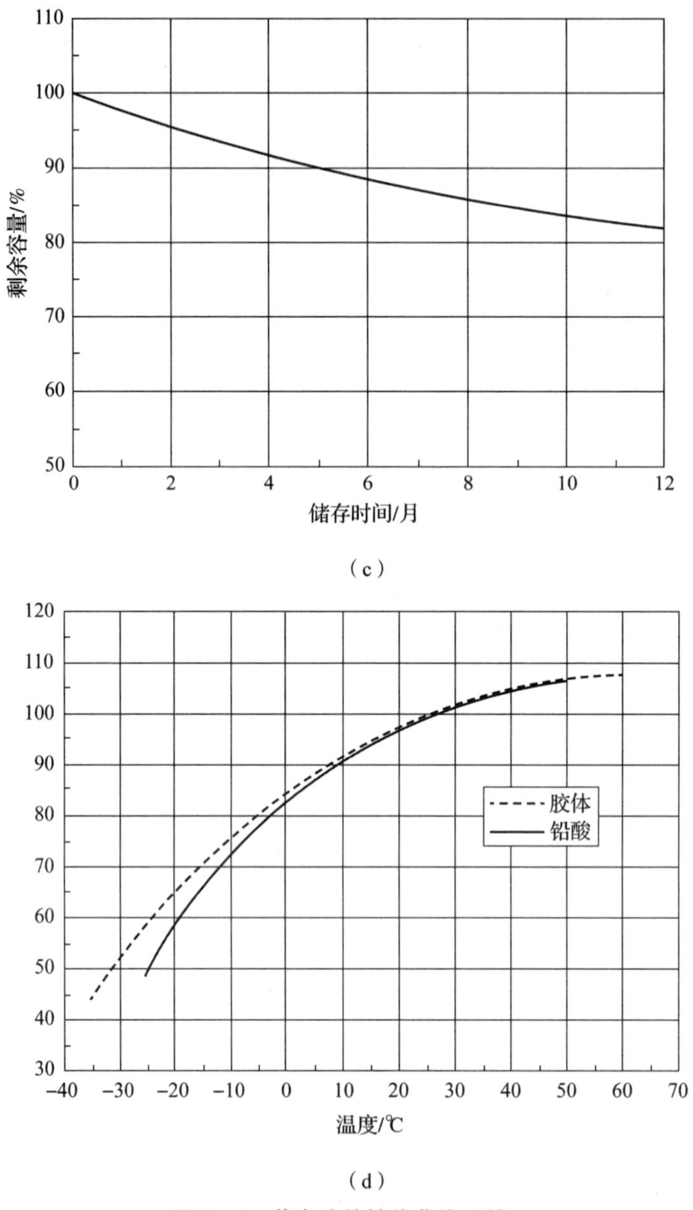

图 5-9　蓄电池的性能曲线（续）

（c）存储自放电；（d）容量与环境温度关系

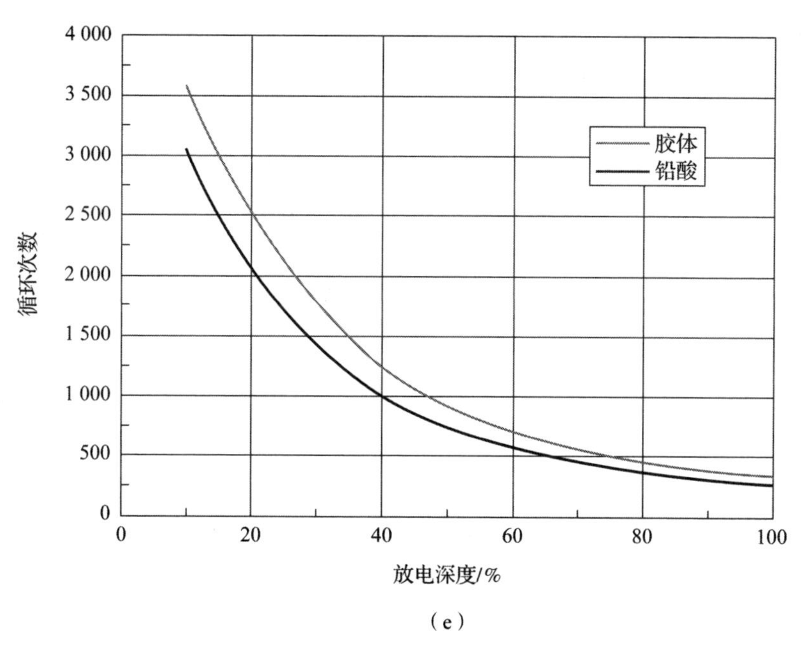

(e)

图5-9　蓄电池的性能曲线

(e) 放电深度与循环次数关系

表5-7　蓄电池的性能特性

产品名称	6-CNJ-150
额定电压/V	12
额定容量/Ah	150
参考重量/kg	48.0
尺寸/mm	483×170×240
使用温度范围/℃	放电：-20~50 充电：-20~50 储存：5~40
推荐使用温度/℃	15~25
推荐充电电流/A	30
温度对容量的影响	104%@40 ℃ 85%@0 ℃ 60%@ -20 ℃
设计寿命/年	12 (25 ℃)

3. 光伏控制器

光伏控制器主要考虑输入电压耐压值、额定电流、功率值等，并选择具有 MPPT 功能、能够采用标准通信协议的控制器。同时，控制器应能够动态显示设备的实时运行数据及工作状态，可在线参数设置，并存储运行数据和随机事件，可实现 PC 远端监控，提高系统的可靠性和安全性。根据功率不同选择功率等级的控制器。表 5－8 所示为国内某公司不同控制器的参数表。

表 5－8　控制器的参数表

产品名称	1215BN	2215BN	3215BN	4215BN
额定系统电压	12/24VDC 自动识别			
额定充放电电流/A	10	20	30	40
控制器蓄电池端工作电压范围/V	8～32			
最大 PV 开路电压/V	150（最低温度条件下） 138（在标准温度 25 ℃条件下）			
最大功率点工作电压范围/V	蓄电池电压＋2～108			
光伏阵列最大输入功率/W	130（12 V） 260（24 V）	260（12 V） 520（24 V）	390（12 V） 780（24 V）	520（12 V） 1 040（24 V）
静态损耗	≤60 mA（12 V）　≤30 mA（24 V）			
放电回路压降/V	≤0. 15			
温度补偿系数	－3 mV/℃/2 V（默认）			
通信	RS485 通信/8 针 RJ45 接口			
接地类型	负极接地			
机械尺寸/mm	196×117. 8×36	216. 6×142. 6×56	280. 7×159. 7×60	302. 5×182. 7×63. 5
工作环境温度/℃	－35～＋55			
相对湿度	≤95%，无凝露			
防护等级	IP30			

5.4.4　设备安装

设备是否正常安装，特别是太阳电池光伏组件的摆放、蓄电池组的布置等，会直接影响系统的性能。下面介绍相关设备的安装注意事项。

1. 太阳电池光伏组件

为产生最高的功率，北纬地区的光伏组件应该朝向正南，南纬地区的光伏组件应该朝向正北。

安装地点的最佳安装倾斜角直接影响光伏发电系统的发电效率，其与安装地点的纬度有关，需要根据具体情况具体分析。波密县的纬度为29°21′～30°40′之间，最佳倾角为本地纬度基础上减小8°，安装布置图如图5－10所示。

图5－10　太阳电池组件安装布置图

2. 蓄电池组

蓄电池组安装一般有地埋、蓄电池机柜和水泥安装房三种方式。地埋一般对应蓄电池组容量较小的场合；蓄电池机柜则一般对应于中等容量，如通信、广电、电力等场合；水泥安装房则多为大容量场合，如光伏电站等。

本次安装地点气候整体环境良好，极低极高温差不大，年平均气温8.5 ℃。蓄电池组容量中等，适宜放置于蓄电池机柜内，如图5－10～图5－12所示。

3. 控制器

控制器的防护等级达到IP30，能够承受－35～55 ℃的环境温度，在湿度≤95%、无凝露下可正常工作。若系统功率小，可与载荷放置一起；若功率较大，需多个控制器，则可放置于蓄电池机柜内或单独放置于防水柜内。

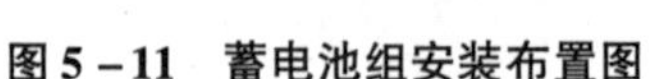

图 5－11　蓄电池组安装布置图

图 5－12　系统最终安装布置图

以示范点某一个监测站为例，平均功耗为 40 W，每天工作 24 h，系统效率 0.85，日平均光照时间为 4.2 h，选用 DC12V 的直流系统。可承受最大阴雨天为 7 天，系统可在 3 天连续光照下实现蓄电池的充满。需要 4 块 255 W 多晶太阳电池并联，6 块 12 V/150 Ah 的蓄电池并联，并配置 1 个 4 215 BN 控制器。

以上述输入调节为参数，按照不同负载功耗、不同阴雨天下的使用要求，其系统主要设备配置如表 5－9 所示。

表 5－9　不同工况下的设备配置表

输入		配置		
负载功/W	最长阴雨天	太阳电池组件（255 W）	蓄电池（12 V/150 Ah）	控制器
30	1	1 串 1 并	1 并	1215BN　1 个
30	2	1 串 2 并	1 并	2215BN　1 个
30	3	1 串 3 并	1 并	3215BN　1 个
50	1	1 串 2 并	1 并	2215BN　1 个
50	2	1 串 4 并	2 并	4215BN　1 个
50	3	1 串 5 并	2 并	3215BN　2 个
100	1	1 串 4 并	1 并	4215BN　1 个

续表

输入		配置		
负载功/W	最长阴雨天	太阳电池组件(255 W)	蓄电池(12 V/150 Ah)	控制器
100	2	1串7并	3并	4215BN　2个
100	3	1串9并	4并	3215BN　3个

5.5　本章小结

本章介绍了常用的太阳能、风能、水能、生物质能和地热能等自发电技术，铅酸电池、镉镍电池、氢镍电池、锂离子电池等化学储能技术，以及适用于太阳电池阵控制的PWM和MPPT调节技术，通过分析对比得到最适应于野外地质灾害的供电技术。在此基础上，介绍了野外地质灾害监测对供电的需求以及供电设计配置方法。最后以实例说明了供电系统的设计、配置、设备选型和安装，可作为后续应用的参考。

参 考 文 献

[1] 郭新生，赵知辛，唐桂华．风能－流体升压节流致热效应的实验研究［J］．太阳能学报，2004，25（12）：157－161.

[2] 齐瑞贵，李景春，李蕾．风能致热系统研究［J］．辽宁工程技术大学学报（自然科学版），2001，20（2）：228－230.

[3] 国家经贸委可再生能源发电及热利用研究项目组．中国可再生能源技术评价［M］．北京：中国环境科学出版社，1999.

[4] 彭小平．公路泥石流监测的主要内容及其方法分析［J］．黑龙江交通科技，2015，38（10）：5，7.

[5] 刘德玉，贾贵义，李松，等，地形因素对白龙江流域甘肃段泥石流灾害的影响及权重分析［J］．水文地质工程地质，2019，46（3）：33－39.

[6] 余建华，孟碧波，李瑞生．分布式发电与微电网技术与应用［M］．北京：中国电力出版社，2018.

[7] 孙向东，任碧莹，张琦，等．太阳能光伏并网发电技术［M］．北京：电子工业出版社，2014.

[8] 崔民选，中国能源发展报告（2010）［M］．北京：社会科学文献出版社，2010.

[9] 李富生，李瑞生，周逢权．微电网技术及工程应用［M］．北京：中国电力出版社，2013.

[10] 李瑞生．微电网关键技术实践与实验［J］．电力系统保护与控制，2013，41（2）：73－78.

[11] 徐青山．分布式发电与微电网技术［M］．北京：人民邮电出版社，2011.

[12] 李英姿．太阳能光伏并网发电系统设计与应用［M］．北京：机械工业出版社，2014.

[13] 李钟实．太阳能光伏发电系统设计施工与应用［M］．北京：人民邮电出版社，2012.

[14] 吴登盛，王立地，刘通，等．基于神经网络的光伏阵列多峰 MPPT 的研究［J］．电测与仪表，2019，56（7）：69－74.

第6章
泥石流监测预警数据管理技术

6.1 引言

前面章节详细介绍了复杂山区泥石流监测预警的各项装备技术，包括传感器技术、可靠通信技术、健康管理与遥测遥控技术和供配电管理技术等。这些技术都需要在统一的管理平台中进行集成调度和数据管理，协同工作，实现所需要的系统功能。而泥石流监测预警数据管理技术的主要研究内容就是如何通过合理的信息系统架构设计，实现复杂山区泥石流监测预警各项装备技术的最优匹配与系统集成，实现对监测数据采集、存储、分析和挖掘，提高泥石流预测的准确性。

6.2 需求分析

我国泥石流灾害风险点分布面积较广，自20世纪90年代起，我国就开始着手对地质灾害进行调查和研究，各省区市也陆续建立泥石流监测预警系统，但由于对监测预警系统的建设工作缺乏统一的建设标准和规范，导致各省区市的监测预警系统都形成了“信息孤岛”，彼此之间无法互联互通，无法形成全国地质灾害监测“一张网”。为打破监测预警系统的现状，实现监测预警系统的数据共享和深度融合，在进行本书所述监测预警系统的架构设计时，把数据管理技术作为核心功能进行设计，从数据层面实现对既有监测预警系统的横向串联和既有系统的数据兼容。

基于建设既能满足本书所述课题的技术管理需求，同时又能兼顾既有系统接入的监测预警系统的需求，展开对地灾监测业内的既有系统现状的摸底调研。通过调研可知，目前各省区市既有的监测预警系统无论系统架构、传输协议还是数据标准，都大相径庭，如果要对其改造，付出的人力成本和时间成本太大，无异于推倒重建，而这违背了建设的初衷。但随着现代技术的发展，特别近些年云计算、大数据、物联网技术的普及应用，给泥石流的监测与预警插上了科技的翅膀。本书利用云平台和大数据技术，提出一种建设地质灾害监测预警融合平台（以下简称“融合平台”）的方案，通过搭建统一的 RTU 管理、数据收集、存储、分析和展示的混合模式管理平台，可以兼容多种接入模式和支持多类通信协议，且对数据标准没有严格的限定。融合平台一方面可以保证既有系统持续稳定运行，另一方面也可以实现对既有系统的兼容，同时又具有良好的可扩展性，方便后续待建监测预警系统的接入。

泥石流监测预警数据管理技术（包括应用管理和数据管理两方面）是融合平台的重要组成部分。应用管理指用户与多模通信单元进行交互的应用软件系统，具备 RTU 管理和载荷数据采集展示等功能；数据管理指泥石流监测预警业务数据的管理，包括数据存储、数据分析等。泥石流监测预警数据管理技术部署在共有云平台上，对外提供服务接口，满足设计需求，具备管理功能并对外提供服务。

6.2.1 应用管理

应用管理部分，提供用户与多模通信单元进行数据交互的接口和服务，主要具备以下功能。

（1）注册鉴权管理：包括自研多模通信单元的入网和既有系统的入网，提供注册和鉴权服务。

（2）运行状态管理：具备多模通信单元和载荷设备的生命体征监测、多模通信单元自主健康管理、载荷设备参数校准和数据采集等。

（3）预警消息管理：实时监测分析载荷数据，当超过预设的报警阈值时，产生报警，同时可以客制化消息推送机制，支持多种消息推送方式。

（4）数据报表展示：通过大数据技术，对多源数据进行分析，通过 BI 工具进行可视化展示。

（5）移动应用：提供轻量化的运行状态管理、预警消息管理、数据报表展示功能，能够满足移动化管理需求。

6.2.2 数据管理

数据管理部分，作为应用管理的支撑，需要具备以下功能。

（1）数据存储：保存来自多模通信单元和接入的数据，数据类型包括数字、字符、文字、图片、视频等。

（2）数据治理：根据数据接入标准规范，对数据进行质量管理，提升业务价值，让不懂数据的业务能够快速掌握数据，进行数据分析、挖掘等工作。

（3）数据分析：对采集的多源载荷监测数据进行汇总、梳理，使用适当的统计分析方法，最大限度发挥数据的作用。

（4）数据挖掘：从数据中挖掘出隐含的、先前未知并有潜在价值的信息的过程。

（5）数据调度：通过数据调度工具从数据源抽取数据，推送给目的数据库的一个过程。在本书中，通过数据调度，接入第三方数据，同时把监测站的数据推送给当地相关部门。

6.3　平台架构设计

平台架构设计决定了泥石流监测预警数据管理系统的总体方案。需要在系统上给出合理的信息化架构，从控制中心设计上给出中心软件架构，还需要针对数据管理系统的兼容性需求，给出混合模式的架构设计方案。

6.3.1　平台信息化架构

地质灾害监测预警融合平台，从信息化总体架构上来分，可以分成 4 层，分别是感知层、网络层、数据平台层和应用展示层，其架构图如图 6－1 所示。

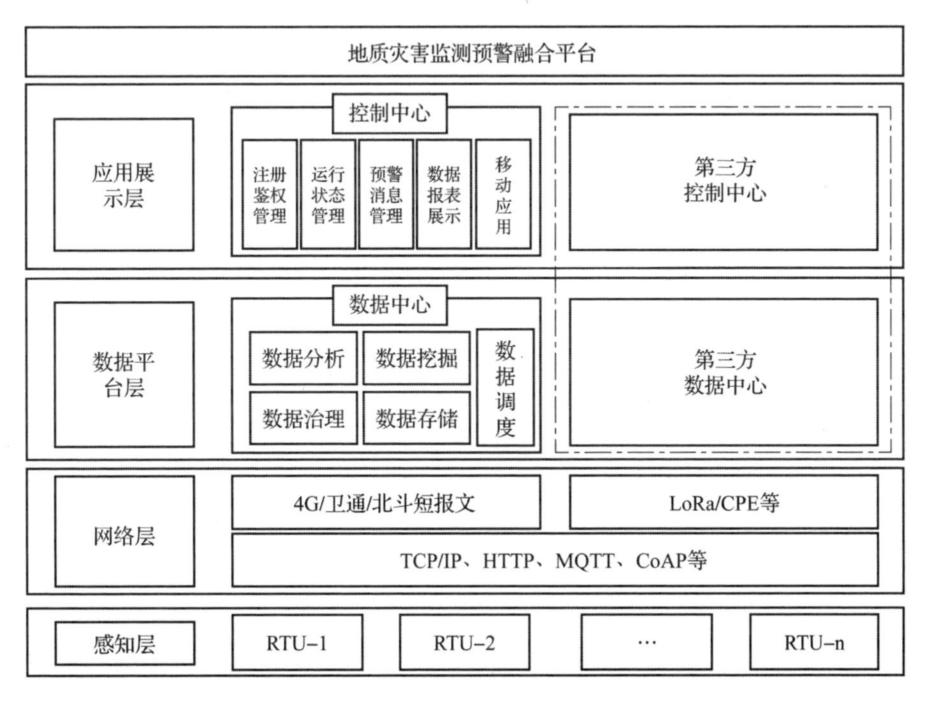

图 6－1　地质灾害监测预警融合平台信息化架构

其中，感知层处于信息化架构的最底层，是融合平台的核心层，通过感知设备多模通信单元实现控制中心对监测预警载荷的管理和数据采集。

网络层的主要任务是通过各类公网或自组网无线通信技术以及各种网络通信协议，在应用展示层与感知层之间建立起稳定可靠的数据通信管道。其中采用的无线通信技术包含4G/卫通/北斗短报文为代表的公网无线通信和LoRa/CPE等为代表的自组网无线通信。相关技术在本书第3章有详细的介绍。

数据平台层的主要任务是构建各类泥石流监测预警数据的数据仓库，实现海量地质灾害监测预警数据的清洗、治理、存储、调度等功能，并最终实现地质灾害监测预警系统大数据的统一管理。数据平台层包含控制中心数据库和后台数据仓库两个部分。其中，控制中心数据库负责实现对各类已有控制中心的兼容设计，是本书所述多模通信单元与第三方平台得以兼容接入实现的关键。

应用展示层是融合平台的人机交互系统，通过控制中心和数据分析与展示中心，向用户和管理人员提供友好的操作管理操作界面和不同颗粒度的数据报表与数据展示。

6.3.2 控制中心架构

典型的控制中心软件架构包括B/S架构和C/S架构两类。本书基于地质灾害监测预警融合平台的信息化架构，结合该系统覆盖面广、用户群体复杂，且需要兼容第三方控制中心等需求，采用“B/S架构+微信开放平台”的模式进行控制中心设计。

6.4 B/S架构设计

B/S架构的全称为Browser/Server，即浏览器/服务器架构，Browser是指Web浏览器。B/S架构由Browser客户端、WebApp服务器端和Database端三层构成（图6-2）。主要业务逻辑和核心处理集中到服务器Server端，客户端上只需要安装一个浏览器（如Google Chrome或Internet Explorer等）即可实现与服务器端的通信。

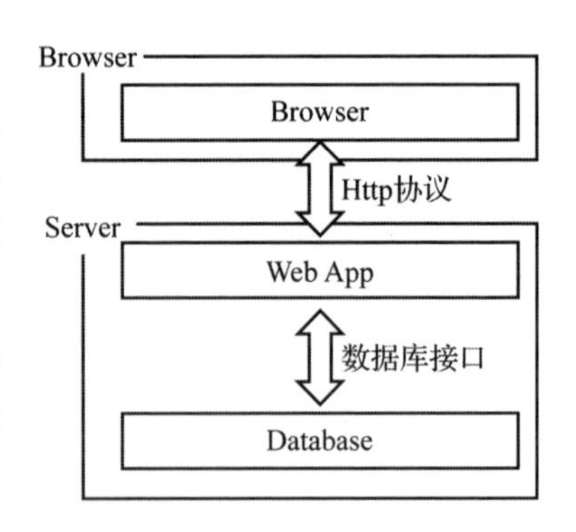

图6-2 B/S架构框架图

另一种典型的控制中心架构为C/S架构。C/S架构是一种典型的两层架构，其全称是

Client/Server，即客户端/服务器端架构。C/S架构的客户端包含一个或多个在用户的电脑上运行的程序，而服务器端有两种，一种是数据库服务器端，客户端通过数据库连接访问服务器端的数据；另一种是Socket服务器端，服务器端的程序通过Socket与客户端的程序通信。

B/S架构相比较于C/S架构，其优势在以下几方面。

（1）便捷性：无须安装客户端，只需要用Web浏览器就可以随时随地进行业务查询。

（2）灵活性：可实现灵活的权限管理，不同用户分配不同的权限，也可在西安进行登录账号的增删改查，方便管理。

（3）扩展性：具有良好的扩展性，以微服务的方式进行功能模块的增加。

（4）经济性：维护成本低，系统配置修改、升级只需要更新服务器端即可。

（5）安全性：无客户端程序，可以避免因客户端管理问题导致的系统问题，此外，服务端部署在公有云，数据也统一保存在服务器云端，安全可靠。

6.4.1　微信开放平台

微信开放平台，是腾讯公司面向社会提供的一个开放开发平台，本书主要基于微信公众号和微信小程序进行移动端开发。公众号主要应用于消息类接收、数据报表发表、相关文件简报推送等；微信小程序提供了一个简单、高效的应用开发框架和丰富的组件及API，提供在微信中开发具有原生App体验的服务。

微信开放平台相比较于App具有以下优势。

（1）兼容性好：微信开放平台实现一套程序兼容各种主流PC及手机操作系统，而App无法实现一套程序兼容多平台。

（2）开发周期短，成本低：微信开放平台注册即可使用，平台开发环境好，后期开发费用低，周期短。

（3）推广成本低：用户基于微信使用，不增加额外的操作负担，而App需要另行下载、安装、更新等。

6.4.2　混合模式的设计架构

混合模式的融合平台，支持对本书所述多模通信单元的管理，也支持对已建成的既有RTU的兼容，同时预留待建和未建RTU的接口。混合模式架构主要体现在支持对多种接入模式的RTU和多种通信协议的RTU的管理控制，其设计原理说明如下。

1. 多模式接入设计

混合模式的融合平台，支持两种方式的 RTU 的接入模式：RTU 直接接入模式和 RTU 间接接入模式，如图 6－3 所示。

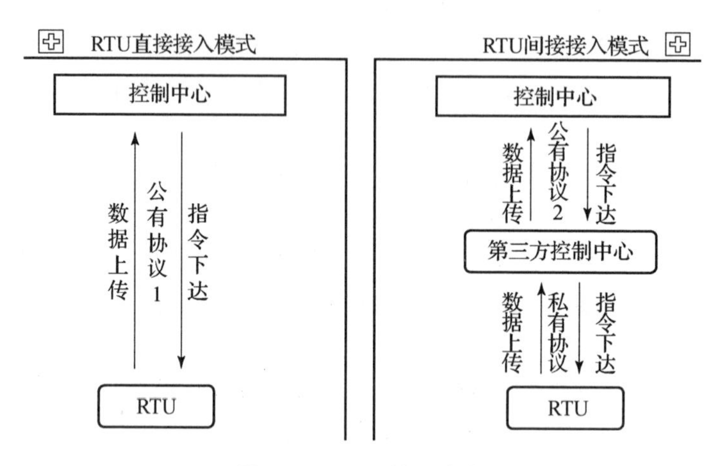

图 6－3　RTU 接入方式

RTU 直接接入模式，顾名思义，就是 RTU 直接接入控制中心，直接与控制中心进行命令交互和数据传输，RTU 与控制中心通过“公有协议 1”直接进行交互，RTU 向控制中心上传数据，控制中心向 RTU 下达指令，这要求控制中心与 RTU 必须在统一的通信协议和技术标准框架下进行研制，优势是标准统一、管理简单，主要适用于建设中或者待建 RTU。

相对于在建 RTU，对于已建成的既有 RTU 的管理，如果也采用直接接入模式，可能会存在协议不同、接口不匹配等可能性。基于对既有 RTU 的兼容需求，增加 RTU 间接接入模式，即 RTU 与控制中心通过“第三方控制中心”进行连接，控制中心与第三方控制中心之间通过“公有协议 2”进行交互，而第三方控制中心可以按照第三方的“私有协议”与 RTU 进行交互。该模式，在解决了对既有 RTU 进行兼容管理的同时，也解绑了后续待建 RTU，使得待建 RTU 更灵活、客制化要求更高，也降低了管理和协调的难度。

在 RTU 直接接入模式架构（图 6－4）中，RTU 采集的数据通过 4G/海事卫星直接与控制中心进行连接通信；而对于北斗短报文数据，可以通过北斗短报文接收模块直接接收数据。同时，如果有需要，可以在北斗短报文接收模块收到数据后，再通过互联网转发数据到控制中心，实现数据的闭环。

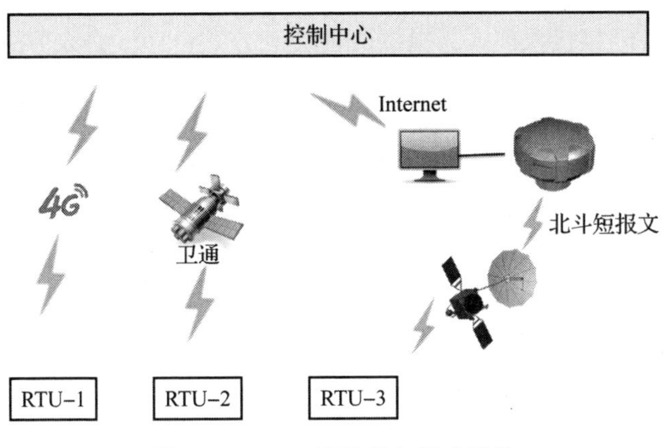

图6－4　RTU直接接入模式架构

在间接接入模式架构（图6－5）中，RTU的直接管理方是第三方控制中心，因为存在协议不同与接口不匹配的可能性，当控制中心需要对RTU进行管理时，需要第三方控制中心作为适配器或者翻译器，对控制中心下发的指令进行翻译，然后转换成RTU可以识别的指令，同时对于RTU上报的数据，第三方控制中心同样要进行翻译和过滤，按照预先约定的格式把数据发给控制中心。在这种模式下，可以尽可能小地减少对既有系统的改造，以确保其运行的稳定性。

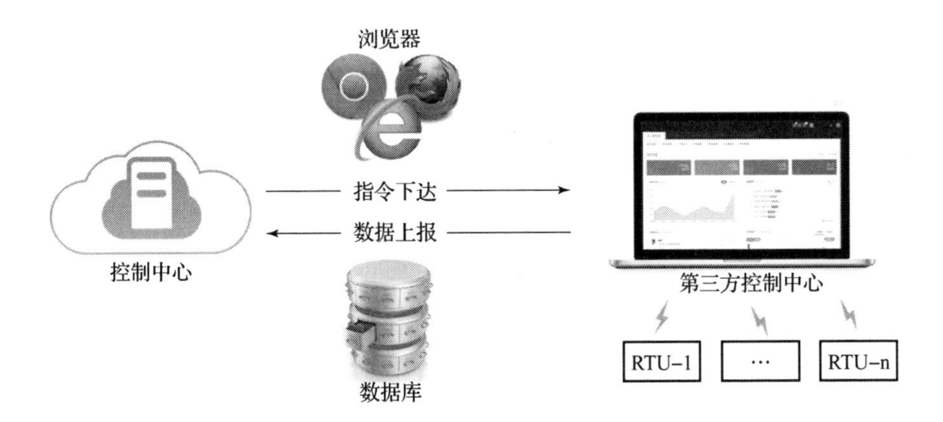

图6－5　RTU间接接入模式架构

2. 多协议支持设计

多协议支持，即支持多种RTU与控制中心的传输协议，包括TCP/IP协议、HTTP协议、MQTT协议、CoAP协议等，由此可以兼容多厂家的不同设备，由控制中心自行进行通信协议的适配，以实现RTU的快速接入，提高控制中心的适用性和灵活性。

对于 RTU 间接接入模式，提供两种交互方式：Http 协议方式和数据库方式。两种方式各有利弊，需要根据交互的实时性要求、数据量大小、实施的难易度等方式来综合判定。控制中心与第三方控制中心之间通过 Http 协议方式（图 6－6）进行交互的场合，需要第三方控制中心对既有系统进行改造，增加对外提供服务的接口，以响应控制中心的请求。

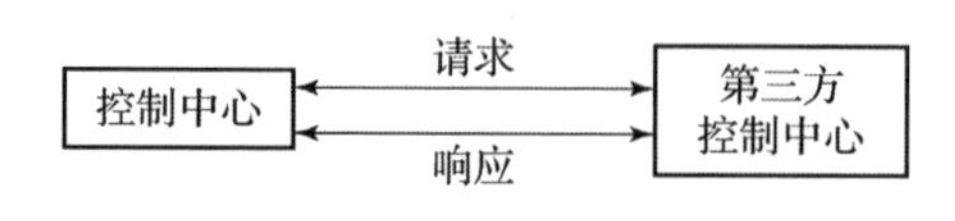

图 6－6　Http 协议方式

为了尽可能减少对第三方控制中心的修改，控制中心同时也支持数据库的方式（图 6－7）进行交互，双方系统各自监控对应的数据库表，然后根据数据库表的内容执行响应的动作，并把动作执行结果仍旧以数据库表的形式反馈给对方。

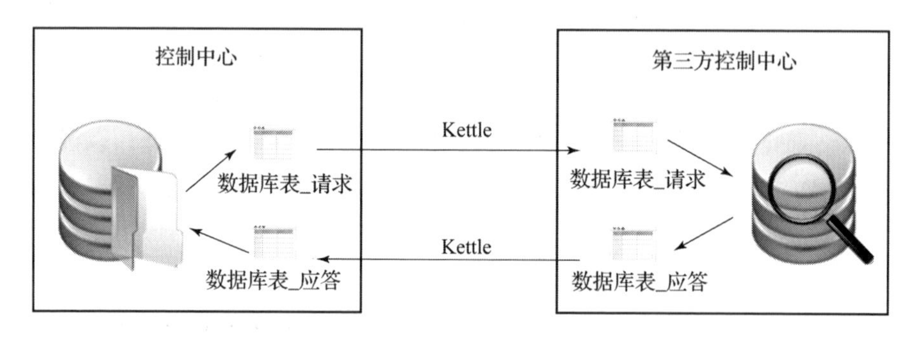

图 6－7　数据库方式

6.5　软件功能设计

软件功能设计针对平台信息化架构的应用展示层和数据平台层需求开展设计工作。其中，控制中心功能设计主要实现应用展示层的各项功能；数据中心功能涉及主要实现数据平台层的各项功能。

6.5.1　控制中心功能设计

控制中心定位为科研应用系统，根据信息化架构，其主要功能模块包括登录管理模块、系统管理模块、设备管理模块和移动应用模块，其主要功能说明如图 6－8 所示。

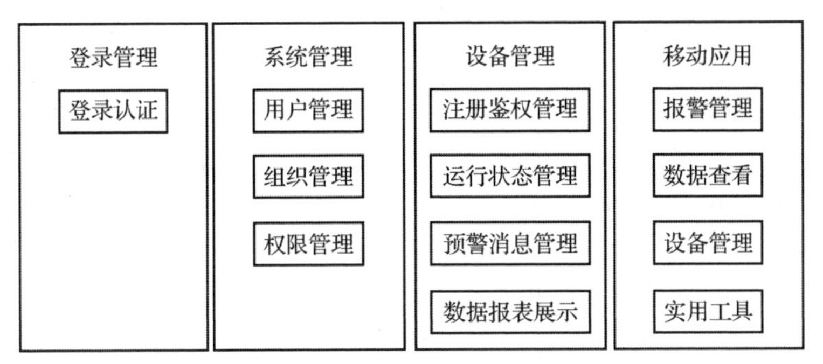

图6-8　控制中心系统功能

1. 登录管理模块

登录管理，主要在用户登录控制中心时，实现对用户名和密码的验证管理，只有在系统的用户管理中已存在的用户才允许登录。登录管理包括电脑端控制中心的登录和移动端应用的登录。

2. 系统管理模块

系统管理主要实现对控制中心系统的基础信息管理功能，包括用户管理、组织管理和权限管理三个主要部分。

1）用户管理

用户管理部分，控制中心至少具备以下几类用户，并分配不同的操作权限，并支持自定义角色和权限配置。

（1）系统管理员：用于维护软件系统、管理用户等。

（2）设备维护人员：用于检验数据采集、传输、存储和显示是否正常，添加设备维护信息。

（3）研究人员：用于查询监测数据，分析灾害规律。

（4）一般用户：包括相关科研单位、政府部门等无专业背景人员，用于查看控制中心可公开非保密信息。

2）组织管理

组织管理部分，主要对用户和设备的归属公司/部门/组织进行管理，用户归属于某一个机构组织，直接继承该机构组织的权限；设备归属于某个机构组织，可以进行多维度的统计。

3）权限管理

权限管理可针对不同的用户角色，设置不同的访问和查看数据的权限，提供系统管理员和设备维护人员用于进行系统运行权限配置和维护的操作页面，通过可视化界面，可方便实现对权限的控制管理。

3. 设备管理模块

设备管理模块主要包括注册鉴权管理、运行状态管理、预警消息管理和数据报表展示四大主要功能，设备管理模块是控制中心的核心模块，负责控制中心与 RTU 进行命令交互和数据管理。

1）注册鉴权管理

注册鉴权管理，主要包括两方面的内容：本书所述 RTU 接入管理和第三方控制中心接入管理。RTU 接入管理，是在 RTU 接入控制中心之前，需要对接入的 RTU 进行注册，以防止因为数据被截获而导致非法 RTU 接入。通过 RTU 接入管理，保证接入的 RTU 的合法性，对 RTU 进行接入时，需要提供包括但不仅限于 RTU 的设备 ID、通信协议方式信息，然后注册模块通过加密算法生成唯一的接入密钥，凭此密钥 RTU 与控制中心进行通信。其注册流程如图 6－9 所示。

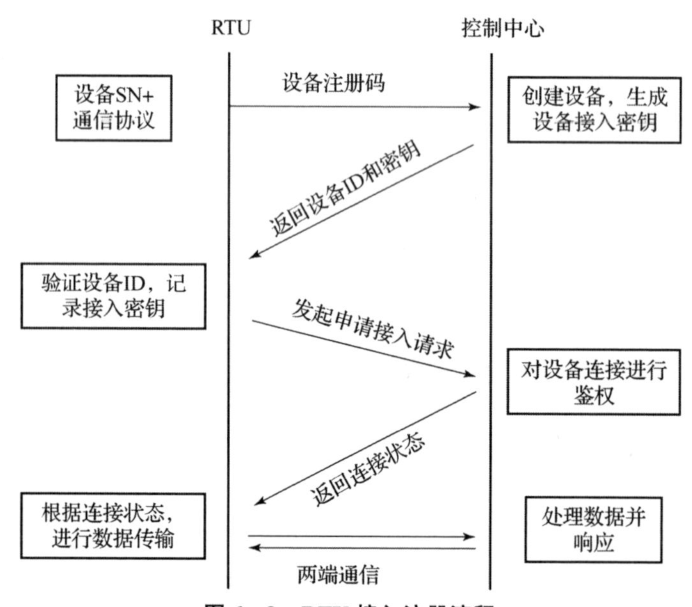

图 6－9　RTU 接入注册流程

对于第三方控制中心，除了需要接入密钥外，还需要时间和功能授权，只有在时间授权期内，符合功能授权的信息，控制中心才解析，否则一律做丢弃处理，以保证数据的正确性，同时防止控制中心受到不明数据的攻击，其验证流程如图 6－10 所示。

2）运行状态管理

运行状态管理，主要实现对 RTU（包括第三方控制中心管理的 RTU）的运行状态的监控，对于处于非健康状态的 RTU，远程下达指令进行干预。

RTU 控制管理，是对已经在系统注册的 RTU 进行控制管理，主要包括两方面内容：对 RTU 进行实时状态检测和向 RTU 下达控制指令，包括查询指令和控制指令。RTU 控制管理支持多维度的批量管理，包括通过 RTU 设备所在位置、归口单位、所搭载的外部设备（雷达、雨量计等）等统计维度进行批量控制管理。

对于第三方控制中心的RTU，必须通过第三方控制中心进行管理，首先从管理维度上要求第三方控制中心能够满足控制中心的要求，如提供RTU的地理位置，所搭载的外部设备等信息。除此之外，需要做设备的映射关系，即在控制中心中虚拟注册的RTU的ID与第三方控制中心中实际注册的RTU的ID需要一一对应，其对应关系示意图如图6－11所示。控制中心与第三方控制中心的命令和数据交互中，都需要携带控制中心的ID，以便于控制中心识别。

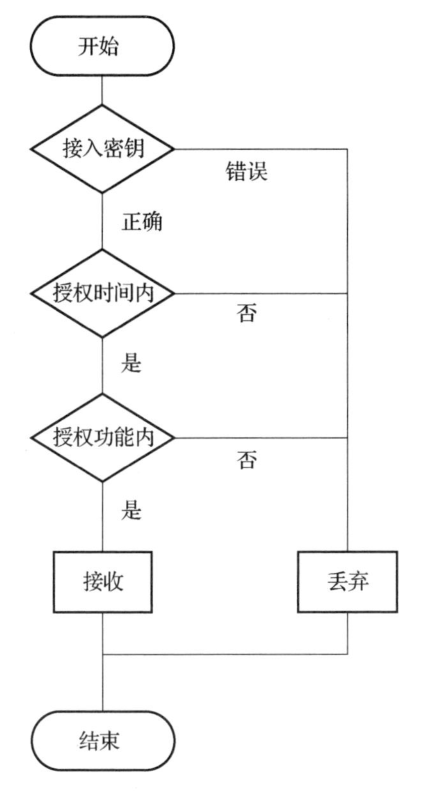

图6－10　第三方控制中心接入验证流程

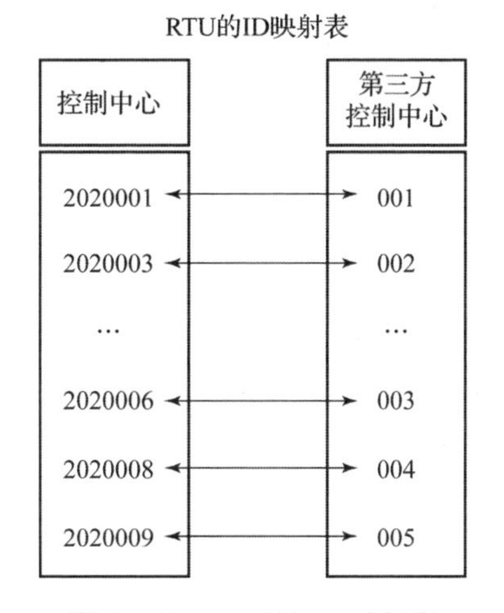

图6－11　RTU的ID映射表

3）预警消息管理

预警消息管理，是控制中心的核心模块，快速接收、解析消息，不造成数据拥堵，成为控制中心可以承载RTU数量的主要决定因素。在进行消息接收和解析机制的设计时，充分考虑数据处理的速度、后续RTU的接入数量和扩容便捷性，采用3级模式机制（图6－12），分别是数据接收、数据清分和数据解析。

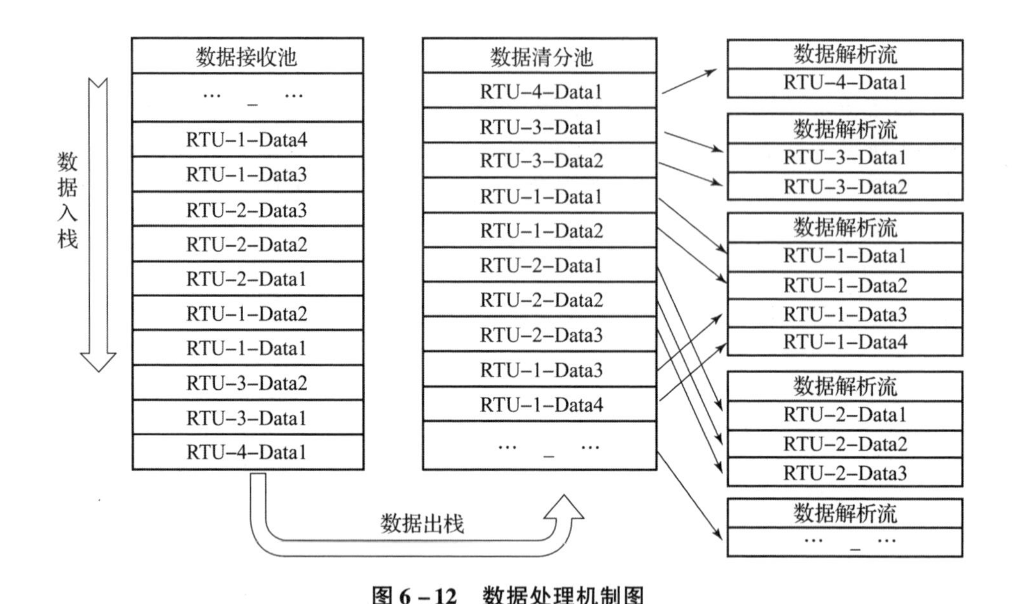

图 6－12　数据处理机制图

数据接收池是第一级，负责接收 RTU 上报的信息和报警等数据，采用压栈的方式进入接收队列；数据清分池是第二级，按照先进先出的原则负责从接收池取数据，然后按照 RTU 的唯一标识 SN，对数据进行清分，推送到 SN 对应的数据解析流；数据解析流是第三级，对数据进行全字段解析，依据解析的内容执行响应的动作。

4）数据报表展示

数据报表通过输出阶段性的展示结果，分析业务，帮助业务实现精细化管理。其核心在于通过图表的形式，高效地传达有价值的数据信息。报表的数据主要为实时数据和历史数据，实时数据主要包括状态变化数据和报警数据，该数据实时展示，通过查看 RTU 详情即可查阅；而历史数据主要是 RTU 运行数据，包括运行时间、各通信模式运行时长等，该数据不要求实时显示，以月/周/日为统计周期进行统计，可以按照客户要求直接生成生产报告。

此外，在进行数据报表统计显示时，需要考虑数据的安全问题，要考虑以角色部门为基础设置权限及审批的流程，需要进行 RBAC（role－based access control，基于角色的访问控制）权限模型的设计。RBAC 模型即通过角色关联用户，角色关联权限的方式间接赋予用户权限（图 6－13）。

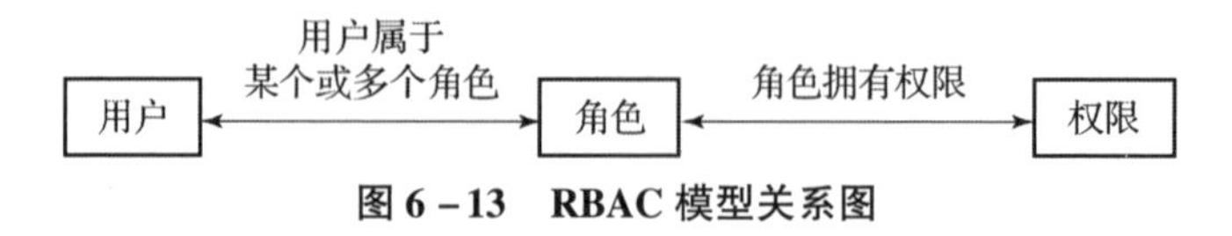

图 6－13　RBAC 模型关系图

在权限管理中，引入角色的概念后，系统的扩展性大大增强，有了角色后，只需要为该角色制定好权限，将相同权限的用户都指定为同一个角色即可，便于权限管理。在本书的权限设计中，主要需要用户的查看权限（可以查看哪些 RTU，也就是可见范围）和操作权限（可以对 RTU 进行哪些操作）。

4. 移动应用模块

移动应用模块包括报警管理、数据查看、设备管理和实用工具四大功能。

1）报警管理

报警管理，是当监测载荷的数据超过警戒阈值时，控制中心触发报警机制，向外报警。报警方式包括现场声光报警器报警、公众号推送消息、短信通知、智能电话等。支持按照报警级别的不同采用不同的报警方式，也可以任意组合，定制化程度高。

2）数据查看

基于微信提供的小程序生态环境，研发适配不同品牌手机、支持主流安卓和 iOS 等操作系统的移动端应用软件。移动应用是轻量化的控制中心，可以进行基础信息的查询、设备运行状态的查看等。

3）设备管理

移动端设备管理，功能相对简单，只是用于应对临时发生的故障，需要紧急干涉 RTU 运行的场合，该功能仅授权于控制中心超级管理员以及设备维护人员，并且在指令执行时，需要进行二次验密，以确保不被误操作。

4）实用工具

实用工具部分，把在外场进行设备安装时，常用的工具（例如，指南针、经纬度等）直接嵌入移动应用中，方便工程师的使用。

6.5.2　数据中心功能设计

控制中心系统所用到的数据主要包括 RTU 采集的数据信息、RTU 设备信息、第三方控制中心信息等，其数据说明如下。

（1）RTU 采集的数据信息：包括雷达报警信息、可见光报警图片信息和雨量、土壤湿度等各类数据。

（2）RTU 设备信息：包括基本信息，如设备 SN、归口单位、经纬度、海拔信息等；设备功能信息，如传感器类型、功能激活/抑制码等；设备维护信息，如安装时间、维修记录等。

（3）第三方控制中心信息：包括域名或 IP 地址、端口号、授权时效信息等。

数据中心功能设计主要面向数据的管理开展工作，包括数据存储管理、数据治理管理、数据分析管理、数据挖掘管理和数据调度管理。

1. 数据存储管理

数据存储管理是使用数据存储引擎进行数据增删改查，不同的存储引擎提供不同的存储机制、索引技巧、锁定水平等功能。使用不同的存储引擎，还可以获得特定的功能。本系统中选取 MySQL 作为数据库，而 InnoDB 是默认的 MySQL 引擎，它是事务型数据库的首选引擎，支持事务安全表（ACID），支持行锁定和外键，其具有以下特征。

（1）InnoDB 被广泛用在众多需要高性能的大型数据库站点上。

（2）InnoDB 给 MySQL 提供了具有提交、回滚和崩溃恢复能力的实物安全（ACID 兼容）存储引擎。

（3）InnoDB 支持外键完整性约束，在存储表中的数据时，每张表的存储都按主键顺序存放。

（4）InnoDB 存储引擎完全与 MySQL 服务器整合，InnoDB 存储引擎为在主内存中缓存数据和索引而维持它自己的缓冲池。

（5）InnoDB 为处理巨大数据量的最大性能设计。它的 CPU 效率可能是任何其他基于磁盘的关系型数据库引擎不能匹敌的。

2. 数据治理管理

数据资产，已经越来越被企业所重视，成为企业无形资产中的重要组成部分。对于灾害监测预警系统而言，一方面，数据意味着告警信息，可以进行灾害预警；另一方面，数据意味着可以进行趋势分析和灾害提前预测。而对于一个支持混合模式的 RTU 控制中心而言，如何高效处理和存储 RTU 上报的消息就尤为重要，预先考虑数据治理管理，不仅可以兼容多模式的 RTU，而且支持多协议的 RTU，同时也为以后对数据类型、数据量的扩容奠定扎实的基础，实现到大数据的平滑迁移。

本系统中涉及的数据治理，属于轻量级的数据治理。数据治理是数据质量的基础，它应包括数据标准、数据模型及数据清洗，以此保证数据内容的质量，才能够真正有效地挖掘数据价值，提高数据对于灾害预测的贡献。数据治理需要做的工作主要包括以下几项。

（1）定义数据标准：提供基于元数据标准定义的管理功能，要求实现自定义元数据或引用主数据中已经定义的数据标准。

（2）建立数据模型：提供数据建模根据，对定义的主数据、元数据进行组合式建模，通过页面配置形成数据集成管理系统的标准数据模型和接口。

（3）分析数据质量趋势：以图表形式、展示数据质量趋势，反映数据管理水平。

（4）监控数据质量：根据数据质量稽核的结果，实时展示数据质量状况，及时发现数据质量问题。

（5）质量检查规则：通过配置管理工具，对数据质量的有效性、完整性、一致性、唯一性、准确性等进行数据质量稽查。

（6）数据清洗：基于数据标准和数据模型，建立数据字典、进行标准化、规范化的清洗。

3. 数据分析管理

通过数据分析看板，可以直观发现、分析、预警数据中所隐藏的问题，及时预测风险，发现潜在的灾害点。通过图表或数学方法，对监测数据资料进行整理、分析，并对数据的分布状态、数字特征和随机变量之间关系进行估计和描述。在进行泥石流监测预警分析中，采用相关分析来研究各监测载荷数据之间是否存在某种依存关系，对具体有依存关系的现象探讨相关方向及相关程度。相关性分析主要包括单相关、复相关和偏相关，其区别如下。

（1）单相关：两个因素之间的相关关系叫单相关，即研究时只涉及一个自变量和一个因变量。

（2）复相关：三个或三个以上因素的相关关系叫复相关，即研究时涉及两个或两个以上的自变量和因变量相关。

（3）偏相关：在某一现象与多种现象相关的场合，当假定其他变量不变时，其中两个变量之间的相关关系称为偏相关。

泥石流监测预警是一个发展变化的系统性研究，关联分析实际上是动态过程发展态势的量化比较分析。所谓发展态势比较，也就是系统各时期有关统计数据的几何关系的比较。图6－14所示为关联分析模拟图。

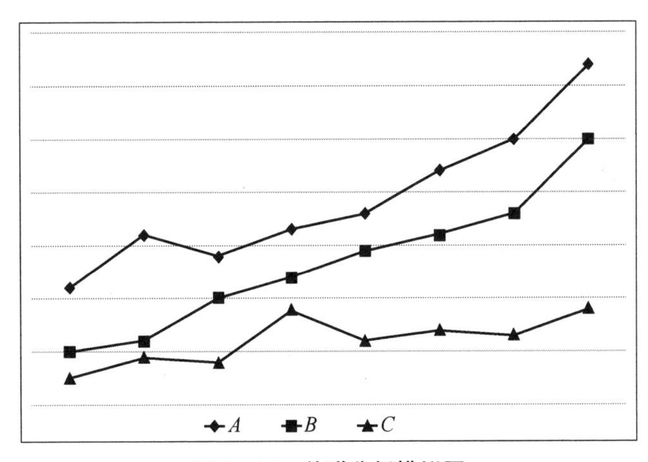

图6－14　关联分析模拟图

曲线 A 与曲线 B 发展趋势比较接近，而与曲线 C 相差较大，如果把 A 比作说泥石流发生的趋势，则 B 数据对泥石流发生有正关联性，对 B 进行分析有助于预测 A 的趋势。由此可知，几何形状越接近，关联程度也就越大。当然，直观分析对于稍微复杂些的问题则难以进行。因此，在关联分析预测泥石流中，需要给出一种计算方法来衡量采集的载荷数据间关联程度的大小，这也是后续需要持续分析研究的重点内容。

4. 数据挖掘管理

数据挖掘是指在大量的数据中挖掘有价值的信息知识，更具体地说，数据挖掘就是人们常说的知识发现，通过对海量、杂乱无章、不清晰并且随机性很大的数据进行挖掘，找到其中蕴含的有规律并且有价值和能够理解应用的知识。

数据挖掘主要是借助分析工具找到数据和模型之间的关系，之后进行预测，并将数据回归到真实变量。数据挖掘的方法有两种：一种是分类分析，一种是聚类分析。分类分析需要找到数据之间的依赖关系，并且进行预判断，输出离散类别；聚类分析是通过反复的分区从而找到解决办法，它的输出是各个不同类型的数据，也就是先对数据进行初始归类，之后去粗取精进行合并，最后使得对象之间彼此联系归于一类。

5. 数据调度管理

数据调度，基于数据治理实现数据的加载、迁移、整合等工作，除了提供满足基于传统额度 ETL 数据调度模式外，还提供包括但不限于 MQ、Webservice、API、Socket 等接口服务方式，以满足业务系统数据接入和接出的需求。数据调度，就是把数据通过事先预定好的调度规则，把授权数据推送给其他业务系统的一个过程，其示意图如图 6 - 15 所示。

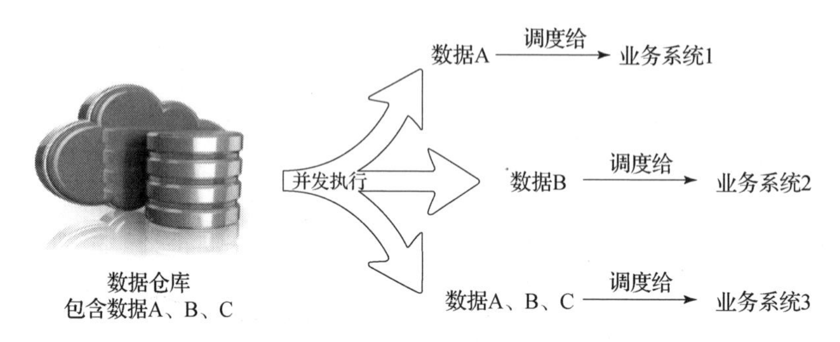

图 6 - 15　数据调度示意图

数据调度具有高可靠性、可监控性、可管理性和易用性等优势。数据调度处理过程具有统一调度、监控和管理的功能，支持校验点和断点恢复功能，处理过程具有完整的日志管理和数据审计功能，并且有相关的监控机制，保证数据调度的正常进行和可靠性；数据调度过程的全面日志监控，提供可视化的页面，提供进程状态实时查询，易于监控；数据调度处理过程可以将调度执行或开发的权力赋给指定的人，避免不相关人员的误操作，并能记录操作人员的使用情况，便于管理；可视化的数据调度流程配置，通过拖拉拽实现流程配置，具有良好的易用性。可针对不同数据库生成相应优化的执行脚本，生成的数据调度脚本可离线编辑性及导入导出，易于使用。

6.6　系统部署

近年来，云服务器（elastic compute service，ECS）以简单高效、安全可靠、处理能力可弹性伸缩等特点，迅速成为市场技术主流。本系统中使用云服务器作为应用服务器（以下称为“云应用服务器”），使用云数据库服务器作为数据库服务器。控制中心系统部署在云应用服务器上，数据中心部署在云数据库服务器上。

6.6.1　云应用服务器

云服务器提供性能卓越、稳定可靠、弹性扩展的 IaaS 级别云计算服务，有助于降低 IT 成本，提升运维效率，实现计算资源的即开即用和弹性伸缩，其优势如下。

（1）稳定性：可靠性高达 99.99%，可实现自动宕机迁移、快照备份。

（2）易用性：丰富的操作系统和应用软件，可一键简单部署，轻松扩展。

（3）可扩展性：可与各种丰富的云产品无缝衔接，可持续为业务发展提供完整的计算、存储、安全等解决方案。

（4）高安全性：免费提供 DDoS 防护、木马查杀、放暴力破解等服务，通过多方国际安全认证，ECS 云盘支持数据加密功能。

（5）高性能：最高可选 88vCPU，内存 704 GB，性能最高可达 700 万 PPS 网络收发包，35 Gbps 带宽。

（6）弹性：更贴合业务现状，同时带来弹性的扩容能力，实例与带宽均可随时升降配置，云盘可扩容。

云服务器的性能配置可以根据接入 RTU 的数量以及遥测采集数据量而定，后期也可以随时扩容，以满足使用需求为判断基准。

6.6.2　云数据库服务器

MySQL 是全球最受欢迎的开源数据库之一，作为开源软件组合 LAMP（Linux + Apache + MySQL + Perl/PHP/Python）中的重要一环，广泛应用于各类应用场景，其优势如下。

1. 高安全等级，保证数据库安全性

（1）已通过 ISO 20000、SOC、等保三级等十项安全合规认证。

（2）支持安全事前防护：可设置允许连接的 IP 白名单，严格控制访问源。

（3）支持安全事中防护：公网地址自动开启 DDoS 防护；访问链路支持 SSL 加密；通过高安全模式拦截 SQL 注入，远离拖库风险。

（4）支持安全事后审计：支持 SQL 审计功能，记录所有访问源和访问行为信息。对所有安全及故障事件做到有据可查。

2. 多种部署架构、满足多累可用性要求

（1）支持主备架构，自动同步数据，故障时自动切换链接。

（2）支持同城/异地容灾：在不同可用区部署主备服务器，独立的网络环境可提升数据可靠性；同时，创建异地灾备，通过数据传输实现异地数据实时同步，保障业务可用性。

3. 灵活的产品形态，满足系统可扩展性

（1）可根据业务需求按需随时升级内存、磁盘空间；独享型、独占物理机提供更稳定的性能，服务器最高支持 90 核 CPU、720 GB 内存、6 TB 存储空间。

（2）横向扩展数据库读能力，每个只读实例拥有独立的链接地址，可由应用端控制压力分配。

4. 丰富运维功能，大幅降低运维成本

（1）支持自定义备份策略，通过克隆实例恢复到任意时间点，找回误删数据；支持小版本自动在线热升级，及时修复已知 Bug。

（2）支持资源和引擎双重监控，链接云监控自定义报警策略；秒级探测故障，分钟级切换，90% 连接保持无影响。

（3）提供专家级性能诊断自助式服务，解决 60% 的性能问题。

部署在云应用服务器上的控制中心收到 RTU 的数据后，通过数据治理，存储到云数据库服务器，然后通过数据授权管理，把数据推送给其他应用系统。同理，云数据库服务器和云应用服务器类似，也可以先选择低配，然后随着数据量以及计算量的增加，对云数据库服务器进行扩容。

6.7 应用举例

本节针对“基于多网融合的泥石流数据传输和自主识别技术”课题的研究需求所开发的一套控制中心系统软件为例（以下简称“控制中心”），介绍该系统软件的用户界面与具体功能。为了改善用户体验，控制中心软件包含了 PC 端软件和移动端软件两个部分。PC 端软件采用 BS 架构，用户可直接通过 Web 浏览器登录控制中心；移动端基于微信公众号和小程序开发，用户也无须安装专门的 App 即可方便地使用。

数据管理需求虽也是重要的组成部分，但由于数据管理部分属于数据层面管理范畴，不直接与用户进行交互，所以在应用举例中省略该部分内容，但该部分的工作内容直接体现到控制中心的功能与数据展示应用中。

6.7.1　登录首页

首页是用户通过电脑登录管理平台后首先呈现的页面（图 6－16），首页由 4 个版面组成，分别是设备状态区、设备列表区、数据展示区和设备详情区。

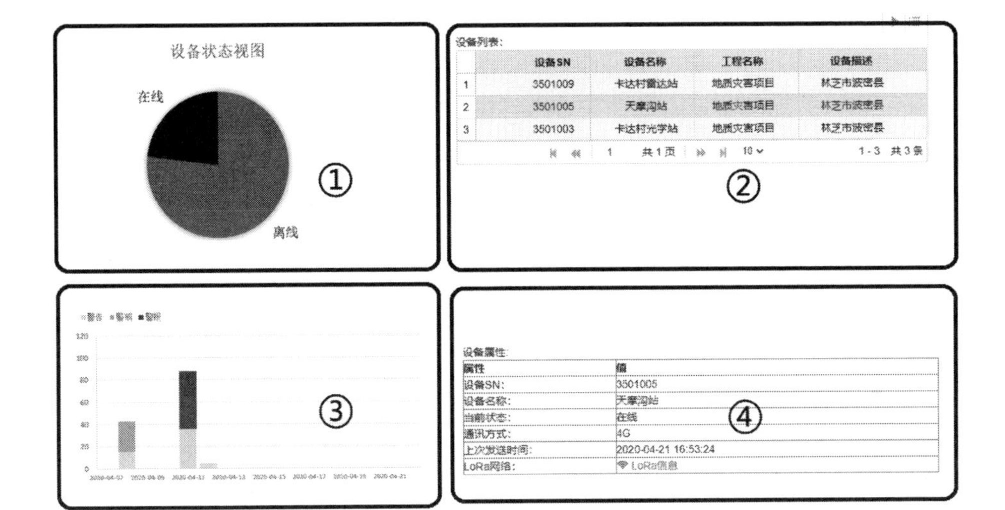

图 6－16　控制中心首页

设备状态区根据设备状态（在线/离线/故障）进行分类统计，可以查看归属登录用户管理的所有设备的状态；设备列表区展示的是当前用户选中状态的设备列表清单；如果需要查看某台设备的详细信息以及报警数据，可以在设备列表区选中一台设备，此时数据展示区和设备详情区实时展示该设备的报警数据统计和详细设备属性信息。

在移动端，用户通过微信小程序入口进入应用后，展现的移动端首页（图 6－17）是功能页，通过单击不同的功能图标，可以进入不同的功能页。

图 6－17　移动应用首页

此外，在移动应用的首页上，应用显示与否视登录用户权限而定。例如，“故障管理”功能只对超级管理员或者设备维护员可见。

6.7.2　注册鉴权管理

注册鉴权管理，主要是设备管理，包括对 RTU 管理和第三方控制中心的管理。以项目（或者客户自定义名称）为管理单位，以 2 层嵌套的形式进行管理，项目下挂 RTU 设备，RTU 搭载监测载荷，如图 6－18 所示。

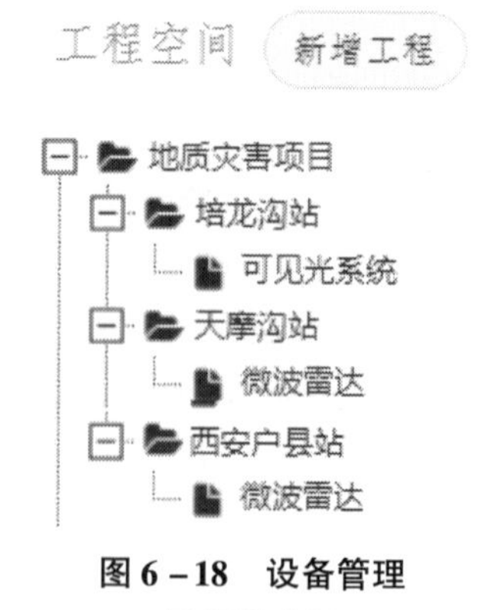

图 6－18　设备管理层级模式图

注册鉴权管理只支持在电脑端的控制中心进行操作。在进行设备管理时，需要录入必要的信息，主要包括三个方面：首先是监测站的数据，包括监测站名、位置信息、归口单位等；其次是 RTU 的数据，包括设备 SN、外接载荷配置信息等数据；最后是监测载荷的数据，包括载荷的数据格式、报警阈值等数据，图6-19所示为RTU直接接入模式注册鉴权管理页面，图6-20所示为RTU间接接入模式注册鉴权管理页面。

图6-19 RTU直接接入模式注册鉴权管理页面

图6-20 RTU间接接入模式注册鉴权管理页面

6.7.3 监测站分布

在控制中心进行注册鉴权成功的RTU，就纳入控制中心管理的范畴，同时根据RTU的经纬度，在监测站分布展示监测站在地图上的位置信息，监测站分布同时支持卫星地图，可以直观了解监测站所处的地形地貌。

在监测站分布图上，可以直接选中监测站，然后单击进入查看监测站信息。与之相对应的移动应用是“测站分布”，但移动应用只支持位置查看，不支持通过测站分布直接查看设备信息。

6.7.4 运行状态管理

实时数据监测页面，显示监测站点向控制中心上报的所有消息，包括设备状态消息、报警数据消息等，如图 6－21 所示。

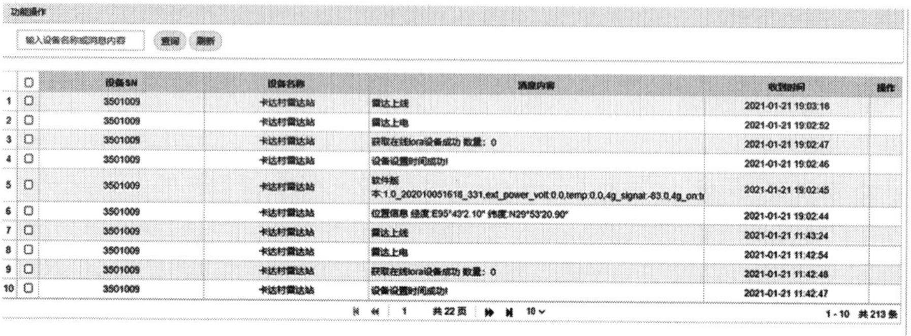

功能操作

输入设备名称或消息内容 查询 刷新

		设备SN	设备名称	消息内容	收到时间	操作
1	☐	3501009	卡达村雷达站	雷达上线	2021-01-21 19:03:16	
2	☐	3501009	卡达村雷达站	雷达上电	2021-01-21 19:02:52	
3	☐	3501009	卡达村雷达站	获取在线lora设备成功 数量：0	2021-01-21 19:02:47	
4	☐	3501009	卡达村雷达站	设备设置时间成功!	2021-01-21 19:02:46	
5	☐	3501009	卡达村雷达站	软件版本:1.0_202010051618_331,ext_power_volt:0.0,temp:0.0,4g_signal:-83.0,4g_on:t	2021-01-21 19:02:45	
6	☐	3501009	卡达村雷达站	位置信息 经度:E95°43'2.10" 纬度:N29°53'20.90"	2021-01-21 19:02:44	
7	☐	3501009	卡达村雷达站	雷达上线	2021-01-21 11:43:24	
8	☐	3501009	卡达村雷达站	雷达上电	2021-01-21 11:42:54	
9	☐	3501009	卡达村雷达站	获取在线lora设备成功 数量：0	2021-01-21 11:42:48	
10	☐	3501009	卡达村雷达站	设备设置时间成功!	2021-01-21 11:42:47	

1 共22页 10 1-10 共213条

图 6－21 实时数据管理页面

实时数据监测，是 RTU 运行状态的实时记录，通过实时数据监测，可以判断 RTU 的状态，以及当 RTU 故障时，作为辅助分析的一种手段，与之相对性的移动端应用是“设备管理”。在图 6－17 中单击“设备管理”，即可跳转至设备状态页面，展示设备列表和状态信息，如图 6－22（a）所示；单击 RTU 的“详情”，即可跳转至运行状态日志统计页面，如图 6－22（b）所示。

6.7.5 预警消息管理

预警管理的主要功能就是对预警消息的管理，展示设备的预警消息发送记录，包括发送消息内容、接收人、发送方式等，如图 6－23 所示。

在预警管理的设置中，可以根据报警级别和客户的需求来选择预警的方式，从而把预警消息推送给相关人员。目前常用的预警方式为公众号提醒和短信通知，在本系统中，这两种方式也是标配。例如，图 6－24 所示为低级别预警消息，仅以微信公众号的方式推送消息，而图 6－25 所示为高级别报警消息，同时以微信公众号和短信的形式推送消息。

往微信公众号推送的消息除了预警信息外，还包括 RTU 设备在线/离线、监测载荷运行状态切换消息和定时状态上报信息。例如，图 6－26 所示为设备在线、监测载荷雷达上电和上线通知。

6.7.6 数据报表展示

借助 BI 分析工具，根据 RTU 采集的数据进行报表、图表等形式的展示，实现图 6－27 所示的控制中心展示某监测站雷达报警数据的统计结果；图 6－28 所示为移动应用中展示雷达报警数据的统计结果。

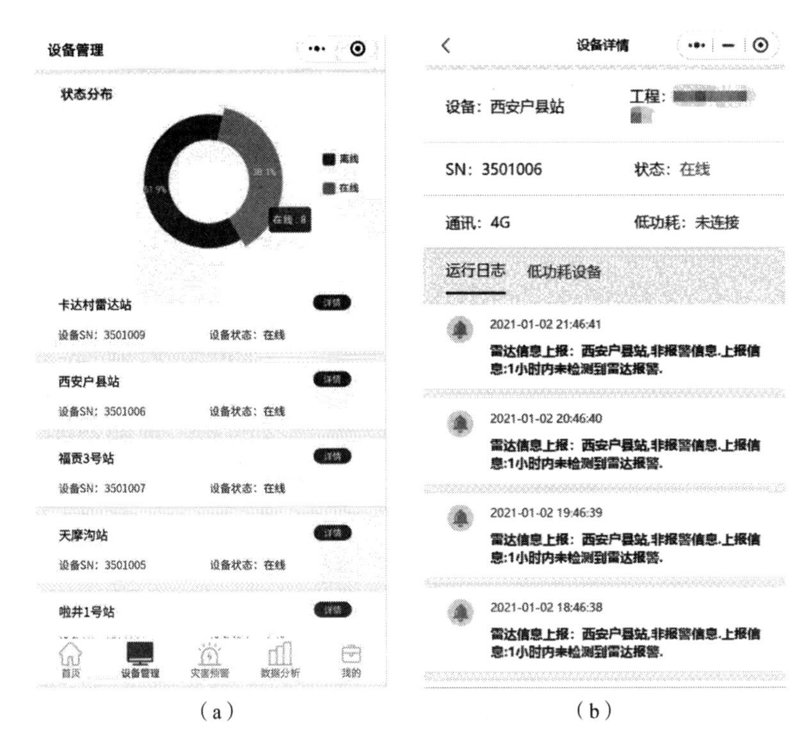

（a）　　　　　　　　　　（b）

图6-22　运行状态页面

（a）设备管理；（b）设备详情

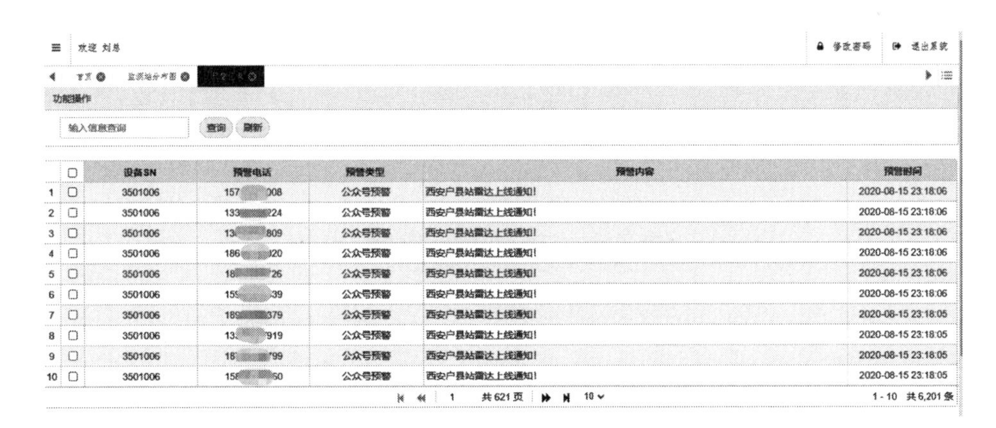

	设备SN	预警电话	预警类型	预警内容	预警时间
1	3501006	157[illegible]008	公众号预警	西安户县站雷达上线通知!	2020-08-15 23:18:06
2	3501006	133[illegible]224	公众号预警	西安户县站雷达上线通知!	2020-08-15 23:18:06
3	3501006	13[illegible]809	公众号预警	西安户县站雷达上线通知!	2020-08-15 23:18:06
4	3501006	186[illegible]20	公众号预警	西安户县站雷达上线通知!	2020-08-15 23:18:06
5	3501006	18[illegible]26	公众号预警	西安户县站雷达上线通知!	2020-08-15 23:18:06
6	3501006	15[illegible]39	公众号预警	西安户县站雷达上线通知!	2020-08-15 23:18:06
7	3501006	18[illegible]379	公众号预警	西安户县站雷达上线通知!	2020-08-15 23:18:05
8	3501006	13[illegible]919	公众号预警	西安户县站雷达上线通知!	2020-08-15 23:18:05
9	3501006	18[illegible]99	公众号预警	西安户县站雷达上线通知!	2020-08-15 23:18:05
10	3501006	15[illegible]50	公众号预警	西安户县站雷达上线通知!	2020-08-15 23:18:05

1　共621页　10　1-10　共6,201条

图6-23　预警管理消息列表

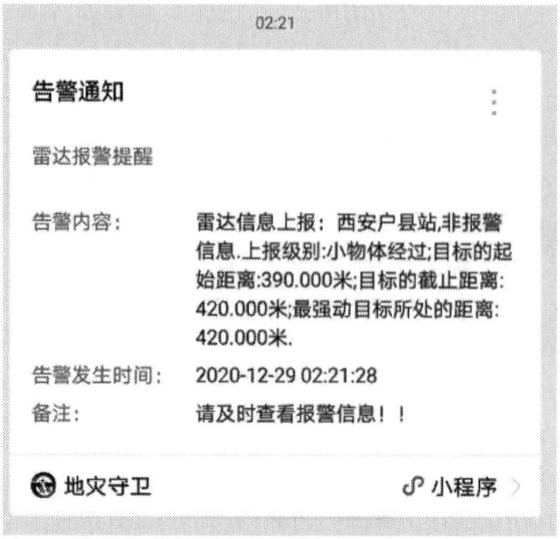

02:21
告警通知
雷达报警提醒
告警内容:
雷达信息上报：西安户县站,非报警信息.上报级别:小物体经过;目标的起始距离:390.000米;目标的截止距离:420.000米;最强动目标所处的距离:420.000米.
告警发生时间:
2020-12-29 02:21:28
备注:
请及时查看报警信息！！
地灾守卫
小程序

图 6－24　低级别报警的通知（微信）

告警通知
雷达报警提醒
告警内容:
雷达信息上报:西安户县站,报警信息.上报级别:有大流速通过;目标的起始距离:599.982米;目标的截止距离:694.716米;最强动目标所处的距离:663.138米.
告警发生时间:
2020-12-01 10:23:03
备注:
请及时查看报警信息！！
查看详情
地灾守卫
报警消息

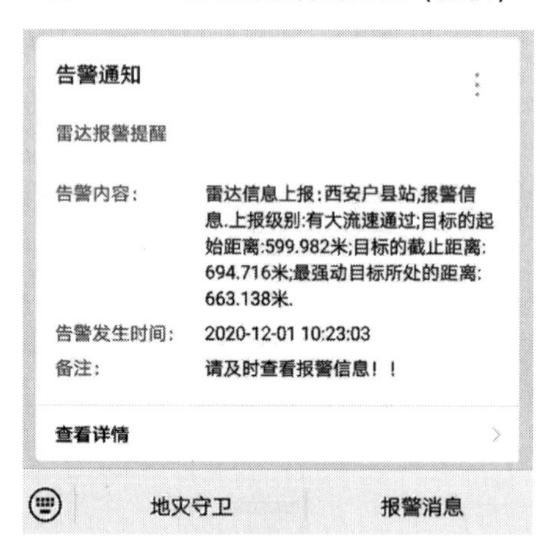

（微信）

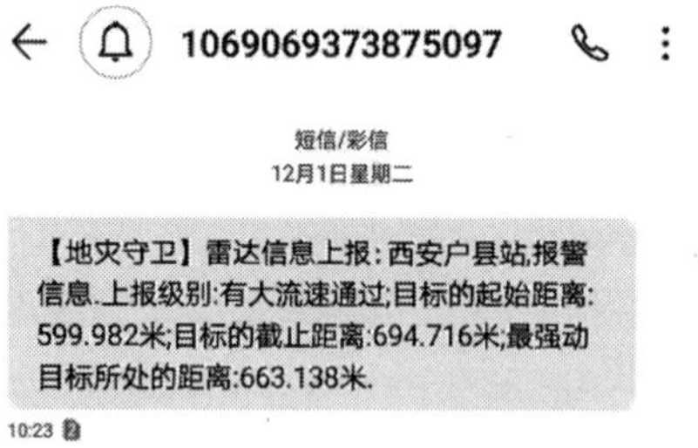

1069069373875097
短信/彩信
12月1日星期二
【地灾守卫】雷达信息上报:西安户县站,报警信息.上报级别:有大流速通过;目标的起始距离:599.982米;目标的截止距离:694.716米;最强动目标所处的距离:663.138米.
10:23

（短信）

图 6－25　高级别报警的通知（微信＋短信）

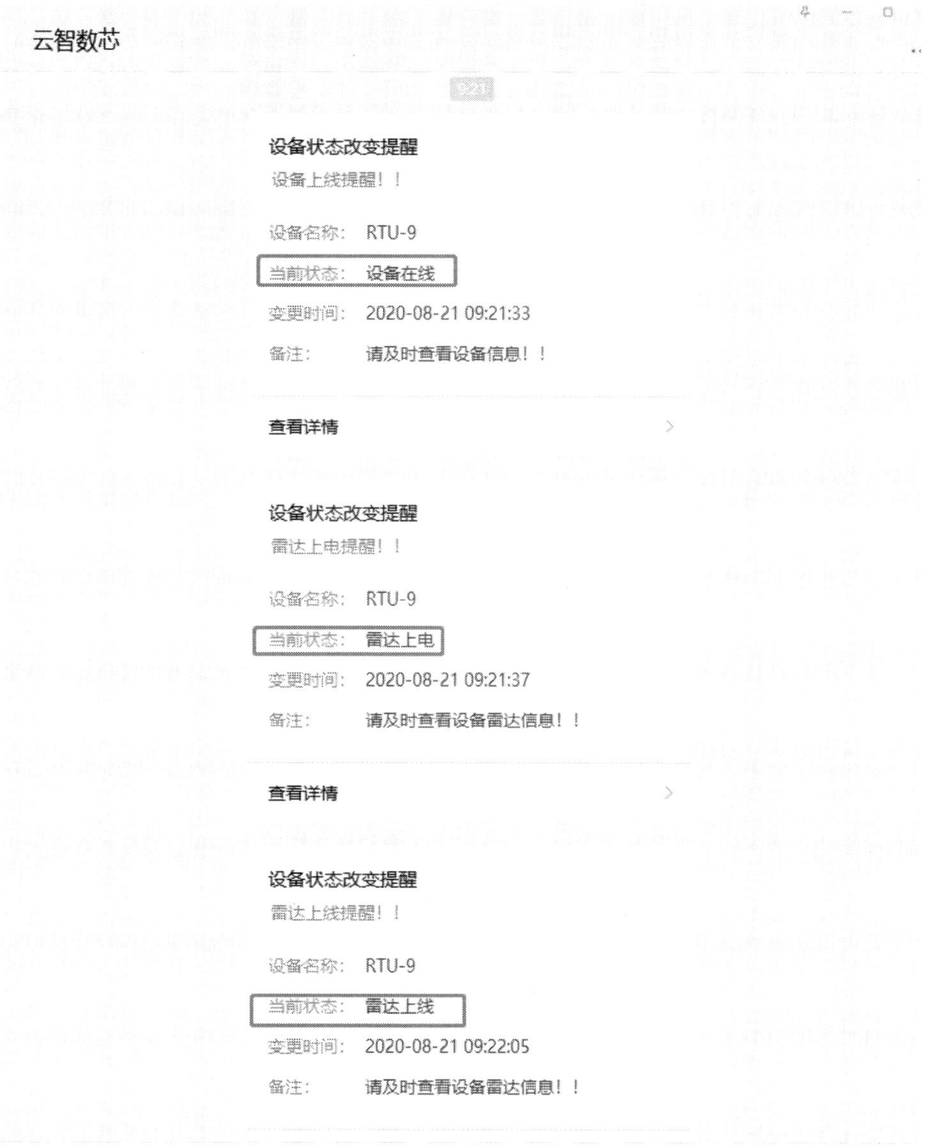

云智数芯

设备状态改变提醒

设备上线提醒！！

设备名称：　RTU-9

当前状态：　设备在线

变更时间：　2020-08-21 09:21:33

备注：　请及时查看设备信息！！

查看详情

设备状态改变提醒

雷达上电提醒！！

设备名称：　RTU-9

当前状态：　雷达上电

变更时间：　2020-08-21 09:21:37

备注：　请及时查看设备雷达信息！！

查看详情

设备状态改变提醒

雷达上线提醒！！

设备名称：　RTU-9

当前状态：　雷达上线

变更时间：　2020-08-21 09:22:05

备注：　请及时查看设备雷达信息！！

图 6－26　设备状态消息

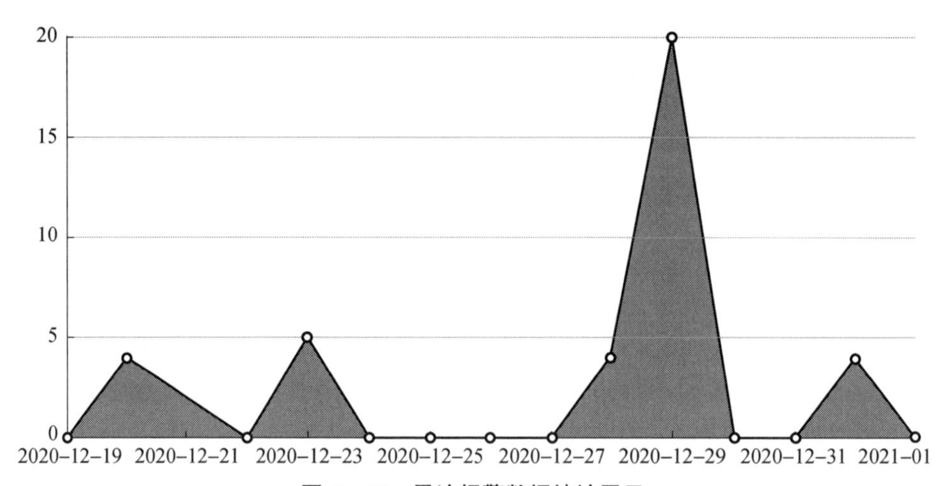

图 6-27　雷达报警数据统计展示

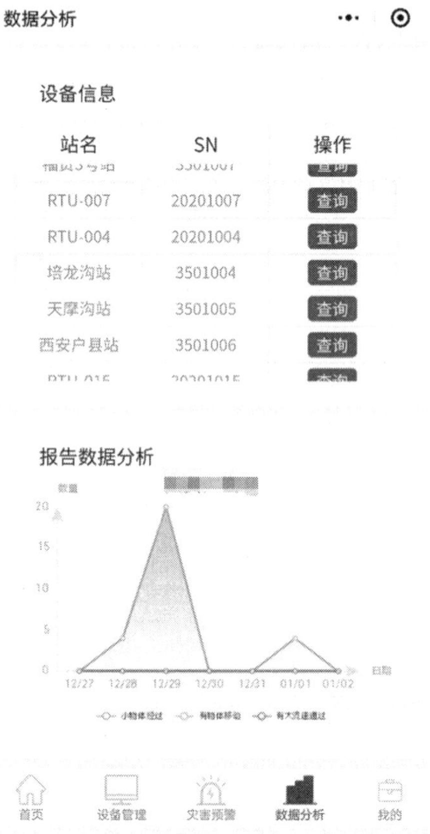

站名	SN	操作
RTU-007	20201007	查询
RTU-004	20201004	查询
培龙沟站	3501004	查询
天摩沟站	3501005	查询
西安户县站	3501006	查询

图 6-28　移动应用展示雷达报警数据统计图

6.8　本章小结

本章介绍了一种混合模式的地质灾害监测预警融合平台实现技术。该系统搭建统一的 RTU 数据收集、存储和控制管理平台，可以兼容多模式和多协议的 RTU 接入，具有良好的扩展性。从平台架构设计、软件功能设计、系统部署设计等方面详细阐述了混合模式的地质灾害监测预警融合平台的实现。之后，以针对“基于多网融合的泥石流数据传输和自主识别技术”课题的研究需求所开发的一套控制中心系统软件为例，介绍了该系统软件的用户界面与具体功能。本章所介绍的内容可作为泥石流监测预警数据管理系统设计与实施的参考。

参 考 文 献

[1] 乔建平，等. 降雨型滑坡泥石流监测预警研究 [M]. 北京：科学出版社，2018.

[2] 谢谟文，李清波，刘翔宇. 滑坡灾害预测模拟及监测预警系统 [M]. 北京：科学出版社，2018.

[3] 高立兵，高宁宁. 泥石流灾害监测预警及自动预警方法研究 [J]. 海峡科技与产业，2020 (1)：42-45.

[4] 邱建新. 地质灾害监测预警技术创新及应用研究 [J]. 智能城市，2020 (17)：33-34.

[5] 张彬，徐能雄，张中俭. 地质灾害治理与监测预警实践教学基地建设与应用 [J]. 中国地质教育，2020 (1)：111-114.

[6] 龙军，章成源. 数据仓库与数据挖掘 [M]. 长沙：中南大学出版社，2018.

[7] 郑天民. 微服务设计原理与架构 [M]. 北京：人民邮电出版社，2018.

第 7 章 泥石流监测预警装备集成技术

7.1 引言

先进的技术需要落实到装备上，而装备的集成效果如何直接影响技术的应用和监测应用的成效，装备集成后系统运行的稳定性需要依托系统的联调等前期测试验证工作来保障。本章针对基于前述各章所研究关键技术而研发的监测预警载荷、信息传输系统和控制系统的装备集成相关技术与关注要素进行分析论述，并提供多处泥石流监测预警装备现场的实施案例以供参考。在案例部分描写重点在于本书所研究各项技术的载体设备的安装与调试。

7.2 泥石流监测预警装备结构设计

设备的结构设计一方面需要实现设备功能需求，另一方面需要满足设备的性能需要。在性能实现方面，除了基本功能对应的性能之外，还包括环境适应性、可靠性等方面的性能。泥石流监测预警设备应用于户外环境中，具有其特殊的应用环境，在基本的电子产品封装结构之外，重点需要考虑环境的影响和可靠性的需求。本部分主要以多模通信单元为例介绍泥石流监测预警装备结构设计相关内容，由于装备的多样性，不能全面覆盖所有类型的设备，但相关考虑要点仍可作为参考。

7.2.1 泥石流监测预警装备结构设计特点与要求

作为泥石流监测预警装备，首先需要满足一般装备的基本结构设计要求，其次需要满足作为泥石流监测预警应用的特殊需求。

一般地，装备结构的好坏将最终决定装备的综合性能，保证装备不会发生失效、监测效果准确度下降等问题。装备的结构设计应满足强度和刚度的要求，同时兼顾热设计、EMC 设计和雨雪等环境防护设计，为装备内各模块、器件等创造适宜的工作环境。

在泥石流监测预警应用中，需要考虑泥石流监测预警装备的应用场景对结构提出来的需求。这些装备一般安装于山区环境下，尤其是作为本书依托的“复杂山区泥石流灾害监测预警与技术装备研发”课题，其安装示范点位于西藏林芝地区 318 国道两侧的山沟内，这些地方一般交通条件较差，在将设备从研制地点运送到距离示范点较近的具有较多人生活居住的地方已经足够困难，而将其运往没有人员居住生活的山沟内更是困难重重。前者主要在于需要较多的时间来用于运输，如 2020 年 10—11 月从河北发送到波密的较大设备，需要 2 周左右的运输时间，部分如蓄电池需要的时间更久；此外这种不便结合后者以及当地在工业技术方面进展方面的欠缺，造成了后期维护成本的提升。后者主要在于，缺少必要的交通基础设施和交通工具。以波密卡达村泥石流沟示范点为例，该沟距离现场仅 5 km 左右，但已经是距离现场相当近的示范点了。该沟虽然位于 318 国道旁边，但进入沟内的道路，除了沟口 100 多米有一些稍微平整的路段之外，即没有了现成的较为平整的道路，越野汽车也基本只能开到此地。之后几百米，如果不专门开辟便道，就只能靠人背肩扛等人工方式将设备抬上去，更不用提沟内的流水造成的阻挡。除了交通不便之外，设备安装空间经常较为有限，且摄像头、雷达、卫通等设备为了必要的视野还存在架高的需求。在这有限的空间内，还需要完成设备的架装、调试。这些需求综合而言，需要泥石流监测预警装备具有重量轻、体积小、便于携带、便于安装、便于调试等特点。

山区泥石流沟内存在较长时间的低温，对于安装于沟内的设备，需要能够耐受这种低温环境。由于设备的架高以及太阳能供电的需求，设备安装处大都需要受相对较多的太阳照射，在较长时间太阳照射后，产品内部热量的积聚造成设备工作温度的上升。因此，设备还需要能够耐受较高的工作温度。设备的热设计应考虑设备内部热源发热散热情况和环境条件等方面，并满足设备使用和贮存温度要求。应通过恰当的器件布局和导热散热措施，使设备工作在适宜的热环境下。热设计应具有一定的裕度，并需通过相关热试验进行验证。

防水、防潮、防蚊虫、防雷电也是需要考虑的因素。像林芝地区的泥石流沟，泥石流多发生在雨季，而雨季一般经常有长时间的降雨天气，设备需要能够防护雨水侵犯，能够防潮，防止雨水或者潮湿大气造成的短路等可能的故障。一般的山里面具有较多的蚊虫，设备需要具有免受蚊虫骚扰的能力。夏季的雷电对于属于户外设备的山区泥石流监测预警装备来说，也是容易造成装备失效的因素之一，也需要对其进行防护。

这些应用环境带来的问题，对设备的轻量化、小型化、可靠性、防护能力均提出了相关的要求。因此在对设备结构分析的基础上，设计应尽量做到体积小、重量轻，且有足够的安全裕度。结构设计应经过充分的结构力学分析和试验验证，证明结构设计满足力学环境条件和接口要求。结构设计还需要考虑设备的防尘、雨水防护、防霉变及防虫害、雷电防护等方面，其中雨水防护和防尘需能通过试验验证。设备的接口设计应尽量采用已定型或已验证的标准部件、通用件，使得设备具有广泛的实用性。

7.2.2 泥石流监测预警多模通信单元结构设计实践

多模通信单元作为兼具系统自主健康管理功能、多链路多模式数据/信号传输管理功能以及对部分载荷进行加断电控制的前端中心管理单元，在系统构建中起着十分重要的作用。多模通信单元的组成包括自主健康管理模块、路由管理模块、接口模块、对外接口、封装结构等。作为户外应用电子设备，需要开展的工作包括封装选择、布局设计、接口设计、走线与布线设计、安装设计等。

1. 封装选择

一般地，作为野外应用的电子设备，设备需要具备 IP66 以上的防护等级。考虑到设备低成本应用，通常可以考虑采用通用的机箱对设备各板卡/模块进行集成。该实现形式的优点是，通用机箱采购成本低、采购周期快、机械接口简单，可以根据需求选用不同规格的机箱，从而满足不同接口数量的需求；但缺点也很明显，一是一般只有一个穿电缆的接口，各种设备的接口需要置于机箱内部，造成机箱内部空间较大，从而造成设备体积大、重量大。二是由于电路及相关模块直接布局于机箱中，且机箱具有较大的重量和尺寸包络，当维护时无论是将机箱从整个系统中分离出来更换为新的机箱，还是打开机箱盖进行故障检查处理，均需要采取较多专业性的操作，对于操作人员要求较高，因此维护具有较大的不便。

另一种选择是，设备作为整个监测预警系统的一部分，其自身进行小型化专用封装，在应用场景中使用独立或与其他设备共用现场的机箱。维修时，可将其直接断开外部电缆换成新设备，对现场技术人员能力要求大大降低，且将原设备方便地拿回维修而不影响现场应用。这种集成方案，通过合理设计可以尽可能大地实现轻量化小型化设计，便于施工现场实施应用。

在实际研发过程中，多模通信单元经历了从采用通用机箱到专用壳体封装的改进，通过改进，减小了设备包络，降低了设备重量，充分利用了实施现场的机箱，简化了安装现场的施工难度，提高了硬件维护的便利性。

2. 构型布局设计

一般地内部模块可以选择平铺布局，也可以选择分层布局。采用分层布局时，层间通过支柱与机箱内壁板上提供的安装接口进行连接。不同层的模块间通过电缆或者层间接插件连接。通过电缆连接时，各模块接口的相对位置影响着内部布线的实施，由于机箱内有较多的电缆，合理的布线可以使电缆交叉更少、电缆长度更短、内部更有条理、设备维护更方便。通过层间接插件连接时，模块的设计约束中增加对固定位置的板间接插件的考虑。

从简化接口关系和各模块通用化程度考虑，可以将所有对外接口设置于独立的接口板上，该接口板与其他模块之间通过板间接插件或排线/电缆连接，其上对外提供的接插件，可以通过接口板与机壳之间的紧耦合来直接连接到机壳外部，也可以通过电缆连接到机壳提供的插座上。后者会造成机壳体积增大一些，一方面是增加了连接电缆的空间，另一方面是增加了连接电缆所需要的操作空间；但此种形式，可以解耦壳体结构和 PCB，便于各自开展必要的设计，有利于结构密封的实现。在多模通信单元设计中，选择了前一种方式，主要考虑是紧凑型设计，加上利用现场现有机箱，密封需求有所降低。

在散热设计上，模块内部的高热耗器件优先考虑贴壳安装或可通过高热性能良好的材料连接到壳体上，以便于热量的导出；对于内部不能直接通过壳体散热的器件，应考虑合理设计风道，便于通过空气对流来实现热量的散出。

3. 多模通信单元布线与实施设计

多模通信单元内部模块间、模块与壁板上对外接口间均通过电缆进行连接，造成机箱内有较多的电缆，对多模通信单元的布线进行设计，避免出现难以插接电缆、电缆无法连接、空间不足、电缆交叉过多造成混乱无序等问题。

电缆布线中需要遵循的基本要求包括：所有可能与安装板、螺钉等尖锐边缘接触或距离近的电缆位置均需要包扎热缩布或缠锦纶线；所有绑扎位置对被绑扎电缆需先用热缩布或者锦纶线缠 2 层（8 ~ 15 mm 长，热缩布不少于 2 层），再从该位置将电缆绑用尼龙扎带或锦纶线扎于安装板；导线焊接后用热缩布保护；导线束形成电缆后用合适直径的热缩布进行防护，每个接插件尾部的热缩布沿电缆长度方向不大于 40 mm。

电缆用于连接的端口应该进行编号并标识，记录其用途、端口编号和对应的接插件型号，形成设备端口清单、端口位置分布图和电缆清单。一般还需要对电缆布线需要使用的物料进行梳理，形成物料清单。物料清单一般包括连接柱、连接片、电缆绑线座、尼龙扎带、热缩布、热缩管、锦纶线、锦纶套、焊料、导线等。

除了以上工作之外，还需要根据设备特点，以模块为基准或以电缆为基准形成电缆安装走线绑扎说明。以模块为基准时，一般包括电缆组成说明和电缆布线绑扎图。

4. 多模通信单元结构设计

多模通信单元全网通多模通信单元最终选用了专用封装设计的形式。通过对电路模块进程集成优化设计，将外购模块功能集成于专用电路内，减少了对设备的封装结构尺寸要求。此外，一方面考虑到现场架装时尽量与其他模块共用机箱，减少架装机箱数量；另一方面，减小设备包络和重量，降低对架装的操作难度。因此，最终选用的设备在结构设计中，一方面进行了小型化轻量化设计；另一方面采取了从全密封版到接口非密封版两个进化版本，尽可能地降低设备的体积重量。最终实现的设备外形包络尺寸为 168.6 mm × 114 mm × 36 mm，设备对外安装接口为 4 个 M3 深度为 6 mm 的螺纹孔。设备在使用时，通过螺钉连接于转接板之后，再安装于机柜台架之上。设备上提供的对外接口均位于设备一个 114 mm × 36 mm 的端面上，如图 7 - 1 所示。

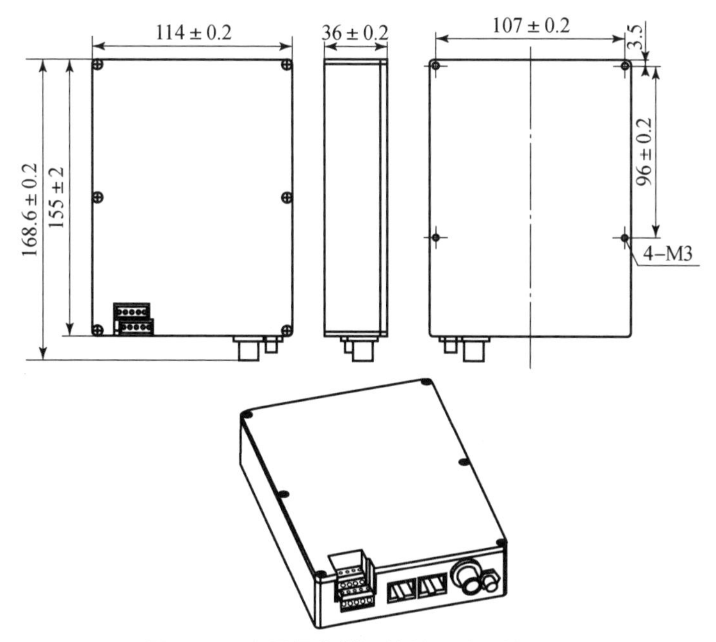

图 7 - 1　全网通多模通信单元外形接口图

全网通多模通信单元设计中，采用了板件接插件和排线连接两种连接方式减小设备的体积，避免了电缆插接带来的产品包络的增大和相应的重量的增加。通过优化板内布线设计，将排线连接接口设计为精简优化到平行的两组接口，仅两根电缆的插接，大大降低了连接时电缆布线带来的空间需求，提升了产品内部的整洁度和美观性，也降低了操作难度，避免了操作失误的可能。

在结构设置中，将板上的高热耗器件通过导热胶膜贴合到金属壳体上，对于不能贴合的采用导热带连接到金属壳体上，提高了设备内部器件的散热能力，提升了设备的环境适应能力。

在壳体不同零件连接位置，通过止口设计来实现基本的闭合，并通过对缝隙处充胶来实现设备的密封。

5. 设备接口规范化

作为研发项目载体的泥石流监测预警系统包括很多设备，其中有多种为新研设备。多设备间的软硬件接口控制是设备研制的重要方面，同时也是实现技术验证的重要环节。在多模通信单元研制过程中，对涉及的通信模块接口、传感器接口以及多模通信单元之间的接口均开展了接口匹配性设计与测试验证。这些接口具体包括：①4G 天线接口；②北斗短报文模块接口；③卫通模块接口；④可见光监测设备接口；⑤泥石流监测微波雷达接口；⑥多模通信单元之间的接口。

在接口兼容性设计方面，为确保各新研设备能够顺利完成系统集成，通过编写设备接口协议来实现设备接口兼容匹配及其规范化。接口协议一般包含设备清单、供电与功耗需求、机械接口、控制与通信接口、设备架设与安装要求等内容，各设备负责单位应对协议进行协调确认，通过签署等形式进行状态固化。该接口协议亦可作为系统集成方案设计与实施的依据。

6. 多模通信单元系统应用安装设计

多模通信单元在泥石流监测预警应用中，与北斗短报文模块、卫通模块、LoRa 天线及 4G 增强天线共同组成通信应用系统。其中多模通信单元安装于机箱内，北斗短报文、卫通模块、LoRa 天线及 4G 增强天线安装于机箱外部。多模通信单元、北斗短报文模块、卫通模块、LoRa 天线及 4G 增强天线共同安装于立杆上。除卫通模块之外，其余模块均可集成于多模通信单元集成用机箱周围，之后通过卡箍安装于立杆之上。卫通安装于多模通信单元上方不小于 10 cm 的位置，如图 7－2 所示。

1）注意事项

（1）户外架装，要注意人身安全和设备安全，要防止磕碰、摔落、打滑，高处作业要满足高空作业操作规范，在必要时要有专人负责安全管理。

（2）螺钉拧紧时遵从对角连接和顺序连接，确保连接可靠、无应力、无遗漏。

（3）设备轻拿轻放，禁止用手触摸打开防护罩的接插件内部的插针。

（4）在立杆上安装抱箍时，可通过增加衬垫等措施增大摩擦，防止滑落。

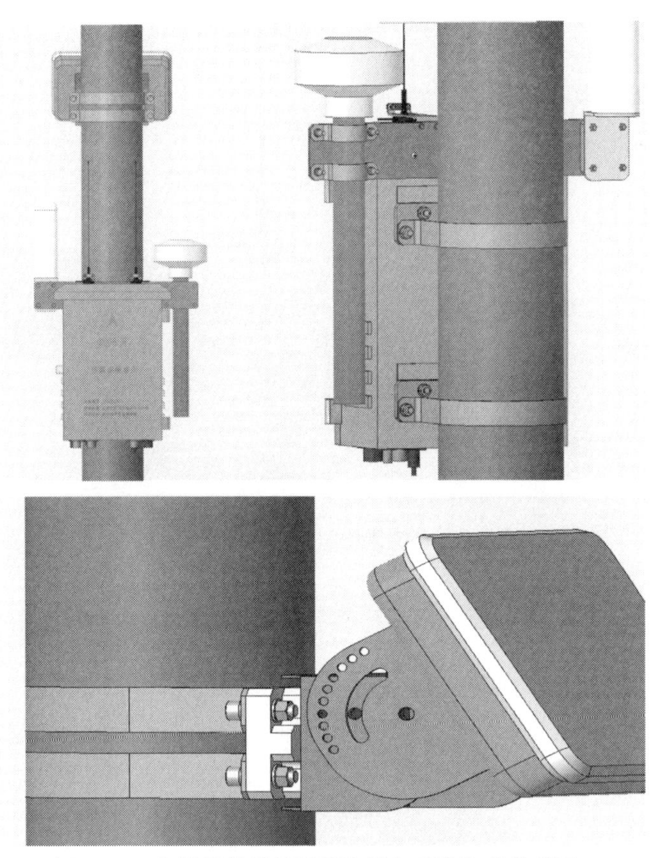

图 7 – 2　多模通信单元及周边设备系统集成参考图

2）安装步骤

多模通信单元及配套设备按如下步骤开展架装工作。

（1）将多模通信单元安装于机箱内部，将其对外连接端口通过电缆转接到机箱提供的防水插座上，部分端口可通过电缆穿孔将电缆直接穿出于机箱外，穿孔处进行密封处理。

（2）使用螺钉/平垫/螺母组合将挡片 1 安装于天线安装板上，之后将天线安装板采用螺钉安装于机箱背面，将 4G 天线（选配，使用增强天线时可以不使用）和 LoRa 天线安装于机箱顶部（挡片 1 卡槽内，吸附于顶板），再将挡片 2 安装于挡片 1，如图 7 – 3 所示。

（3）将机箱安装板安装于机箱，再将机箱安装于立杆，使用抱箍与安装于机箱的机箱安装板连接，如图 7 – 4 所示。

（4）将 4G 增强天线和将北斗短报文模块安装于机箱上的天线安装板，如图 7 – 5 所示。

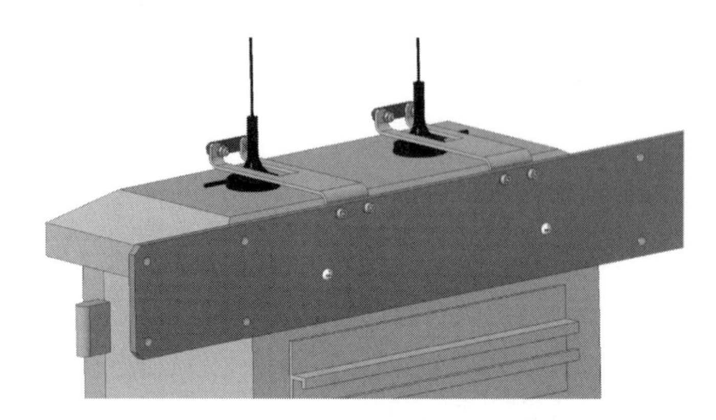

图 7－3　4G 天线和 LoRa 天线安装效果

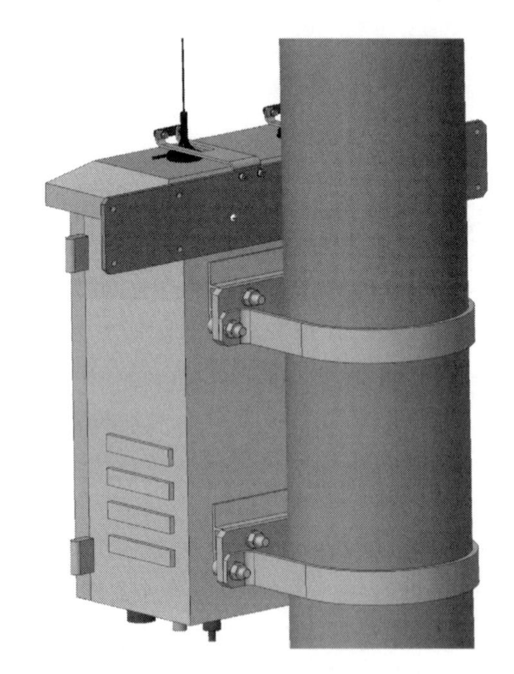

图 7－4　机箱安装效果

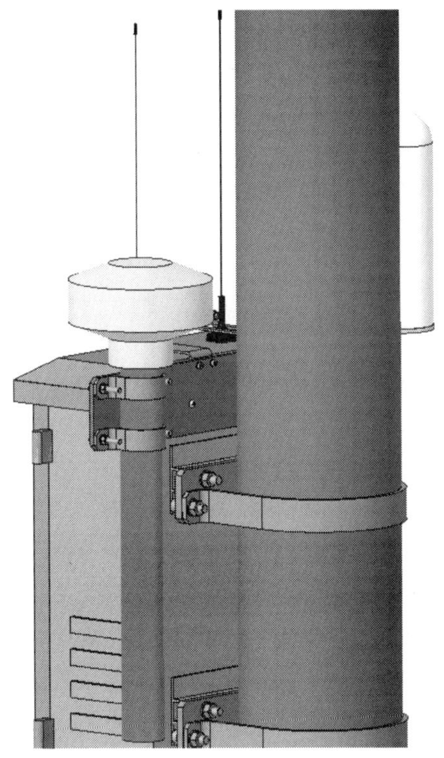

图 7－5　北斗短报文模块安装效果

（5）将卫通转接板安装于卫通模块安装支架外侧，之后使用 156 抱箍与安装于卫通模块的卫通转接板连接，将卫通模块安装于立杆，如图 7－6 所示。

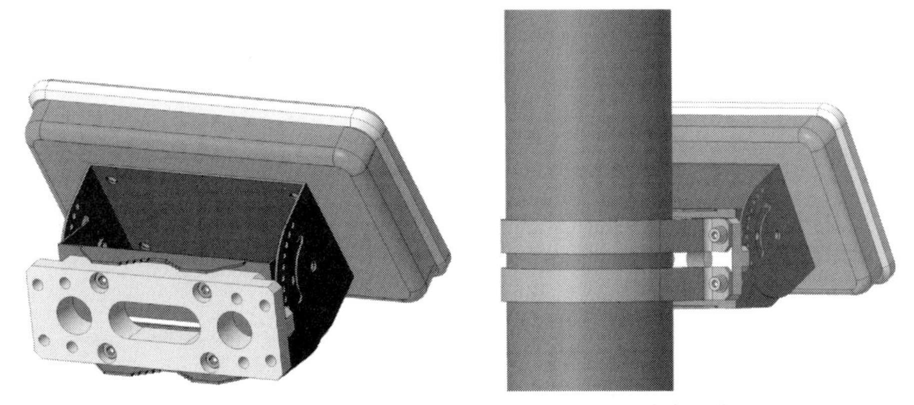

图 7－6　卫通模块与卫通转接板连接及卫通模块架装

（6）采用电缆将卫通模块、4G 增强天线等终端天线与机箱上的提供的插座或电缆端子进行连接。

7.3 泥石流监测预警装备的测试验证

泥石流监测预警设备安装于户外，按照一般户外设备的要求需要开展相关的测试验证工作。作为高可靠通信设备和监测设备，多模通信单元在研制中除了一版户外设备的要求外，还开展了其他一些相关试验，以提高产品的可靠性、普适性。

7.3.1 应用环境特点及对设备的要求

本书所述的泥石流监测设备安装于川藏交通廊道沿线泥石流沟内，属于高原山区环境。安装环境具有如下特点：①昼夜温差大、低温温度低；②泥石流沟内树木众多，对通信和光照可能存在遮挡；③泥石流沟内有猴子等野生动物、牛/马等处于放养状态的家畜。

这些环境条件对于设备均提出了一定的要求，概括而言，泥石流设备需要满足《GB/T 4798—2007 电工电子设备应用环境条件》的要求，并开展相关试验测试验证。测试验证主要包括：①设备在规定的各种环境条件下，应能正常工作，并有足够的寿命；②主要设备应当通过试验证明其对环境的耐受能力满足要求，且相对实际使用环境有足够的余量；③每个设备在交付前均要进行验收试验；④设备在各项试验过程中及试验前后均需按实际使用要求做性能检测。

7.3.2 环境试验项目及方法

针对泥石流监测预警设备的应用环境，需要在设备研制阶段开展相关的实验，包括机箱颜色和外观目检、外形尺寸和安装尺寸监测、结构和功能目检、功能性能试验、温度试验、老练试验等。

泥石流监测预警系统设备主要经历环境条件以及设计分析与验证试验条件如表 7－1 所示。

表 7－1　环境条件

环境参数	单位	环境条件	备注
工作温度	℃	－25～55	
相对湿度	%	5～100	设备在运行前或运行后应避免凝露产生；设备工作时，不应在设备上形成凝露或凝露滴落在设备上

续表

环境参数	单位	环境条件	备注
温度变化率	℃/min	0.5	
气压	kPa	62～101	相当于海拔 0～5 000 m
太阳辐射强度	W/m^2	1 120×(1±10%)	总辐射强度
热辐射	W/m^2		暂不考虑
风	m/s	20	在正常使用状态下，应可承受 60 m/s 的强风破坏
雷电	/	有	
尘土	/	有	应符合 GB4208—1993 中 IP6X 防尘等级
雨、雪、冰雹、冰	/	有	应符合 GB4208—1993 中 IPX6 防水等级
盐雾	/	有	暂不考虑，后续经盐雾试验后，金属材料应无腐蚀现象，非金属材料应无防护等级下降的现象

7.3.3　泥石流监测预警装备专项测试与试验验证

本书所涉及泥石流监测预警系统的示范点位于西藏林芝地区，为高原环境，具有温差大、4G 通信存在供电功耗等制约、示范点为山沟存在遮挡等具体应用环境。针对示范点这些具体的环境及应用特点，以及设备环境适应能力强、识别精度高、通信稳定可靠等设备应用需求，泥石流监测预警装备按照电子设备要求，规划完成单机级、系统级以及相关专项试验测试。其中在单机阶段需要完成的样机室内测试、相关通信等性能测试在前文已经给出了说明。本部分内容主要描述相关专项测试、接口控制以及系统内部联试相关内容，具体包括高低温性能考核、常温烤机考核、4G 天线性能测试与筛选、多模通信单元与北斗模块/卫通模块联试试验、多模通信单元中继联试试验、多模通信单元与新研可见光设备联试等，以确保系统设备满足示范区应用需求。

1）高低温性能考核

为了考核多模通信单元在高低温及温变过程中的功能和性能对应用环境要求的符合性，对多模通信单元开展了高低温性能考核试验。考核试验详细内容详见 3. 5. 3 小节。试验结果表明，多模通信单元在整个测试过程中，性能稳定，数据传输可靠，符合设备标准。

2）常温烤机考核

为确保多模通信单元运行稳定，在进行高低温性能测试后，开展了多模通信单元常温烤机测试，如图 7－7 所示，对多模通信单元长时间工作的性能稳定性和工作可靠性进行了考核。

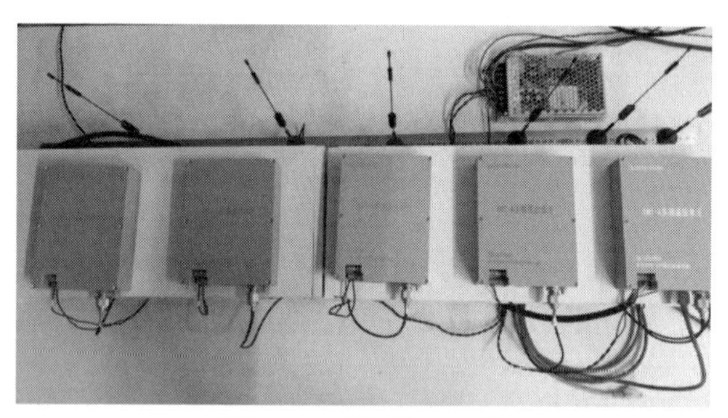

图 7－7　常温烤机测试

常温烤机测试时间持续超过 300 h，测试过程中多模通信单元工作稳定，未出现异常情况，顺利通过了常温烤机试验考核，为后续现场应用示范过程中系统稳定可靠工作提供了有力保障。

3）4G 天线性能测试与筛选

4G 天线是多模通信单元外围设备中用于收发 4G 信号的重要支持设备，为了对多模通信单元所使用的 4G 天线性能进行确认，并筛选出性能最优的设备用于现场应用示范，在北京空间飞行器总体设计部箱型微波暗室开展了 4G 天线性能测试与筛选试验。试验共完成了 10 副 4G 增强天线的性能测试，测试结果（图 7－8）表明，所有 4G 增强天线性能均满足总体指标要求，相对而言其中有 3 副天线性能指标略差，其余 7 副天线性能更优且一致性好。因此，选择性能更优且一致性好的 7 副 4G 增强天线用于西藏现场应用示范。

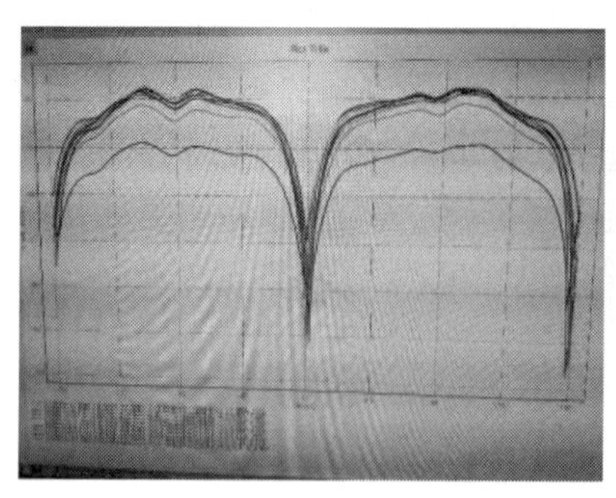
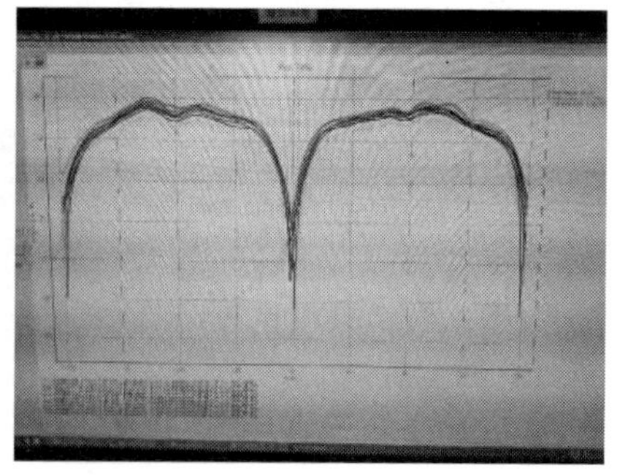

图 7－8　4G 增强天线测试结果

4）多模通信单元与北斗模块联试试验

北斗模块是数据收发处理的重要支持设备之一，为了考核多模通信单元与北斗模块硬件接口的匹配性以及软件接口设计的正确性和协调性，开展了多模通信单元与北斗模块的接口联试试验。联试过程中通过多模通信单元的北斗短报文模块向实验室的北斗短报文模块发送数据，确保北斗中心能够接收到数据。联试结果表明，北斗中心能够正确接收多模通信单元发来的测试数据，由此证明多模通信单元与北斗模块接口的设计正确，北斗短报文通信模式工作正常，符合系统设计要求，如图7－9所示。

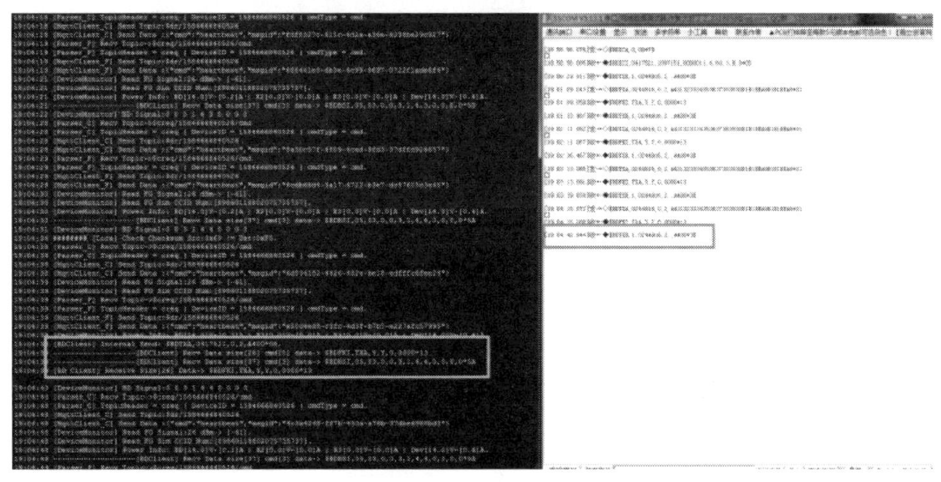

图7－9　多模通信单元的北斗短报文发送数据

5）多模通信单元与卫通模块联试试验

卫通模块用于实现卫星通信功能，是多模通信单元重要的外围设备之一。卫通作为多模通信单元支持的通信方式之一，其通信机制和4G通信类似，通过卫星网络直接把数据发送到控制中心。按计划开展了多模通信单元与卫通模块的接口联试试验，用于考核多模通信单元与卫通模块硬件接口的匹配性以及软件接口设计的正确性和协调性，同时对卫通模块的寻星与初始化操作进行演练，如图7－10所示。测试结果表明，卫通模块寻星及初始化流程正确，卫通模块能够正常上网，多模通信单元可以通过卫通模块将测试数据发送给控制中心，如图7－11所示。

6）多模通信单元中继联试试验

为了对多模通信单元在不同环境下的中继通信的距离进行摸底，获取多模通信单元可用通信距离，在北京的山区开展了多模通信单元中继联试试验，详见3.5.4小节。测试结果表明，在通视环境下，多模通信单元中继距离为3 200 m；在准通视环境下，多模通信单元中继距离为1.4 km；在普通山区环境下（经过J形弯道），多模通信单元中继距离为1 000 m。

图 7－10　卫通模块联试试验现场照片

功能操作

输入编号或名称　查询　刷新

		设备id	设备名称	消息内容	收到时间
1		1584666840526	山地所设备1	设备心跳	2020-04-09 20:44:09
2		1584666840526	山地所设备1	设备心跳	2020-04-09 20:43:19
3		1584666840526	山地所设备1	设备心跳	2020-04-09 20:37:59
4		1584666840526	山地所设备1	设备心跳	2020-04-09 20:37:49
5		1584666840526	山地所设备1	设备心跳	2020-04-09 20:27:09
6		1584666840526	山地所设备1	设备心跳	2020-04-09 20:26:59
7		1584666840526	山地所设备1	设备心跳	2020-04-09 20:26:49
8		1584666840526	山地所设备1	设备心跳	2020-04-09 20:26:39
9		1584666840526	山地所设备1	设备心跳	2020-04-09 20:26:29
10		1584666840526	山地所设备1	设备心跳	2020-04-09 20:26:19

1　共 17 页　10　1 - 10　共 167 条

图 7－11　控制中心接收到多模通信单元的心跳数据

7）多模通信单元与新研可见光设备联试

可见光设备是进行泥石流监测研究的重要新研载荷之一，多模通信单元与可见光设备之间处理通过接口协议对接口匹配性兼容性进行控制之外，同时也需要通过开展联测联试来对两套新研设备间的交互与协同工作情况进行验证确认、对其接口匹配性兼容性设计结果进行验证确认。通过联调联试，控制中心成功接收到可见光设备通过多模通信单元发来的报警图片（图 7－12），可见光设备与多模通信单元各软硬件接口匹配性良好，协同工作能力良好。

图 7－12　控制中心接收到可见光设备发送的图像

8）多模通信单元与泥石流监测微波雷达接口联试

微波雷达作为一种先进的可远距离泥石流监测预警设备，从设计开始即与多模通信单元协同开发，两者间的功能融合更为深入。在基于接口协议及研发中的沟通协调之外，对两者进行了包括性能初调、远程联调以及外场联试等多次多形式多场景的联调联试。通过联调联试，验证了雷达供电、控制接口的正确性、多模通信单元对雷达数据包接收与解析的正确性、多模通信单元对雷达报警数据接收与解析的正确性、雷达心跳包和数据端口合二为一的设计正确性等。在联调中，通过监测人体定向移动产生距离差，触发微波雷达报警位移的阈值而产生报警，并把微波雷达上报的数据与其模拟器直接采的数据做一致性比对分析，确认结果一致性。通过联调联试，验证了：①多模通信单元可以正确接收并解析微波雷达发送的数据（图 7－13）；②多模通信单元可以通过其通信模块正确发送雷达数据至控制中心（图 7－14）；③多模通信单元收发雷达的告警数据，不存在丢包，无误差。

9）多模通信单元与数据中心接口联试

用户数据中心作为泥石流监测预警系统中接收与发送各种监测预警信息最重要的设备之一，多模通信单元与其协同工作的能力和接口匹配性兼容性至关重要。在多模通信单元与数据中心研制开发中，签署了《地质灾害监测通讯协议》，各自按照协议开展研制开发工作。在两者开发完成后，通过联测联试对两者之间的协同工作能力和接口匹配性兼容性进行了测试验证。联试主要包括多模通信单元与数据中心模拟器进行数据交互和升级测试，验证多模通信单元的通信稳定性和数据传输正确性；多模通信单元与数据中心系统进行设备注册、命令交互、载荷数据上报和设备功能升级四个方面的验证性测试。经过联试，所有测试项目均顺利通过，多模通信单元与数据中心在设备注册、命令交互、载荷数据上报和设备功能升级四个方面的功能均能顺利实现交互协调。

```
C:\Users\Administrator\Desktop\Sensor.exe
解析雷达数据   SN: 2501006   DATE: 19700101   TIME: 84432   V: 0.0 距离: 1000.0 预
警: 0 STATE: 0
解析雷达数据   SN: 2501006   DATE: 19700101   TIME: 84433   V: 0.0 距离: 1000.0 预
警: 0 STATE: 0
传感器已开启-------------------------------------------- 雷达及断线传感器   50001
TCP
设备连接总数: 1
传感器已开启-------------------------------------------- 雷达及断线传感器   50001
TCP
设备连接总数: 1
传感器已开启-------------------------------------------- 雷达及断线传感器   50001
TCP
设备连接总数: 1
传感器已开启-------------------------------------------- 雷达及断线传感器   50001
TCP
设备连接总数: 1
解析雷达数据   SN: 2501006   DATE: 19700101   TIME: 84511   V: 0.0 距离: 1000.0 预
警: 0 STATE: 0
解析雷达数据   SN: 2501006   DATE: 19700101   TIME: 84513   V: 0.0 距离: 1000.0 预
警: 0 STATE: 0
传感器已开启-------------------------------------------- 雷达及断线传感器   50001
TCP
设备连接总数: 1
传感器已开启-------------------------------------------- 雷达及断线传感器   50001
```

图 7-13　控制中心显示雷达报警数据

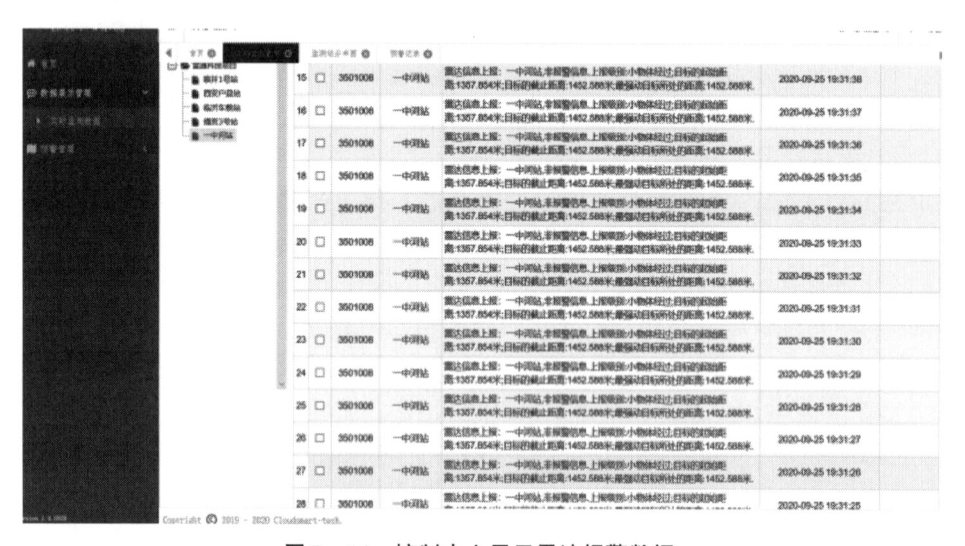

图 7-14　控制中心显示雷达报警数据

7.3.4　泥石流监测预警装备系统联试

为了尽可能提高泥石流监测设备的可靠性，提升现场设备一次性安装调试成功率甚至只安装免调试，避免因设备存在故障、设备调试操作不熟悉、设备不适应调试应用等造成建设工期的延误、成本的增长甚至耽误泥石流监测应用，在设备完成研发并完成单板测试、室内联试以及相关环境试验之后，对泥石流监测预警装备进行野外系统联试是相当有必要的。本章以在北京某森林公园开展的一次系统联试作为示例。

通过野外系统联试，一方面可以进一步考核泥石流监测预警装备各研发设备对外场测试条件及指标的符合性，验证设备的设计和技术状态对设计应用要求的符合性；另一方面，可以检验系统内设备间的兼容性、软硬件接口的匹配性，实现系统内设备功能性能全面检验；此外，还可以确认设备安装调试说明书编写的合理性、设备调试操作的便利性和可操作性，验证各类通信模块/通信天线的安装方案可行性，对卫星通信模块的寻星方法进行实践操作。

野外系统联试基于监测预警站实际安装需求、测试验证需求等开展，具体包括联试准备、联试方案、联试过程以及联试总结等。

1. 联试准备

野外系统联试在北京某森林公园进行，选择了背靠山坡，有树木，可以近似模拟山区地形进行外场测试。其时环境满足以下条件符合一般常规户外环境条件：环境温度20±5 ℃、相对湿度30%~70%、供电电源220 V×(1±10%)(50±1 Hz)、常压。

联试前主要开展以下方面的准备工作，以及必要的测试故障应对方案。

(1) 为保证人身和设备的安全，在各项测试开始之前，测试人员必须对测试现场进行技术安全检查。

(2) 所有被测设备的固定及确认。

(3) 测试设备校准完成。

(4) 被测设备与测试设备接口检查完成。

(5) 测试中断及处理：当出现以下情况时，应中断试验，采取必要设施保护人员和设备的安全。

①继续试验可能造成被测设备的损伤。

②测试过程中出现物理性破坏。

③测试中出现严重的电气扰动。

出现故障时，应立即冻结测试状态，及时记录测试系统的工作状态，如工作电流、电压和有关性能参数、发生中断时间等。尽快判断测试中断类型，如测试设备故障的中断、测试记录测试设备故障的中断、被测设备工作异常(失效)的中断等，根据判断结果判断测试是否继续进行。

2. 联试方案

外场联试设备包括多模通信单元A（全网通多模通信单元）、多模通信单元B、多模通信单元C（低功耗多模通信单元）以及4G天线、北斗短报文模块、卫通模块、LoRa天线等设备。联试主要开展了4G通信、北斗通信、卫通通信和LoRa通信四种通信模式的测试，测试项目与工况如表7-2所示。

表 7-2　外场联试项目与工况

序号	通信手段	项目与工况
1	4G	常规4G天线在野外环境下的通信性能，包括网络制式、信号强度、通信速率，增强4G天线在野外环境下的通信性能，并与常规天线进行对比 4G模式下系统信息流正确性
2	北斗	北斗模块在野外环境下的通信性能北斗通信模式下系统信息流正确性
3	卫通	卫通模块在野外环境下的通信性能卫通通信模式下系统信息流正确性
4	LoRa	LoRa到4G中继通信信息流正确性

1）测试步骤

外场联试步骤如表7-3所示。

表 7-3　外场测试步骤

序号	测试步骤	测试内容与要求
1	参试设备状态确认	联试开始前完成参试设备试装、参试设备健康性确认、蓄电池电量确认
2	测试地检选取	选择一处适合测试设备架设的地点，满足以下要求：有电线杆/树干；树林环境；山坡
3	测试系统搭建	设备安装于支架上；供电电压确认；设备加电确认（卫通模块须寻星）；设备断电后架装
4	直通模式测试	4G模式测试（信号强度、通信性能）；卫通模式测试（信号强度、通信性能）；北斗短报文模式测试（信号强度、通信性能）；测试数据分析比对
5	测试系统撤收	设备断电，断开供电电缆；设备拆回地面；设备状态恢复、打包和装车；设备及人员返回

2）测试方法

测试方法满足如下要求。

（1）测试方法要保证被测设备的安全，对于有可能对被测设备造成损伤的测试步骤应采取预防措施，纳入测试故障预案。

（2）测试方法要保证性能指标测试的准确性和测试数据的可信性，同一个项目的多次测试结果数据应具有一致性。

（3）测试方法要保证一定的测试效率，尽可能采用自动化测试方法，避免人力重复操作造成的进度延迟和测试状态不一致性。

3）测试结果判读准则

（1）判读人员根据设备的工作原理、大纲规定的测试项目以及相应测试标准编写试验依据及判读准则文件。文件应包含如下内容。

①被测系统配套状态。

②测试项目的物理意义。

③描述测试项目的测试原理。

④规定测试的输入条件，保证每次测试的一致性。

⑤产生的各种响应（包括遥测数据和测试设备监测数据）的判读准则。

（2）参试设备全部测试内容完成后，测试人员须在 2 天内完成测试数据的处理。判读人员须在之后的 1 天内完成数据判读。

（3）对于测试数据处理和判读过程中发现的异常现象，应及时与相应设计师和技术专家展开沟通与分析，确定是否需要进行故障排查试验。

（4）故障排查试验方法由判读人员提供排查方法，测试人员完成操作步骤的确定，均纳入补充测试申请单中。

4）外观与机械接口检查

外观与机械接口检查内容包括：高低频端口相关位置、型号、规格、编号正确；插座的安装符合技术要求，电连接器及固件无松动现象；多余物检查，设备内不能有多余物，用手摇动设备不应有非预期的响声；设备表面清洁；设备面板标识标记清楚、正确，无遮挡；表面喷涂均匀，无空白，无气泡；设备代号及刻字齐全。

全网通多模通信单元设备外观接口如图 7－15 所示，接口说明详见表 7－4。

图 7－15　全网通多模通信单元设备外观接口

表 7-4　全网通多模通信单元设备外观接口说明

编号	接口名称	说明
X1	12V 供电输出、北斗供电以及 RS232 通信	
X2	网口	POE 供电网口
X3	网口	POE 供电网口
X4	射频接口	4G 天线接口
X5	射频接口	LoRa 天线接口

低功耗多模通信单元设备外观接口如图 7-16 所示，接口说明详见表 7-5。外观与机械接口检查结果填表记录。

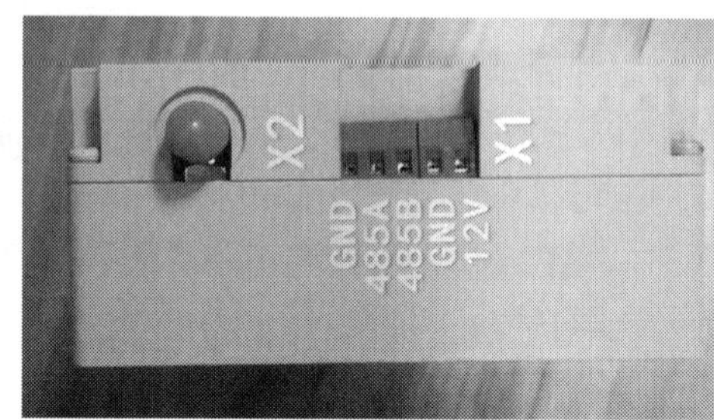

图 7-16　低功耗多模通信单元设备外观接口

表 7-5　低功耗多模通信单元设备外观接口说明

编号	接口名称	说明
X1	12V 供电输入、485 通信	12V 供电输入、485 通信
X2	射频接口	LoRa 天线接口

3. 联试过程

1）设备安装

根据多模通信单元使用说明所记述安装方案（可参考 7.4 节示范点设备安装），对全网通多模通信单元和低功耗多模通信单元、卫通模块和北斗短报文模块进行安装。

全网通多模通信单元通过 12 V 蓄电池供电，外接卫通模块和北斗模块，其连接示意图如图 7-17 所示。低功耗多模通信单元外接多模通信单元 B，其连接示意图如图 7-18 所示。全网通多模通信单元与低功耗多模通信单元通过 LoRa 进行通信。多模通信单元实物连接图如图 7-19 所示。

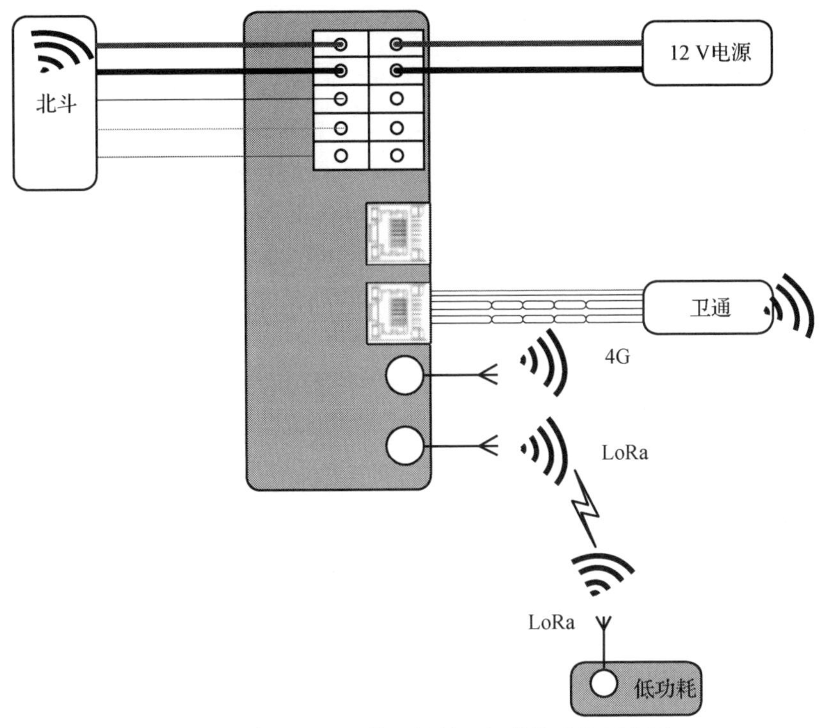

图 7－17　全网通多模通信单元与载荷连接示意图

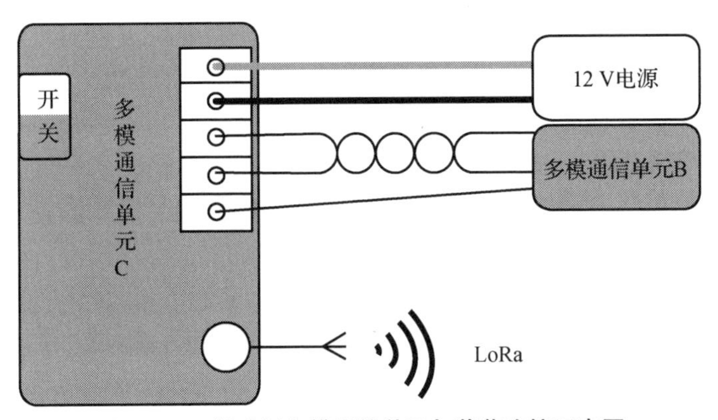

图 7－18　低功耗多模通信单元与载荷连接示意图

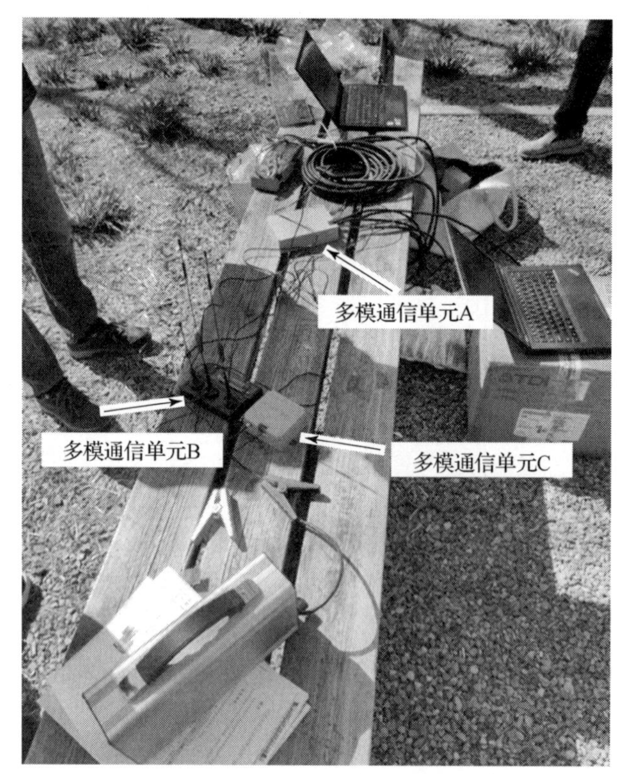

图 7-19　多模通信单元实物连接图

2）卫通寻星

根据多模通信单元使用说明，卫通模块的天线朝东南方向，然后通过自动搜星模式进行寻星，通过观察卫通背面的 LED 指示灯条就可以对卫通当前所处的模式进行判定，当卫通寻星结束后，LED 指示灯条熄灭。

在寻星结束后，为进一步验证寻星手册的合理性和正确性，通过旋转卫通天线，改变其朝向，确认信号强度，当卫通天线大幅偏离东南方向，信号变差，一直处于寻星状态；当把天线转回原先的位置，信号恢复正常。卫通寻星验证成功。

3）4G 通信测试

4G 通信是全网通版本设备的数据通信单元中数据传输的主要方式，几乎承载着所有数据的传输任务，对其进行测试以保证 4G 通信的稳定性。

测试方法、判断准则详见本书第 3 章。全网通多模通信单元上电后，通过登录控制中心，在首页可以看到已注册的设备状态，单击饼图中响应的状态区域，右侧可显示当前所属该状态所有的全网通多模通信单元列表清单，如图 7-20 所示。

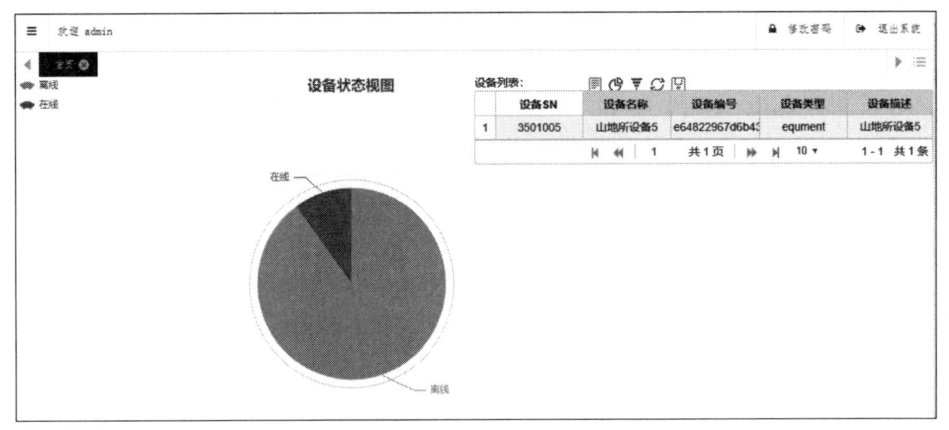

图 7－20　控制中心首页设备状态图

全网通多模通信单元与控制中心建立链接后，每 10 s 发送一个心跳包，当控制中心收到全网通多模通信单元的心跳包后，更新设备状态，显示设备在线，当连续 3 次（该值可以根据设备部署地区的网络情况进行设置，默认为 3 次）未收到心跳包时，把设备状态从“在线”变更为“离线”，并刷新设备状态图。

4）卫通通信测试

当拆除 4G 天线，4G 通信信号变弱，全网通多模通信单元驱动软件中的通信方式切换处理识别到 4G 信号弱就自动切换至卫通通信，控制中心获取全网通多模通信单元的心跳信息，控制中心显示的全网通多模通信单元当前通信方式为卫通。

5）北斗短报文通信测试

全网通多模通信单元的驱动程序的通信模式切换处理中，当 4G 通信无法通信时自动切换到卫通通信，当卫通通信无法通信时自动切换到北斗短报文通信；同时，由于北斗短报文通信独立，也可以与 4G 通信和卫通通信共存。在测试时，通过通信方式切换逻辑自动切换到北斗短报文时，北斗短报文接收端正常收到消息，控制中心显示的全网通多模通信单元当前通信方式为北斗。

6）中继通信测试

低功耗多模通信单元通过 LoRa 通信把从地调局 RTU 采集的数据发送给全网通多模通信单元，全网通多模通信单元通过当前通信模式，把数据上送给控制中心，在外场测试过程中，地调局 RTU 每隔 10 min 发送一次数据，控制中心展示数据符合预期。

在实际应用场景中，低功耗多模通信单元是地调局 RTU 给供电，所以关闭低功耗多模通信单元的省电模式，一直处于激活状态，时刻监听 485 串口是否有数据。

7）设备撤收

外场测试结束，先关闭电源，然后拆卸电缆，撤收卫通模块、北斗短报文模块等载荷设备和多模通信单元（包括全网通和低功耗），最后打扫现场后离场。

4. 联试总结

通过外场联试，充分掌握了多模通信单元的野外架设方式和方法；对于下述内容进行了验证，满足使用需求。

（1）卫通通信的寻星手册合理性。

（2）低功耗多模通信单元与第三方（地调局）RTU 的连接方式和数据获取。

（3）全网通多模通信单元与低功耗多模通信单元间的 LoRa 通信和中继模式。

（4）全网通多模通信单元的 4G 通信性能。

通过外场联试对全网通多模通信单元和低功耗多模通信单元在野外环境中的通信性能进行了充分的测试，测试结果表明其可以适应野外的工作环境，其通信性能和技术状态符合总体设计要求，可以进行野外架装用于实际生产使用。

7.3.5 多地区系统级综合性联测联试

由于泥石流安装示范点位于泥石流易发生的偏远山区，尤其本书所述典型应用场景位于西藏林芝地区，地处偏远，交通不便，现场解决问题存在一定的困难，且成本较高。为了保证多模通信单元在与这些设备组成的复杂监测系统在应用时能满足使用要求，避免在现场应用安装中遇到尚未验证的接口适配性/系统兼容性等问题，实现设备能尽快投入应用而节约人员在现场滞留时间，节约人力、物力成本，在设备研发中，实施了多项多地区系统级综合性能联测联试工作。综合性联试对泥石流监测预警装备所依托的各项具体技术在泥石流监测预警应用中的环境适应能力、通信实时性、有效性以及可靠性进行了全面的多地区系统级综合性验证。这些具体技术包括宇航测控移植技术、无人值守站健康数据管理与综合评估技术、监测站自主综合控制技术、系统自主健康管理工程实现技术、多网络/多模式融合通信技术、多链路数据传输技术、通信环境智能感知与通信模式自适应切换技术、对抗恶劣通信环境的智能组网中继通信技术等。综合性验证涉及野外环境应用、高原环境应用、多模通信单元之间、多模通信单元与可见光/雷达等载荷设备之间、多模通信单元与控制中心等。联测联试验证了多模通信单元相关设备及项目内其他设备相互之间接口兼容匹配，也对团队成员开展示范点安装提供了操作实践的锻炼机会。

目前多模通信单元在云南德钦、福贡、兰坪以及陕西户县四处泥石流/地质灾害监测点进行了应用性能验证。

德钦县位于云南省迪庆藏族自治州西北部，西南与维西傈僳族自治县、怒江州贡山独龙族怒族自治县接壤，西北与西藏自治区昌都市、林芝市接壤。德钦境内雪峰林立，梅里雪山主峰卡瓦格博，海拔 6 740 m，为云南省第一高峰。德钦县城升平镇坐落在梅里雪山谷地，三面环山，一面临澜沧江河谷。东面一中河自雪山流出，形成泥石流沟道，严重威胁县城安全。泥石流监测预警雷达安装于沟道下方约 1 km 处，如图 7 – 21（a）所示。雨季开始后，该处地表十分活跃，雷达频繁报警，显示沟道内频繁出现小型崩塌，直至 2020 年 11 月 19 日发生泥石流。泥石流发生前一周，雷达对该区域报警等级提至红色（最高级别），项目团队正在继续收集数据，进一步完善地表活跃度等影响力因子与泥石流发生的关联度模型。

福贡县隶属怒江傈僳族自治州，地处滇西北横断山脉中段碧罗雪山和高黎贡山之间的怒江峡谷。怒江穿县城上帕镇而过。福贡监测点位于上帕镇少数民族安置点东，隔怒江对福贡县 1 号泥石流沟进行监测，如图 7 – 21（b）所示。福贡县 1 号泥石流沟自碧罗雪山流入怒江，对该少数民族安置点造成重大威胁。该处雷达监测点于 2020 年 5 月 7 日安装完毕。由于该沟道经综合治理，较为稳定，地表活跃度低，自监测雷达安装起，未发生任何地表崩塌活动，也未曾发生泥石流灾害。

兰坪白族普米族自治县，隶属云南省怒江傈僳族自治州，地处横断山脉纵谷地带。兰坪气候属于低纬山地季风气候，因地形复杂、海拔高差大，形成典型的垂直分布的立体气候带。兰坪雷达监测点位于兰坪县啦井镇，距离县城 35 km。该雷达站于 2020 年 5 月 4 日安装完毕，位于啦井镇西部，监测啦井 1 号泥石流沟，如图 7 – 21（c）所示。由于该沟道经综合治理，较为稳定，地表活跃度低，自监测雷达安装至今，未发生任何地表崩塌活动，也未曾发生泥石流灾害。

户县地质灾害监测点于 2020 年 8 月 10 日安装完毕，位于西安市户县秦岭山区涝峪，如图 7 – 21（d）所示。该监测点主要对京昆高速涝峪段泥石流、落石等地质灾害进行监测。该地质灾害多发点紧邻京昆高速，为一废弃采石场，落石频繁，危及高速公路车辆及司乘人员安全。该监测点在雷达预警的基础上，加装了警示灯，在落石发生时对路面行驶车辆进行警示，提醒避让。目前该雷达站运行稳定，多次对落石进行预警，发出避让提醒。接下来项目组将把该雷达数据接入陕西省自然资源厅综合数据平台，在发出现场预警的同时，提醒管理部门及时对高速公路上落石进行清扫，防止二次事故的发生。

(a)　　(b)

(c)　　(d)

图 7－21　云南和陕西四处泥石流/地质灾害监测微波雷达安装图

(a) 德钦泥石流监测微波雷达站；(b) 福贡泥石流监测微波雷达站；
(c) 兰坪泥石流监测微波雷达站；(d) 户县地质灾害监测微波雷达站

7.3.6　泥石流监测预警装备研制与验证注意事项

设备的研制与验证不会是一帆风顺的，泥石流监测预警装备的研制与验证也同样如此，整理研制过程中的经验教训，有以下几个方面是较为通用可供参考的。

（1）操作手册完备性、正确性：操作手册对设备安装实施指导作用需要实实在在，要能够使未使用过、未曾参与设备研制的普通技术人员，根据手册即能一步步地完成设备安装与调试。比如对于接线图，对近似接口不同负载线缆进行颜色区分并提供标识说明；对于电源线采用“正极”和“负极”文字进行说明；提供各项操作成功的判断依据；提供设备调试完成的判断依据等。对于操作手册的完备性和正确性建议通过完整的外场测试进行检验复核，对不完备的地方进行补充，对不正确的地方进行更正，对不便于实现的地方进行完善。

（2）设备状态上报全面性：各种设备应尽可能均上报或被采集其状态信息，避免存在相关设备在未工作前无法知晓其状态，尤其是对于不常工作的设备。

（3）远程控制中心数据显示页面需要具备实施刷新功能，除了页面设计之外，心跳数据存储机制也对其有显著影响，当心跳数据量过大时，会导致数据库查询过慢而响应刷新时间。一般可以通过定期对数据进行移库或者删除不再使用的数据的方式来改善刷新性能。

7.4　泥石流监测预警装备监测站内实施

7.4.1　泥石流监测预警装备安装前准备

泥石流监测预警装备现场施工条件一般较差，工具、供电、操作空间等均存在一定的不确定性。在开展现场安装前，一方面需要将能提前完成的工作在到达现场之前完成；另一方面，要通过完善的操作手册、完备的测试验证来确保现场安装少发生甚至不发生安装问题，避免出现现场安装问题导致安装中断，无法或者需要等候数天甚至更长时间后才能再次开展。此外，在设备转运到现场前应对设备进行清点登记，避免出现遗漏导致施工进度的影响，特别需要注意的是，卫通模块等配备 SIM 卡等卡片的设备，在出发前还需要对卡片进行检查；需要使用特殊紧固件、特殊绑扎方式的设备也应该对其进行清点确认。

选址方案主要考虑四个方面，一是选择能够落实监测目标实现的场地；二是选择供电便利的场地；三是选择各通信方式通信信号尽可能好的场地；四是在前述条件满足的前提下，尽可能选择便于架装、装配调试的场地。

1）选择能够落实监测目标实现的场地

监测目标实现的场地与传感器的监测需求相关，最基本的是根据传感器的监测功能选择。比如雷达，可以远距离（可达 1.5 km 左右）监测目标，与监测目标之间需要无遮挡；再如视频传感器，如果只是用作记录监测图像，这时没有靶标的需求，则与上述雷达一致；如果视频传感器需要同时提供报警功能，则在系统组成中还需要有靶标，摄像头和靶标之间的距离一般要求较近，如 40 m，且中间无遮挡，此时靶标的安装位置选择也很重要。

2）选择供电便利的场地

野外无人区域监测一般利用太阳能供电等自供电体系，但对于雷达等可以远距离监测的设备，也存在距离村落市电较近的可能，此时，可以优先考虑利用市电供电。当没有市电可以利用的时候，传感器应布置在离太阳电池阵尽可能近的位置，此时的安装选址应考虑太阳能供电的需求，如光照时间、光照强度、太阳能板安装空间、蓄电池安装空间等。

3）选择各通信方式通信信号尽可能好的场地

在当前各种实用通信模式下，数据速率最高、成本最低的还是 4G 通信，因此优先考虑 4G 信号较好的场地安装设备。同时，考虑到通信可靠性，将北斗、卫通作为通信备用手段，因此还需要考虑北斗和卫通的信号强度，选址时，对北斗和卫通的信号强度进行测试并据此进行场地优选。当存在中继通信时，需要考虑中继通信距离与遮挡的关系。

4）选择便于架装、装配调试的场地

监测设备架装、装配调试均需要一定的空间，选择的实施场地，应尽可能具有或者可以通过改造具有能提供一定操作空间的场地。

在本书依托项目的实施中，最开始考察确定的示范点包括迫龙沟、天摩沟和古乡沟三处。在本书中应用实例研制设备安装实施过程中，古乡沟发生泥石流，不仅将后续装备安装实施的条件全部破坏，而且项目前期安装的监测设备也均被破坏。项目被迫重新考察选择了卡达村泥石流沟作为第三处监测示范点。本书所述多模通信单元、泥石流监测可见光设备、泥石流监测微波雷达最终安装示范地点即在迫龙沟、天摩沟和卡达村泥石流沟。

7.4.2 迫龙沟可见光监测站装备集成

1. 监测站点环境概要

迫龙沟示范点位于林芝地区巴宜区境内的迫龙沟。迫龙沟总体走向为西北－东南方向。地势上西北高、东南低，下游沟口在东南方向。沟内有流水，称为培隆贡支。培隆贡支沿迫龙沟在沟口外流入帕隆藏布江。帕隆藏布江在该处为近 180°急转弯，弯曲内侧有山，地图显示名为帕隆。迫龙沟出口有旧的迫龙沟大桥和新的迫龙沟特大桥。迫龙沟示范点系统拟安装位置距迫龙沟出口约 600 m 处。根据介绍，新的特大桥是根据泥石流可能的最高点设计，为国道 G318 上的大桥，贴着帕隆藏布江一侧通过（高度差估计 100 m 左右）。

在迫龙沟示范点，监测预警系统拟从安装位置往上游（西北方向）监测，距沟上游最近的拐点约600 m，拐点处可作为该示范点雷达可观测的最远点，再往上因拐点处山体阻挡，无法观测，而拐点后环境不明，无法接近，因此未考虑布置系统安装点，如图7－22所示。系统安装点处海拔约2 000 m，高度方向比迫龙沟特大桥稍低，该位置在沟内发生泥石流时会比较安全。

图7－22　从示范点系统拟安装位置往上游监测终点方向和下游两个视角照片

2. 监测站点通信信号说明

在迫龙沟特大桥（东北－西南走向，与沟垂直）西北侧两端各有一座移动通信基站，一个稍大，一个稍小。沟内局部电信4G显示4格，移动3格。在系统拟安装位置移动电信和联通4G信号均显示满格。卫通设备通信需要东南方向向上（仰角约45°）无遮挡。迫龙沟为西北－东南方向，东南方向为沟口，视野开阔。迫龙沟示范点系统拟安装位置东南方向有一地图显示名为“帕隆”的山头，位于东南方向过了迫龙沟大桥后帕隆藏布江拐弯处的弯曲内侧（远离迫龙沟方向），估计高度400 m左右，距大桥300 m左右，距系统拟安装位置大概900 m，两侧为有较大视野的峡谷（帕隆藏布绕过山头流走），根据现场观测，卫通视野没有问题。根据实地调试过程来看，该处存在信号受限的问题（按移动客服咨询信息为可能基站不支持部分频段），但实际使用看不影响多模通信单元的4G通信。

3. 监测站传感器选用及其选址

监测站主要围绕泥石流监测微波雷达和泥石流监测可见光设备两种传感器建立。

微波雷达可以选择挂在桥底，从可实现的测距离来看是满足微波雷达使用并远距离监测要求的，但桥本身就有晃动，在不采取需要动用市政手续的悬挂方式下，悬挂设备的稳定性估计难以满足雷达观测要求，因此不便于采用该方式。最终选用了上文所述的拟安装位置。该处地面平整，适宜施工，放置雷达没有问题，从该处往上游可见沟口有 600 m 左右，监测该处开始几百米的距离符合泥石流监测雷达的能力。从雷达安装位置到监测终点，中间部分两岸存在树木，在雷达的调试中，可以对局部位置进行屏蔽（屏蔽区域的运动不作为监测内容）处理。此外，从选定的系统拟安装位置看监测终点，稍微会存在些遮挡，需要安装时尽量使雷达靠近岸边。虽然后续该处根据统一规划，不再设置微波雷达监测，这里还是将其选址过程给出，以便于后续补充应用时的参考。

可见光设备中需要采用靶标，通过观测靶标的运动变化来判断泥石流是否发生。可见光设备的摄像头安装位置可与雷达采用同一位置，靶标选用 2 ~ 3 个，并计划置于水中岩石上架高处理，且靶标距离摄像头 30 ~ 40 m 远。通过现场踏勘排除了将一期监测设备安装点、水中多处石头上布点、对岸布点等处作为可见光监测系统安装点，主要考虑内容包括摄像头与靶标的视角、距离、施工的可行性。

迫龙沟示范点最终根据所有示范点统一规划，建立可见光监测站，通信采用 4G 和卫通两种模式。

4. 监测站设备系统框架

在迫龙沟可见光监测站，可见光设备球机摄像头捕捉到靶标的偏移量，然后通过工控机进行处理，判断靶标发生是否发生足够大的偏移（泥石流发生判断标准），当偏移足够大时，把偏移图像发送给全网通多模通信单元的数据接收模块，然后通过全网通多模通信单元的通信网络，把报警数据发给送控制中心，其系统框架图如图 7 – 23 所示。

在可见光监测站，全网通多模通信单元与可见光设备分别独立供电。可见光设备与全网通多模通信单元之间通过网线进行连接，双方之间只进行数据传输，传输对象包括可见光设备发送的心跳数据、故障数据和图片、报警数据和图片。

5. 设备立柱安装

可见光监测站设备立柱用于承载球机摄像头、可见光工控机、机箱、交换机、多模通信单元、卫通设备等。首先需要安装立柱（图 7 – 24），安装步骤如下：①将设备立杆安装于事先浇筑好的水泥基座上；②通过在安装螺栓处增减垫片对立杆进行找平，使用水平尺对找平状态进行检查；③紧固安装螺母；④立杆安装正常，水平状态良好，紧固状态良好。

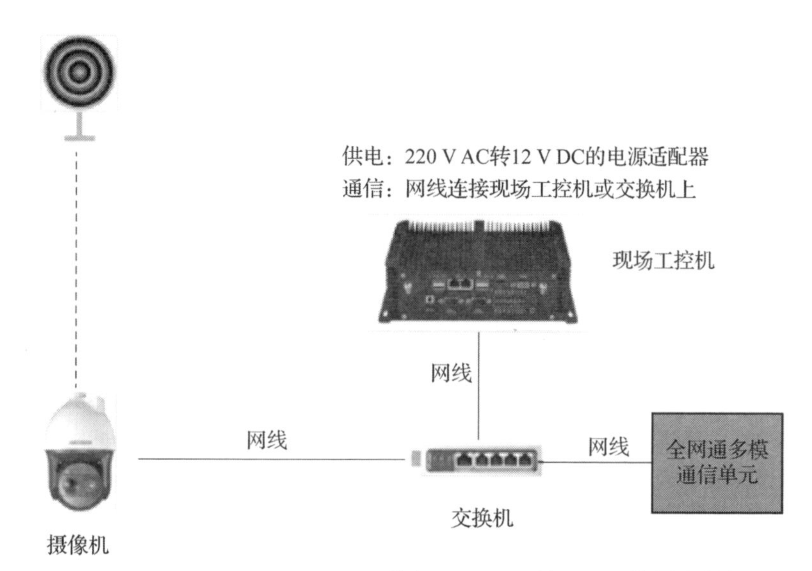

图 7 – 23　可见光设备框架图

6. 监测站卫通模块安装及调试

卫通模块的安装方案遵循操作手册，但由于可见光设备配有球机摄像头，所以需要避开球机对卫通天线的遮挡，如图 7 – 24 所示。

图 7 – 24　卫通模块安装图

登录卫通管理页面，查看卫通注册是否成功以及信号强度（图7－25），微调天线角度后进行固定。

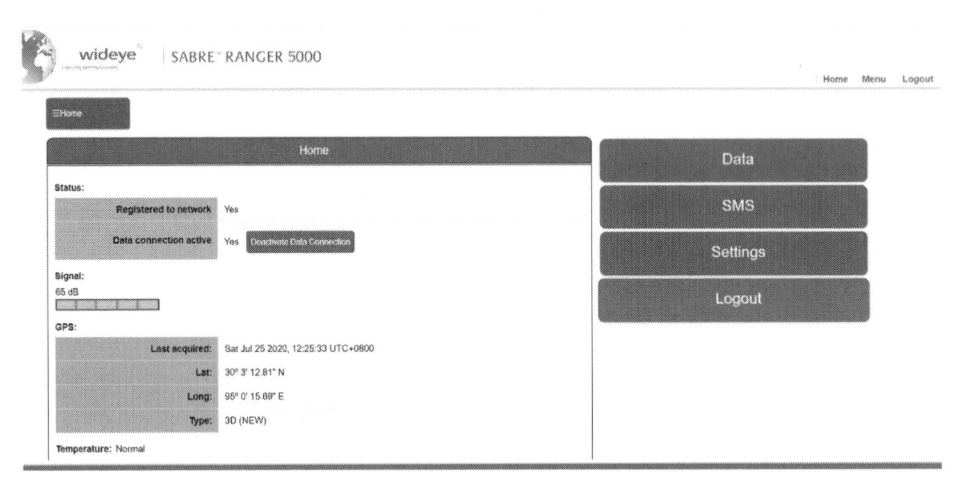

图7－25　培龙沟卫通注册成功图

7. 监测站多模通信单元安装与调试

根据多模通信单元使用说明所记述安装方案，对全网通多模通信单元多模通信单元、卫通模块、可见光设备进行安装调试。

由于可见光设备上报信息是图片格式，而北斗短报文无法支持图片传输，所以在培龙沟舍弃了北斗短报文的通信方式，采用4G通信为主、卫通通信为辅的通信模式。

可见光设备的多模通信单元安装于可见光主机箱中，其操作流程如下。

（1）使用3M泡沫胶将多模通信单元安装固定于设备安装箱内。

（2）将供电电缆安装于多模通信单元X1接口。

（3）将卫通模块电缆安装于多模通信单元X2接口。

（4）将可见光设备电缆安装于多模通信单元X3接口。

（5）将4G天线电缆安装于多模通信单元X4接口。

（6）整理并绑扎设备安装箱内各类电缆。

安装完后，测试了3M泡沫胶的黏合度，确认可以承受全网通多模通信单元的重量，如图7－26所示。

使用万用表测量蓄电池箱内供电输出电压正确后，全网通多模通信单元上电，待多模通信单元完成初始化与网络注册，通过控制中心软件，对多模通信单元注册状态进行确认，如图7－27所示。

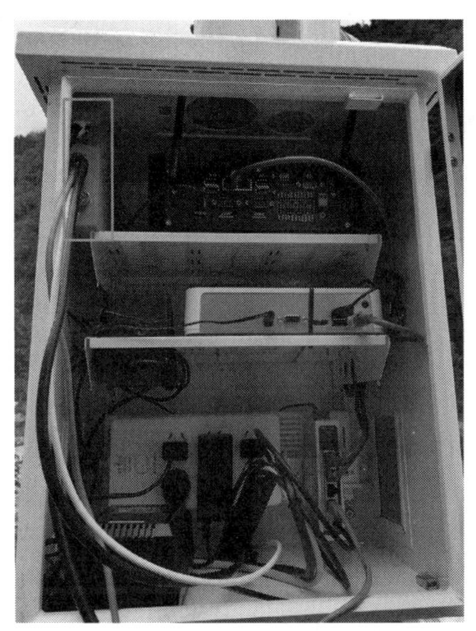

图 7－26　可见光机箱内部图

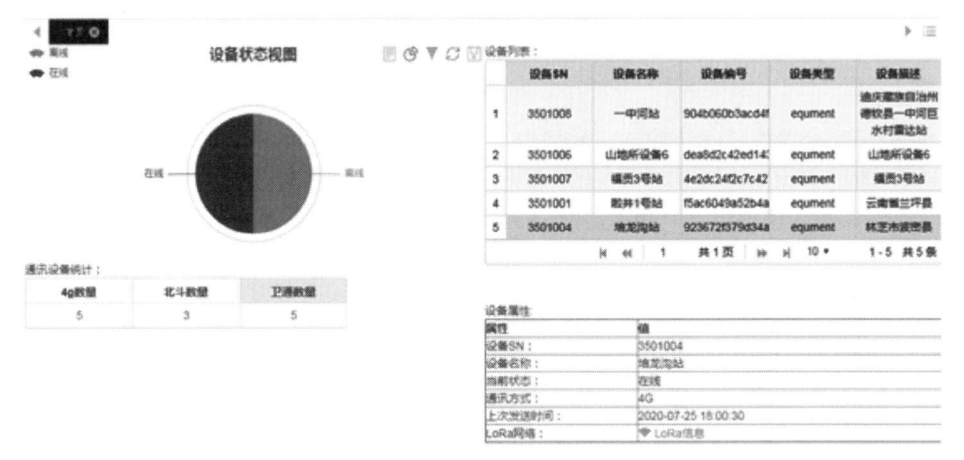

图 7－27　多模通信单元上线状态确认图

8. 可见光设备调试

可见光设备的工作原理是通过监视预先设置好的靶标的位移偏差，从而确认泥石流的发生以及计算流速等，按照系统联调接口约定，当靶标的偏移量达到报警阈值时，可见光设备把报警图片传送给全网通多模通信单元，进而传送给控制中心。经测试，控制中心可以收到可见光设备的报警图片，如图 7－28 所示。同时，为了能让控制中心知晓当前可见光设备是否工作正常，可见光设备通过多模通信单元上传了心跳包，如图 7－29 所示。

图 7－28　可见光设备的报警图片数据

设备SN3501004 可见光 上报类别: 设备状态上报 设备状态:设备故障 上报时间:2020-07-26 17:52:31	2020-07-26 17:53:00
设备SN3501004 可见光 上报类别: 设备状态上报 设备状态:设备心跳 上报时间:2020-07-26 17:52:22	2020-07-26 17:52:51
设备SN3501004 可见光 上报类别: 设备状态上报 设备状态:设备故障 上报时间:2020-07-26 17:52:15	2020-07-26 17:52:45

图 7－29　可见光设备心跳包数据

7.4.3　天摩沟微波雷达监测站装备集成

1. 监测站点环境概要

天摩沟示范点位于林芝地区波密县境内的天摩沟。天摩沟又称尖姆普曲，为西南－东北走向，其中上游为西南方向，沟口在东北方向。沟内流水流入帕隆藏布江。在帕隆藏布江另一侧岸上为 318 国道，国道再往东北侧有一瞭望塔。该瞭望塔对于可远程监测的设备来说是个很好的安装平台。

尖姆普曲为雅鲁藏布江支流帕隆藏布江左岸的一级支沟，是一条大型冰川泥石流沟，2007 年曾暴发特大规模的泥石流，堵断帕隆藏布江，导致对岸的川藏公路断道，并造成人员伤亡。目前几乎每年都会暴发中小规模的泥石流。

2. 监测站设备选用及其选址

在天摩沟瞭望塔上，4G 信号强度显示 4 格到满格。瞭望塔东南方向为帕龙藏布江形成的峡谷，视野较好，目测卫通通信受周围山体影响较小。天摩沟沟内条件较复杂，暂不考虑进入沟内布置设备，与靶标配合使用的视频监测系统在该处使用不方便，因此该处考虑建设微波雷达监测站和雨量计站，配套使用 4G 天线、北斗短报文模块、卫通模块和 LoRa 天线。微波雷达监测站和雨量计站之间距离约 1 km，雨量计站的 LoRa 天线可将其监测预警数据直接传输至雷达监测站的多模通信单元 A，多模通信单元 A 再通过 4G、卫通或北斗短报文将其信息传输到控制中心。

从瞭望塔平台看天摩沟，可以看到有几个拐弯位置。其中沟口的拐弯处比瞭望塔低，不会影响观测沟内。从沟口往上游的第二个拐弯和第三个拐弯之间的区域是较为理想的观测区域，如图 7－30 所示。第三个拐弯处距瞭望塔距离约 1.5 km。这个距离对于雷达来说也比较合适。沟口的树林经过屏蔽处理后不影响对沟内的观测。由于瞭望塔提供的平台处已无设备安装空间，需要在塔顶观测平台处浇筑基础，考虑两点，一是塔架不能太沉，以免影响该处塔顶的安全；二是雷达安装高度需要超过护栏，避免金属护栏的影响。

图 7－30　从瞭望塔看向天摩沟视角照片及瞭望塔

3. 监测站设备系统框架

在天摩沟微波雷达监测站，微波雷达实时监视天摩沟内的水流等信息，然后通过其内部处理模块进行分析处理，判断是否产生速度足够大的水流或者其他移动目标，当目标速度足够大时，产生报警，并将报警信号发送给全网通多模通信单元的数据接收模块，然后通过全网通多模通信单元的通信网络，把报警数据发给送控制中心。

在天摩沟，微波雷达监测站的全网通多模通信单元使用到了 LoRa 天线，该天线用于接收雨量计站的监测信息，并将其转发到控制中心。具体流程为雨量计站传感器发送设备心跳或报警数据至低功耗多模通信单元，后者将其通过雨量计站的 LoRa 天线转发到微波雷达监测站的 LoRa 天线，并进而传送到全网通多模通信单元，全网通多模通信单元将接收到的数据转发到控制中心。

在微波雷达监测站，微波雷达与全网通多模通信单元之间通过 POE 网络连接，全网通多模通信单元向微波雷达提供 12 V 直流电源，并且接收微波雷达通过 UDP 发送的事件或报警数据。

4. 设备立柱安装

设备立柱用于承载所有的设备，首先需要安装立柱（图 7－31），安装步骤如下。

图 7－31　设备立柱安装图

（1）将设备立杆安装于事先浇筑好的水泥基座上。

（2）通过在安装螺栓处增减垫片对立杆进行找平，使用水平尺对找平状态进行检查。

（3）紧固安装螺母。确认立杆安装正常，水平状态良好，紧固状态良好。

5. 卫通模块安装与调试

首先进行支架抱箍的安装，然后进行卫通模块的支架安装，再把卫通模块与抱箍进行固定，如图 7－32 所示。

图 7－32　卫通模块安装图

卫通模块安装完毕后，进行卫通信号的搜索确认，使用笔记本电脑连接卫通模块，并给卫通模块上电，等待 2 min，卫通模块完成初始化及网络注册（图 7－33），笔记本电脑登录卫通管理页面，确认网络注册状态及信号强度，对卫通模块指向进行微调，使信号强度最大，确定最佳指向后将卫通模块支架螺栓完全紧固。

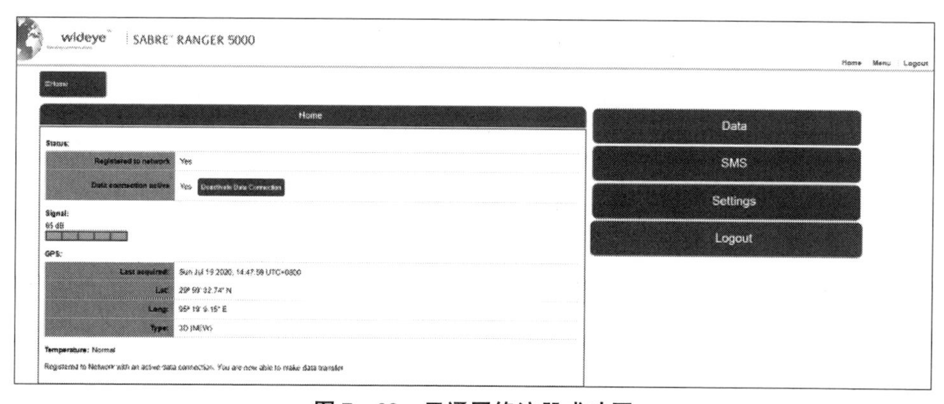

图 7－33　卫通网络注册成功图

6. 微波雷达安装及调试

微波雷达安装与立柱顶部（图 7－34），其安装步骤如下。

图 7－34　微波雷达安装图

(1) 使用转接法兰将微波雷达固定于设备立杆顶部。

(2) 安装雷达防雨罩（由于安装时下雨，所以此步骤为防止雷达被雨淋而增加）。

(3) 连接雷达供电电缆及数据电缆。

微波雷达调试步骤如下。

(1) 根据观测区域位置调整微波雷达俯仰角及方位角。

(2) 使用光学瞄准镜对微波雷达观测区域进行确认和微调。

(3) 打开微波雷达后盖，连接调试工具。

(4) 根据目标区域的反射特性设置雷达脉冲压缩个数。

(5) 根据目标区域的距离设置雷达探测范围。

(6) 根据目标区域纵深设置雷达探测距离门。

(7) 由于微波雷达目前不支持远程调试，所以必须在现场使用调试笔记本连接微波雷达进行调试，如图 7－35 所示。

7. 多模通信单元安装

用于微波雷达通信与控制的多模通信的单元，安装于专门机箱中。

首先进行穿舱电缆安装，将微波雷达与多模通信单元连接的穿舱电缆安装至设备安装箱内，对电缆连通性进行测试，并预留合适的长度。需要穿舱的电缆包括多模通信单元供电电缆、北斗短报文模块电缆、微波雷达电缆、卫通模块电缆、4G 天线电缆、LoRa 天线电缆。

图 7－35　微波雷达调试

其次，进行机箱内部多模通信单元的安装，其流程如下：①使用螺钉将多模通信单元安装固定于设备安装箱内；②将供电电缆及北斗短报文电缆安装于多模通信单元 X1 接口；③将卫通模块电缆安装于多模通信单元 X2 接口；④将微波雷达电缆安装于多模通信单元 X3 接口；⑤将 4G 天线电缆安装于多模通信单元 X4 接口；⑥将 LoRa 天线电缆安装于多模通信单元 X5 接口；整理并绑扎设备安装箱内各类电缆，并对接线端子进行点胶处理，如图 7－36 所示。

再次，固定机箱外固定翼翅，安装两侧 4G 增强天线和北斗短报文模块，如图 7－37 所示。

最后，对多模通信单元进行调试：①连接供电电缆至监测站供电设备，确认输入电压；②登录控制中心，确认全网通多模通信单元上线；③全网通多模通信单元自检，已确认各种通信模式工作正常；④确认全网通多模通信单元收到微波雷达的报警信息，并上传到控制中心。

8. 调试完成后设备状态恢复

多模通信单元机箱、微波雷达和卫通模块安装完成后（图 7－38），调试全部完毕，状态确认正常后，断开调试工具，合上后盖。切断外部供电后再次上电，确认多模通信单元上线、微波雷达上线、北斗短报文和卫通通信等工作正常，如图 7－39 所示。

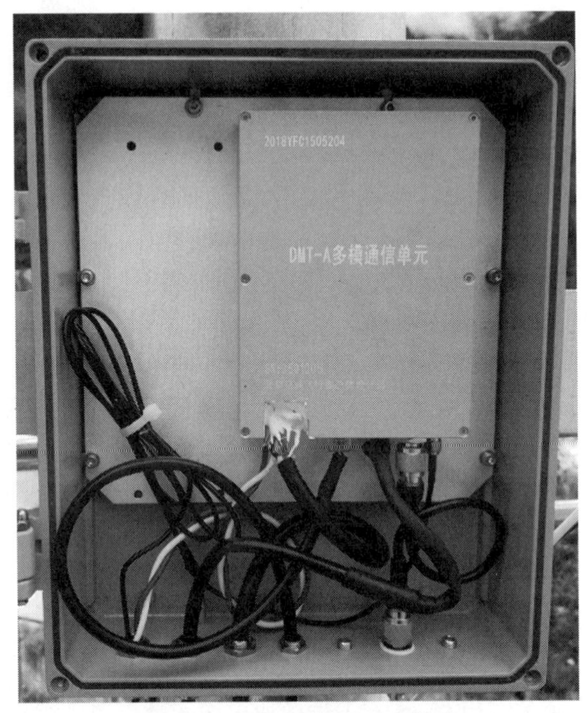

图 7-36　多模通信单元安装图

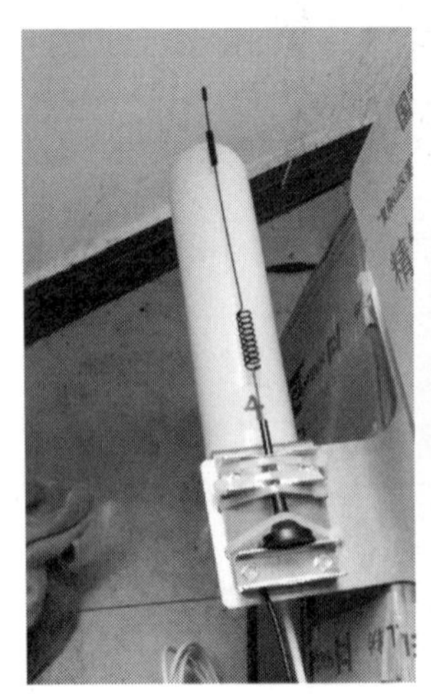

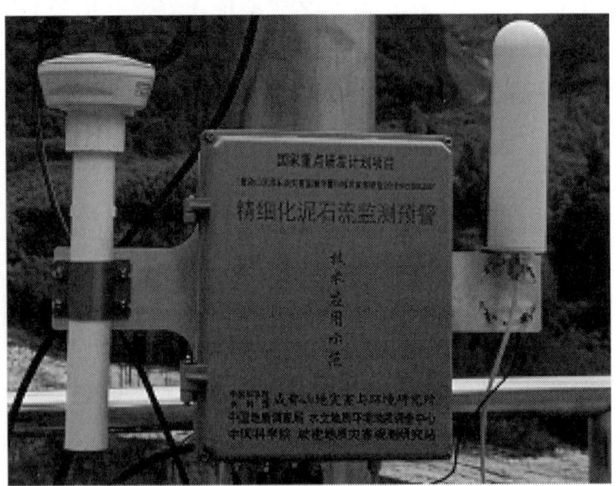

图 7-37　机箱上架安装图

图 7－38　设备整体外观图

2		3501005	天摩沟站	雷达上线
3		3501005	天摩沟站	设备设置时间成功!
4		3501005	天摩沟站	软件版 本:1.0_20200708180211_Ali,ext_power_volt:0.0,temp:0.0,4g
5		3501005	天摩沟站	位置信息 经度:E95°19'9.20" 纬度:N29°59'32.00"

图 7－39　天摩沟多模通信单元状态确认图

9. 天摩沟雨量监测站装备集成

天摩沟监测站包括一个雨量监测站，在该监测站使用了一台低功耗多模通信单元。低功耗多模通信单元支持电池供电和外部供电两种模式。在天摩沟雨量计站，雨量计站 RTU 具备供电功能，由其向低功耗多模通信单元供电。在实际操作需要测量外部供电电压是否符合要求，经过测量，符合要求，如图 7－40 所示。

1）数据采集接口连接

低功耗多模通信单元通过雨量计站 RTU 的 485 串口取数据，低功耗接口实时监视串口，一有数据，马上以透明转发的方式将数据发送给全网通多模通信单元，其接口连接方式如图 7－41 所示。

2）低功耗自动入网

按照低功耗通信协议机制，当低功耗多模通信单元在全网通多模通信单元发射的 LoRa 信号区域内时，会自动注册，进入全网通的 LoRa 拓扑网络中，一旦自动入网成功，在控制中心中有日志记录（图 7－42）和可视化显示（图 7－43）。

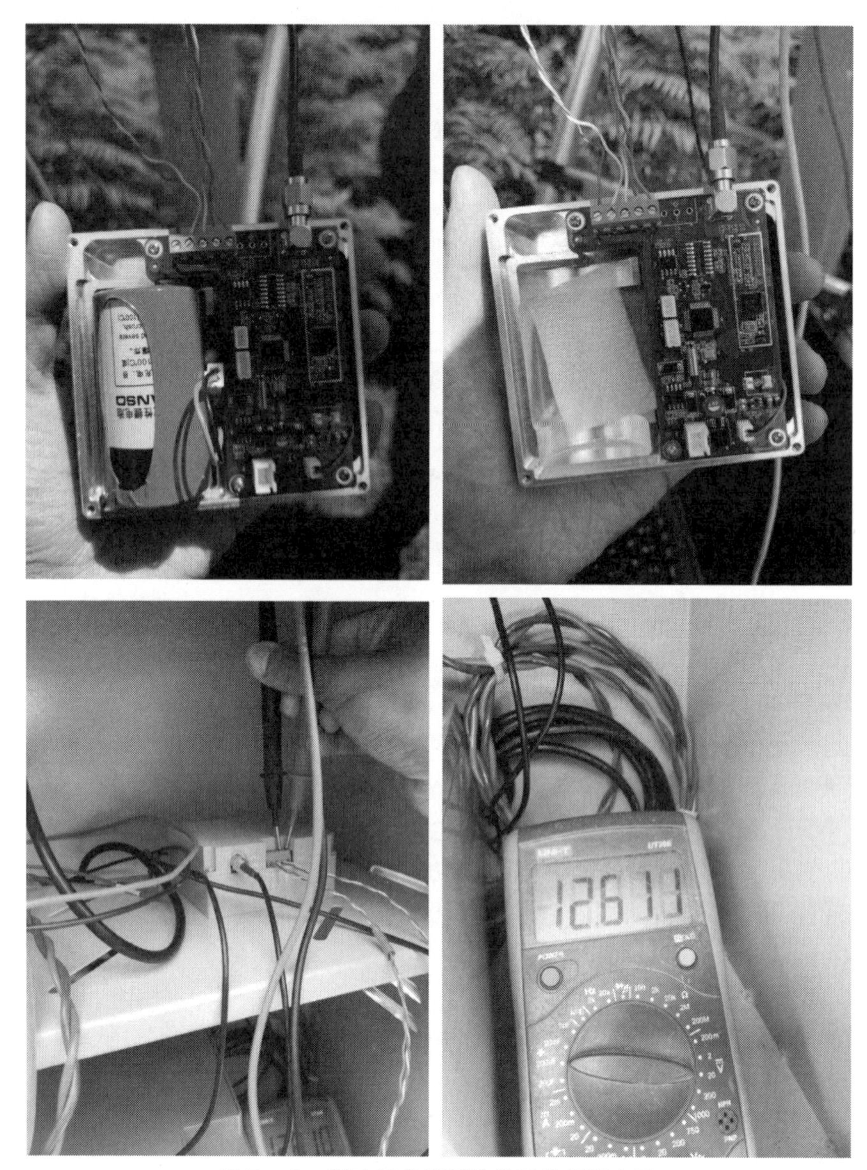

图 7-40　低功耗多模通信单元外部供电图

图 7－41　485 接口连接方式

☐	设备SN	设备名称	消息内容	收到时间	操作
☐	3501005	天摩沟站	RTU状态上报 低功耗设备Sn:4501029 版本信息:10 供电类型:外部供电 电量信息:89%	2020-07-27 15:30:39	
☐	3501005	天摩沟站	注册低功耗设备Sn.4501029	2020-07-27 15:29:49	

图 7－42　低功耗多模通信单元自动入网日志

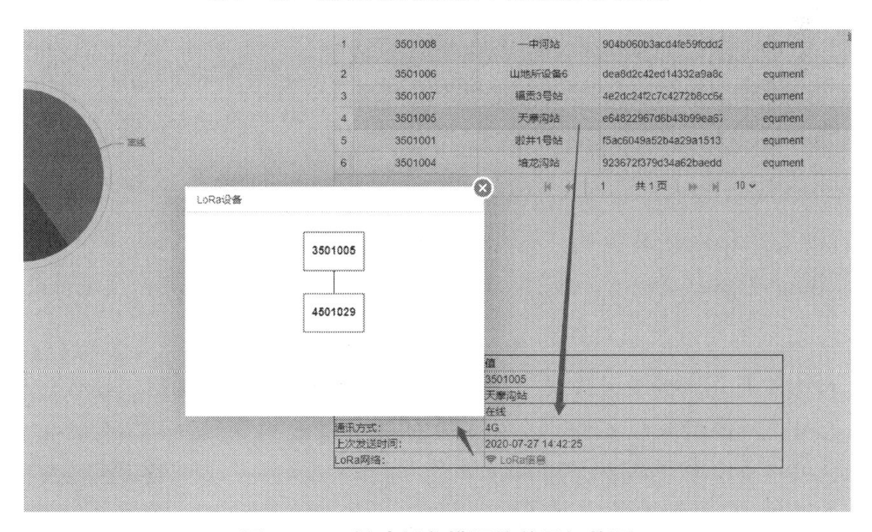

图 7－43　低功耗多模通信单元拓扑图

3）数据上报

低功耗一旦注册成功后，会定时发送心跳数据给全网通，以证明目前处于在线状态，如图 7－44 所示；同时，低功耗从地调局 RTU 获取雨量计数据之后，通过 LoRa 自组网中继给全网通，然后通过 4G/卫通网络发给控制中心，如图 7－45 所示。

设备SN	设备名称	主题	消息内容	收到时间
3501005	天摩沟站	$yzsx/1584666887079	{"cmd":"lorastatus","devicesn":4501029,"version":"10","powertype":0,"power":90}	2020-07-27 16:40:00
3501005	天摩沟站	$yzsx/1584666887079	{"cmd":"lorastatus","devicesn":4501029,"version":"10","powertype":0,"power":90}	2020-07-27 16:38:58
3501005	天摩沟站	$yzsx/1584666887079	{"cmd":"lorastatus","devicesn":4501029,"version":"10","powertype":0,"power":89}	2020-07-27 16:36:16
3501005	天摩沟站	$yzsx/1584666887079	{"cmd":"lorastatus","devicesn":4501029,"version":"10","powertype":0,"power":89}	2020-07-27 16:35:13
3501005	天摩沟站	$yzsx/1584666887079	{"cmd":"lorastatus","devicesn":4501029,"version":"10","powertype":0,"power":90}	2020-07-27 16:34:10
3501005	天摩沟站	$yzsx/1584666887079	{"cmd":"lorastatus","devicesn":4501029,"version":"10","powertype":0,"power":88}	2020-07-27 16:33:07

图 7－44　低功耗多模通信单元心跳数据

	□	设备SN	设备名称	主题	消息内容	收到时间
1	□	3501005	天摩沟站	$yzsx/1584666887079	{"cmd":"lorastatus","devicesn":4501029,"version":"10","powertype":0,"power":88}	2020-07-27 17:07:51
2	□	3501005	天摩沟站	$dp/1584666887079	□□□{"datapoints":[{"name":219,"points":[{"data":"□*□□9001211070000258320200727170651011612345640123456000A31273662314C0000000000□*□□9001211070000258320200727170651011612345640123456000A31273662314C0000000000000000"}]}]}	2020-07-27 17:06:56
3	□	3501005	天摩沟站	$yzsx/1584666887079	[illegible]	2020-07-27 17:06:[illegible]
4	□	3501005	天摩沟站	$yzsx/1584666887079	{"cmd":"lorastatus","devicesn":4501029,"version":"10","powertype":0,"power":88}	2020-07-27 17:05:17
5	□	3501005	天摩沟站	$yzsx/1584666887079	{"cmd":"loralogin","devicesn":4501029}	2020-07-27 17:05:08
6	□	3501005	天摩沟站	$yzsx/1584666887079	{"cmd":"loralogout","devicesn":4501029}	2020-07-27 17:05:03
7	□	3501005	天摩沟站	$yzsx/1584666887079	{"cmd":"lorastatus","devicesn":4501029,"version":"10","powertype":0,"power":89}	2020-07-27 17:02:03
8	□	3501005	天摩沟站	$yzsx/1584666887079	{"cmd":"lorastatus","devicesn":4501029,"version":"10","powertype":0,"power":88}	2020-07-27 17:01:00
9	□	3501005	天摩沟站	$yzsx/1584666887079	{"cmd":"lorastatus","devicesn":4501029,"version":"10","powertype":0,"power":89}	2020-07-27 16:59:57
10	□	3501005	天摩沟站	$yzsx/1584666887079	{"cmd":"lorastatus","devicesn":4501029,"version":"10","powertype":0,"power":88}	2020-07-27 16:57:51
11	□	3501005	天摩沟站	$dp/1584666887079	□□□{"datapoints":[{"name":219,"points":[{"data":"□*□□9001211070000258220200727165651011612345640123456000A311F3614314D0000000000□*□□9001211070000258220200727165651011612345640123456000A311F3614314D0000000000000000"}]}]}	2020-07-27 16:56:56
12	□	3501005	天摩沟站	$yzsx/1584666887079	{"cmd":"lorastatus","devicesn":4501029,"version":"10","powertype":0,"power":89}	2020-07-27 16:56:13
13	□	3501005	天摩沟站	$yzsx/1584666887079	{"cmd":"lorastatus","devicesn":4501029,"version":"10","powertype":0,"power":89}	2020-07-27 16:55:10
14	□	3501005	天摩沟站	$yzsx/1584666887079	{"cmd":"lorastatus","devicesn":4501029,"version":"10","powertype":0,"power":88}	2020-07-27 16:54:07

图 7－45　低功耗多模通信单元上报雨量数据

7.4.4　卡达村监测站装备集成

1. 监测站点环境概要

卡达村泥石流沟位于波密县城西偏北约 4 km 处。根据现场踏勘，沟内安装条件较差，经过沿沟寻找，综合考虑光照、通信以及监测设备需求、施工条件等，确定一处沟沿位置作为示范点设备安装点。该位置 4G 信号一般，传输信号有所延迟，如图 7－46 所示，可以进行视频通话，可以传输普通信号及可见光的图片数据。卫通信号因为东南方向不甚开阔，有树木遮挡，搜星较为困难，经过沿沟沿不断寻星测试，确定该处沟沿靠近下游一端卫通信号可以满足应用。

2. 监测站传感器选用及其选址

卡达村泥石流沟同时建设微波雷达监测站和可见光监测站。站点位于沟沿，可见光监测设备依然监测沟内流水，在沟中流水外侧设置两处靶标，可见光监测设备安装于沟沿，对其位移进行监测。通信方式同迫龙沟可见光监测站，选用 4G 和卫通两种方式。

图 7 –46　卡达村泥石流沟示范点移动 4G 信号测试

微波雷达设备监测距离较远，该处选择向上游方向观测。由于该沟内条件限制，微波雷达监测目标位置距离雷达拟安装位置约 300 m，如图 7 –47 所示，满足微波雷达监测距离要求，虽然对于发挥泥石流的远距离监测优势尚不够理想，但也已达到远距离的一般距离要求。通信方式参考天摩沟微波雷达监测站，选用 4G、卫通和北斗短报文三种方式。

考虑到供电、通信、现场安装空间等条件，该监测站将微波雷达和可见光临近布置，太阳能供电设施布置于其另一侧。

图 7－47　卡达村泥石流沟监测设备安装点附近照片

3. 监测站设备安装与调试

卡达村监测站设备安装与调试参考迫龙沟可见光监测站和天摩沟微波雷达监测站。区别在于，该处可见光监测站将卫通模块安装于可见光机箱和球头摄像机之间，可以使卫通模块信号更好，更容易连接到卫星。图 7－48 和图 7－49 所示分别为卡达村泥石流监测点调试过程中照片和卡达村可见光调试过程中故障模拟测试上传照片。经过安装调试，卡达村泥石流监测站的微波雷达和可见光雷达均可以正常实现监测预警功能。

图 7 - 48　卡达村泥石流监测点调试过程中照片

图 7 - 49　卡达村可见光调试过程中故障模拟测试上传照片

7.5 本章小结

本章针对基于前述各章所研究关键技术而研发的监测预警载荷、信息传输系统和控制系统等的装备集成相关技术与关注要素进行了分析论述，并提供了西藏林芝迫龙沟可见光监测站、天摩沟综合站以及卡达村泥石流监测综合站三处实施案例，重点给出了本书所研究各项技术的载体设备的安装与调试说明。

参考文献

[1] 刘玉芳，张云飞．泥石流灾害防治监测技术方法探讨［J］．北京测绘，2017（4）：50－53．

[2] 胡雨豪，袁路，马东涛，等．泥石流次声警报研究进展［J］．地球科学进展，2018，33（6）：606－613．

[3] 张金山，崔鹏．泥石流预警及其实施方法［J］．水利学报，2012，43（2）：174－180．

[4] 曹波，闵霁，杨永平，等．新型泥石流预警监测系统设计［J］．华北水利水电学院学报，2013，34（4）：83－85．

第 8 章
地质灾害监测预警新技术发展

8.1 引言

我国是世界上地质灾害最为严重的国家之一，除泥石流外，还有占地质灾害总量 70% 以上的滑坡灾害。滑坡灾害复杂多变、分布广、发生时间短，提前预警的难度比较大。随着相关技术的不断发展，我国在不断加强各种地质灾害的综合监测预警能力。但是，由于地面监测预警手段技术规模小、积累数据有限，难以实现全覆盖的灾害监测预警能力；而遥感卫星在分辨率、时效性、灾害现场环境感知能力等方面还无法满足地质灾害监测预警的需求，无法在灾害发生前给出预警。有必要进一步开展地质灾害监测预警技术的研究与发展，形成对于国内、“一带一路”区域及全球重点区域的泥石流、滑坡、溃坝、地陷等地形变化和地质灾害的全天候、全天时监测预警能力。

本章对地质灾害预警技术的后续发展需求进行了分析，在此基础上，借鉴国外的相关技术发展思路，介绍了一些地质灾害预警新技术发展方向，以及天、空、地一体化多要素监测预警体系，为我国后续的预警技术及体系发展提供参考。

8.2 地质灾害预警技术的后续发展需求分析

我国地质灾害隐患点多面广，且重大地质灾害一般具有高位、隐蔽性、远程运动、灾害链效应等特点。近年来，面对地质灾害监测预警的迫切需求，国家加大了对防灾减灾技术研究和基础设施建设的投入，通过国家重点研发计划等渠道开展了山洪、滑坡、泥石流等多类地质灾害的产生机理、发展规律以及地面监测预警装备技术的研究与探索；通过环境减灾卫星星座、高分辨率对地观测系列卫星等空间遥感卫星基础设施建设，已经形成了对国土区域进行生态环境普查、监测与评估的基本能力。

但是，当前我国的卫星系统、地面定点监测预警系统在建设中仍然存在一些不足，主要包括以下几方面。

1. 地灾演变发生机理掌握不够全面

以往的地灾机理认识往往立足于单一灾种，缺乏揭示多灾种复合和链生机理的系统研究与认识。需要从大陆板块构造、地质演变到地灾风险点，发掘多时空尺度的灾害发育规律，完善地灾发生全链条因素的机理研究。

2. 现有地灾监测预警手段不系统、不完善、效果差

当前国内地灾监测预警没有从天地一体化系统上综合考虑，存在系统割裂。遥感卫星主要用于大区域灾害分析和灾后评估，不具备灾害发生前的实时监测、提前预警能力；地面预警受到监测设备能力限制和监测现场地质条件、气象条件的约束，监测范围、设备设置等难以到位准确。

3. 现有监测预警系统响应速度慢

现有地面监测预警设备在地灾发生时，往往伴随通信、电力的中断，造成系统无法及时响应、及时预警；现有遥感卫星没有组成专有系统，且受到任务规划、重返周期等因素影响，造成响应速度慢。

4. 现有星、地监测预警系统无直接联网，无法实现信息实时互通

当前卫星及地面预警系统缺少灾害现场环境实时感知及互联互通能力，无法为地质灾害的参数监测和数据采集提供全区域、全天时、高可靠的天基数据通信服务，无法具备卫星与地面直接联合、实时检测预警功能。

5. 没有建立开放式、多用户参与、智能组网的用户管理系统

地灾的突发性及不确定性，需要开放式兼容性多用户管理系统，融合多方装备与信息，及时做出综合性判断。

随着我国近几年航天技术的快速发展，建立包括卫星监测预警系统在内的灾害预警与防范控制体系成为可能。因此，针对当前面临的需求和问题，有必要开展体系化、开发式、全链路的地质灾害监测预警系统技术研究，逐步探索形成基于空间遥感信息与现场原位探测数据融合，满足灾害预警评估条件的一体化方案，进一步提升我国地质灾害监测预警与防范的能力。

8.3　地质灾害预警技术发展

重大灾害风险防范日渐成为世界各国必须共同面对的重大问题，国际组织和发达国家高度重视并不断加强重大灾害风险防控和应急处置科技创新能力建设。中国在地质灾害监测预警技术的发展中可以对适合我国国情的先进技术方法进行参考借鉴。

欧、美、日等基于高时空与高光谱分辨率的天基观测系统，多种航空对地观测系统以及集成密集、超密集流动台阵和光纤地表位移监测等先进技术的地表数据获取系统，建成了“天-空-地”一体化和通-导-遥融合的灾害全过程立体信息感知和实施监测网络。目前使用多平台、网络化的干涉合成孔径雷达（Interferometric Synthetic Aperture Radar，InSAR）和激光雷达（Light Laser Detection And Ranging，LiDAR）技术的地面形变监测相当精度达到毫米级，光学遥感成像分辨率达到分米级别，大幅度提高了重大灾害风险监测、感知识别、预测模拟与风险评估的时空精度。同时，在“天-空-地”灾害信息传输网络和多源异构信息同化标准及共享标准建设的基础上，建成了灾害信息高速公路，实现了数据信息共享，为重大自然灾害和复合链生灾害预报预警、风险防控、灾情速报及应急救援提供有力的科技保障。

结合国内的技术发展现状和地质灾害预警的实际需求，当前已提出了以下一些需要发展的新技术。

（1）毫米波轻便探测雷达装备。

（2）无线无源多参量自组网传感监测系统。

（3）多平台高精度 InSAR（干涉雷达）。

（4）光学遥感、SAR/InSAR/LiDAR 三维成像载荷。

（5）轻小型无人机载激光雷达系统。

（6）灾变过程动态监测机载激光雷达。

（7）机载水域地貌测绘激光雷达系统。

（8）基于深度学习和人工智能的预警系统与装备。

（9）智能化地质灾害预测预警终端。

（10）多源异构信息清洗、增强与融合技术。

（11）多源观测数据集成与时空结构场景重建技术。

（12）数据采集、同化、融合与分析为一体的灾害智能监测预警系统网络。

（13）通导遥融合、高中低轨卫星协同的卫星感知网络体系。

（14）天-空-地一体化的地质灾害动态感知与检测技术体系。

以下对当前几个关注度较高的新技术方向进行介绍。

8.3.1 基于光纤光栅传感器的泥石流地声监测技术

传统的泥石流监测装置在泥石流预警系统中发挥着重要作用，但多为接触式的传感仪器，存在准确度低、易在泥石流发生时被摧毁而不能进行多次监测等缺陷。而光纤具有线径细、质轻、传送损失极小、频带宽、不受电磁干扰、铺设较具经济性、耐高温、抗腐蚀等优点，且集传输与传感于一体。

近年来，光纤传感监测技术已成为监测技术的创新主流。

其中，在泥石流监测中常用的地声传感器，感测到的模拟信号在长距离传输下衰减较大（衰减系数一般在0.11～0.46 m^{-1}范围内），且容易有杂信号，只有当泥石流抵达传统地声传感器附近时，才能监测到明显的地声信号，这在应用中就带来了灵敏度低、动态范围小，供电困难等问题。为此，可以采用光纤光栅传感技术的优点来弥补地声衰减特性的不足，进行取长补短，从而进一步提高泥石流地声监测技术。

光纤传感器主要利用光信号感测外界物理量的变化。现已研发出多种光纤传感器，如位移计、温度计、加速度计等。光信号在光缆中传输时具有衰减低（约为0.2 dB/km）及不受外界电磁干扰的特性，适用于信号长距离传输及微弱信号的监测。

近30年来，光纤布拉格光栅逐渐发展成熟，且已经在某些实际物理量的监测上得到了成功应用，但现有方案的工程可应用性还有待研究提高，需要充分考虑野外工程铺设和传感器布置的恶劣环境，探索结构简单、灵敏度高、实时性好的新型光纤布拉格光栅传感方案。

8.3.2　基于星载InSAR的天基广域灾害预警技术

高分辨率光学卫星遥感影像具有覆盖范围广、多光谱、多时相、多数据源、低成本等特点，对地质灾害特征要素完整、变形迹象明显的地质灾害隐患具有较好的识别能力。但是，光学遥感解译容易造成误判，同时受天气影响较大，在云雾天气不能获取有效影像。

InSAR技术具有全天候、全天时、覆盖范围广、空间分辨率高、非接触、综合成本低等优点，适宜于开展大范围地质灾害普查与长期持续观测。特别是InSAR具有的大范围连续跟踪微小形变的特性，使其对正在变形区具有独特的识别能力。当前，InSAR技术已进入应用化阶段，正处于蓬勃发展中，合成孔径雷达差分干涉测量技术（differential InSAR，DInSAR）可有效用于小范围滑坡形变监测，世界各国学者陆续开展了DInSAR在滑坡监测中的应用研究，取得了一些成功案例。但在实际应用中，特别是地形起伏较大的山区，星载InSAR的应用效果往往受到几何畸变、时空去相干和大气扰动等因素的制约，具有一定的局限性。此外，应用DInSAR只能监测两时相间发生的相对形变，无法获取研究区域地表形变在时间维上的演化情况。针对这些问题，国内外学者在DInSAR的基础上，发展提出了多种时间序列InSAR技术，包括永久散射体干涉测量、小基线集干涉测量等。这些方法通过对重复轨道观测获取的多时相雷达数据，集中提取具有稳定散射特性的高相干点目标上的时序相位信号进行分析，反演研究区域地表形变平均速率和时间序列形变信息，能够取得厘米级甚至毫米级的形变测量精度。图 8－1 展示了对某区域 3 年的 InSAR 影像进行处理后得到的形变速率图，精度达到了毫米级。

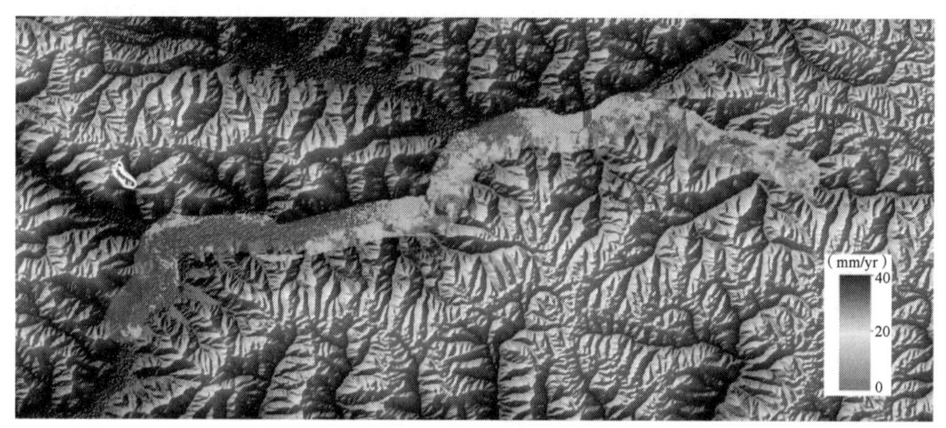

图 8－1　某区域形变速率图

欧洲（尤其是意大利）已经实现了基于 InSAR 的全国范围地质灾害隐患普查。近年来，中国将 InSAR 用于地质灾害的长期监测与隐患早期识别方面也取得了长足进步。利用 InSAR 不仅可以识别滑坡隐患，还可以较为精确地圈定滑坡边界，定量分析评价滑坡各部位形变的量级和动态演化状况，为滑坡稳定性评判提供了重要手段。尤其是 2017 年以来，国内外多位学者通过对 2017 年茂县新磨村滑坡、2018 年西藏米林冰崩和白格滑坡等进行分析研究，结果表明，时序 InSAR 技术能够有效捕捉滑坡发生前的地表形变，尤其是大面积缓慢蠕滑变形以及滑坡失稳前的加速变形信号，为提前识别和发现处于正在缓慢蠕滑变形的滑坡隐患提供了非常有效的手段。

但是，目前 InSAR 技术也有一定的局限性，主要表现在以下几方面。

（1）只能用于识别目前正在发生缓慢变形的地质灾害隐患，对于变形迹象不明显、形态不完整的地质灾害并不具备识别能力。

（2）升降轨的拍摄方向也受到很大的限制，有些斜坡方向很难被 InSAR 拍摄到。

（3）InSAR 技术得到的有效干涉点有限，不能覆盖地质灾害体范围的全部，可以考虑对重点区域采取人为增加永久性干涉点的措施。

（4）由于 InSAR 主要利用相干性原理监测地表形变，复杂地形、植被等都会影响相干性，甚至造成失相干现象，多数据融合将成为 InSAR 技术的发展趋势，能够解决 InSAR 数据干涉去相干与几何畸变问题。

（5）目前的 InSAR 解译并不是非常成熟和流程化，其解译结果的好坏在一定程度上取决于解译人员的经验和专业水平。

从国内外 InSAR 的发展进展来看，目前 InSAR 技术已经基本成熟，但还没有像地面手段如 GPS（全球定位系统）、全站仪、水准测量等那样应用广泛，一些应用局限还需要通过进一步的技术研究予以解决。但随着星载 SAR 卫星系统多样化、多波段、多极化的发展和其他行业的驱动，加上研究人员不断创新和深入研究，将必然发展为一项常规的空间对地观测技术，对地质灾害的调查、监测及预警产生巨大的影响。

8.3.3　基于无人机的 LiDAR 技术

机载 LiDAR 集成了位置测量系统、姿态测量系统、三维激光扫描仪（点云获取）、数码相机（影像获取）等设备，不仅能够提供高分辨率、高精度的地形地貌影像，同时通过多次回波技术穿透地面植被，利用滤波算法有效去除地表植被，获取真实地面的高程数据信息，为高位、隐蔽性的地质灾害隐患识别提供了重要手段，这一特殊功能是其他遥感技术不能比拟的。2017 年 8 月，九寨沟地震使九寨沟景区惨遭重创，产生了数千处地质灾害，景区被迫关闭。为了查明九寨沟地震区的地质灾害隐患，利用直升机同时搭载三维激光扫描仪和高分辨率光学镜头进行机载 LiDAR 识别地质灾害隐患的试验研究，由于九寨沟景区植被茂盛，通过摄影测量获取的光学影像可清楚地识别出九寨沟地震产生的同震地质灾害，但对植被下的灾害隐患却一无所知。如图 8－2 所示，利用 LiDAR 数据去除植被后，获取的数字地表模型（Dital Surface Model，DSM）可清楚地看到植被覆盖下的崩塌松散堆积体、古老滑坡堆积体、泥石流堆积扇以及较大的震裂山体裂缝，这些都是最容易发生地质灾害的潜在隐患。

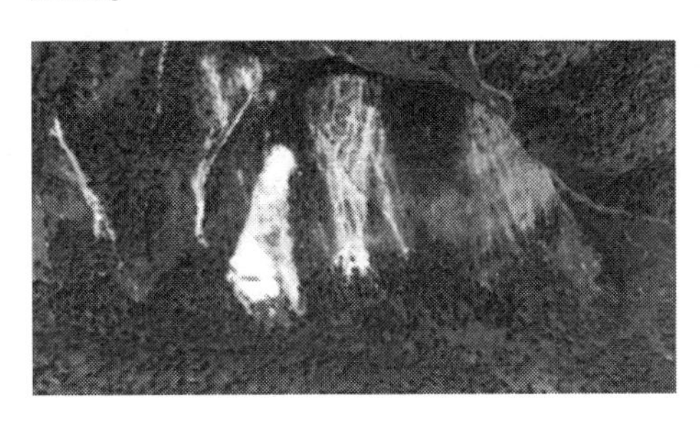

（a）

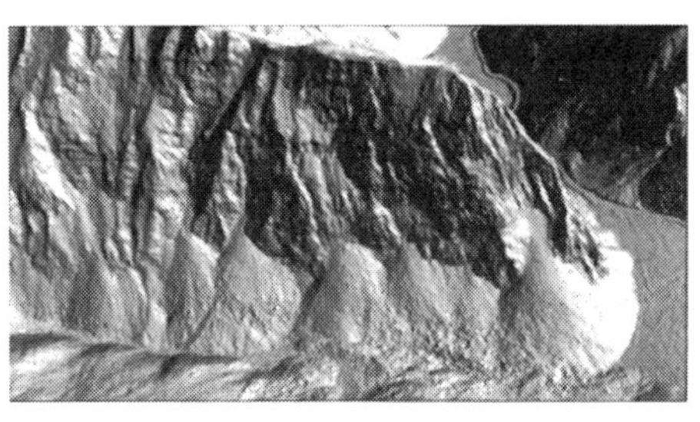

（b）

图 8－2　九寨沟景区机载 LiDAR 解译结果

（a）九寨沟景区光学影像；（b）九寨沟景区去除植被后的 DSM 模型

随着无人机技术的突飞猛进，利用无人机可进行高精度（厘米级）的垂直航空摄影测量和倾斜摄影测量，并快速生成测区数字地形图、数字正射影像图、数字地表模型、数字地面模型。利用三维 DSM 不仅可以清楚直观地查看斜坡的历史和现今变形破坏迹象（如地表裂缝、拉陷槽、错台、滑坡壁等），以此发现和识别地质灾害隐患，还可进行地表垂直位移、体积变化、变化前后剖面的计算。例如，在2017年6月24日茂县新磨村滑坡的应急处置过程中，由于滑坡源区地处高位，现场人员对山体中上部情况基本一无所知。2017年6月25日，通过无人机获取滑坡源区的DSM模型后，发现滑坡右侧存在一个巨大的变形体口，用DSM模型量测出其体积达4.55×10^8 m^3，与主滑体4.5×10^8 m^3相当，在其后缘存在一个宽度达40 m的拉陷槽，对坡脚数百名应急抢险人员的安全构成严重威胁，为此进行了紧急避让撤离。由此可见，利用无人机航拍进行地质灾害隐患识别具有方便快捷、直观形象等特点，必将成为地质灾害隐患识别的重要手段。

目前搭载LiDAR的飞行平台受到较多限制，且实施费用昂贵，无人机摄影测量也面临同样的问题。我国应尽快开展相关方面的专业飞行平台研发和示范应用，增强LiDAR适应复杂环境的能力，降低成本，同时积累相关方面的经验，努力提高扫描和解译精度，提升基于LiDAR的地质灾害隐患识别能力。

8.3.4 基于卫星物联网的地面监测数据传输技术

由于地面的地质灾害监测预警点多位于偏远地区、复杂山区、高海拔地区等人员不易到达的地形地貌复杂区域，有许多地方公网信号覆盖不稳定，甚至根本没有公网信号覆盖。如何可靠稳定地将地质灾害监测数据发送到控制中心，成为制约地质灾害监测预警能力的一个关键瓶颈。

当前技术主要通过公网通信与北斗、海事卫星通信相结合的方式解决监测预警点可靠通信的问题。但是这种方案存在卫星信号覆盖不稳定、通信模块功耗较高、资费昂贵、北斗短报文通信能力较弱等问题，限制了地质灾害监测预警点的选择以及监测预警系统效能的充分发挥。因此，地质灾害监测预警通信技术还有很强烈的改进需求以及很大的提升空间。

物联网应用渗透到人类活动的各个领域，但在一些大范围、跨地域、恶劣环境等数据采集的领域，地面布设基站及连接基站的通信网受到诸多限制，如在用户稀少或人员难以到达的边远地区建立基站的成本将会很高，在发生自然灾害时地面网络容易被损坏。因此，地面物联网在一些应用场景中表现出了服务能力严重不足的问题。

如果将物联网基站搬到“天上”，即建立卫星物联网，使之成为地面物联网的补充和延伸，则能够有效克服地面物联网的前述不足，并具有下列优势：覆盖地域广，可实现全球覆盖，传感器的布设几乎不受空间限制；几乎不受天气、地理条件影响，可全天时、全天候工作；系统抗毁性强，在自然灾害、突发事件等紧急情况下依旧能够正常工作。

在卫星轨道的选择上，相比采用对地静止轨道（GEO）卫星，采用低轨道（LEO）卫星实现物联网，将降低传播时延，提高消息的时效性；减小传输损耗，有助于终端的小型化；通过多颗低轨卫星构成星座实现全球无缝覆盖（含两极），提高物联网的覆盖范围；实现见天通，解决特定地形（如GEO卫星视线受限的城市、峡谷、山区、丛林等区域）内通信效果不佳问题；缓解GEO卫星轨道位置和频率协调难度大的问题。

基于低轨移动通信技术，衍生出许多不同的通信方案，其中具有低成本和功耗特性的技术主要有低轨数据采集系统（DCS）技术和低轨窄带物联网技术。目前国内已有很多低轨卫星搭载了DCS系统的有效载荷，但其地面段的主要运营方和用户是国家海洋局，想要将现有DCS系统用于地质灾害监测还有一些管理问题需要解决，随着窄带物联网需求的不断增加，DCS的应用领域也必将进一步拓宽，运营模式也必然随之日趋完善。对于低轨卫星物联网系统，国内多家公司已经提出了建设规划，但目前还没有正式投入使用。

8.3.5　基于多源空间数据的地质灾害监测预警技术

光学遥感、InSAR、LiDAR、无人机摄影测量等现代遥感技术都有独自的优势和能力，但也都有各自的条件限制和缺点，所以不能靠单一的技术手段来解决灾害隐患识别问题。例如，在斜坡变形初期，通过InSAR可能会发现其变形迹象，但变形裂缝并不一定会明显显露，此时就需要通过地面观测（如基于全球导航卫星系统GNSS的位移监测）、地基合成孔径雷达系统（Ground Based SAR，GBSAR）等）才能确认其是否真的存在变形。

新一代空间信息获取、物联网、视频监控等技术的迅猛发展将为地质灾害的内、外部监测提供全方位的多源空间数据，其中三维激光扫描、InSAR、高分影像、无人机、GNSS等技术可以快速准确地采集大范围空间位置信息；物联网、智能传感器可以对灾害体内部结构和位移微观变化进行实时监测，并快速传输变化信息；视频监控和快速识别技术可以对地灾外部形态进行实时跟踪，对其外部变化趋势及移动规律进行快速识别，从而为提前预判和应急救灾提供重要的信息。通过技术集成和整合海量监测数据，构建多源空间数据库，融合灾变模型，建设开发监测预警系统，为灾害机理分析、灾前预警预报、灾变过程模拟、灾中影响分析、灾后评估与规划等防灾减灾提供强大的数据支撑和决策依据成为可能。因此，研究基于现代高新技术和多源空间数据的地质灾害监测与预警预报系统，越来越受到政府部门和减灾防灾研究机构的重视。

通过多源数据一体化技术，综合光学遥感、InSAR、LiDAR、无人机航测以及各种地面和坡体内部观测数据，可以全方位获取地质灾害区域和灾点本体、内外部变化等时空演变信息，最大限度获取连续的灾害体和环境因子的变化数据，并融合专业模型，建立动态监测模型，获得地灾动态评估结果，应用于地灾的预警预报。

由于多源数据来源广泛，基于多个 GIS 数据库平台，为信息系统开发建设的需要，必须对这些分散、异构及不同格式的“信息孤岛”进行整合，实现信息资源的一体化、标准化管理。随着数据库技术的发展，基于商用数据库实现空间与相关联属性数据的一体化存储与管理已成为可能，空间数据与属性数据的集成管理和不同种类基础数据库数据集成管理模式已是必然趋势，这将有助于跨部门、跨行业、跨平台之间的数据交换、共享和协同处理。运用云计算和大数据挖掘算法对地质灾害进行全方位实时动态监测监控，对灾害发展趋势进行动态模拟、预警预测及辅助决策的综合信息系统建设成为未来地质灾害监测和预警预报的发展方向。

8.4 面向地质灾害的天、空、地一体化多要素立体监测预警体系

2018 年 11 月，自然资源部部长陆昊在地灾防治的相关会议上强调，下一步要综合运用合成孔径雷达测量、高分辨率卫星遥感、无人机遥感、机载激光雷达测量等多种新技术手段，进一步提高全国地质灾害调查评价精度。天、空、地一体化多要素立体监测预警技术方向有希望成为未来的发展方向，需要在传统的监测预警技术基础上，进一步结合天和空的监测预警技术。

近年来，运用物联网、无线传感器网络、移动通信、三维 GIS（地理信息系统）、高分遥感、无人机、北斗卫星系统及多者相结合应用于地质灾害监测预警逐渐成为主流，但每种监测预警方法获取的数据均有一定的局限性和时效性。当前，我国天、空、地各灾害监测预警手段相互割裂，缺少天基事前预警能力，偏远地区通信手段有限，这些不足都限制了灾害监测预警系统的最大效能发挥，需要通过相关技术手段研究和工程应用，统筹利用天、空、地的监测预警设备和数据资源。

为此，随着技术的快速发展和进步，以全域、全谱段、全场景、全天候、立体、多维、多层次、多尺度灾害信息动态监测与信息获取为目标，建设与补全我国自然灾害体系化监测能力，成为灾害风险监测发展趋势。需要基于航天、航空、地基移动、地面固定、海基等立体观测平台，自主研发具有高精度测量能力的多种传感器，推动全谱段观测载荷的集成、研制与优化，实现常态化监测能力与应急监测能力互为补充的天、空、地一体化的运行性精细监测体系，为灾害预警及减灾救灾防灾提供高质量、高精度、高动态的监

测技术平台和能力体系。同时，为了实现地质灾害的全区域、全天候、全天时的实时监测预警能力，需要建设覆盖国内、“一带一路”乃至全球范围的地质灾害监测预警卫星星座系统。

天、空、地一体化多要素立体监测预警体系可以通过构建基于星载平台（高分辨率光学 + InSAR）、航空平台（LiDAR + 无人机摄影测量）、地面平台（地表和内部观测）的多源立体观测体系，进行重大地质灾害隐患的早期识别。可以将监测预警分成普查、详查和核查三个层次：首先，借助高分辨率的光学影像和 InSAR 识别历史上曾经发生过明显变形破坏和正在变形的区域，实现对重大地质灾害隐患区域性、扫面性的普查；随后，借助机载 LiDAR 和无人机航拍，对地质灾害高风险区、隐患集中分布区或重大地质灾害隐患点的地形地貌、地表变形破坏迹象乃至岩体结构等进行详细调查，实现对重大地质灾害隐患的详查；最后，通过地面调查复核以及地表和斜坡内部的观测，甄别并确认或排除普查和详查结果，实现对重大地质灾害隐患的核查。

当前，国内已经在四川、贵州等省对天、空、地一体化地质灾害监测预警体系进行了示范应用，取得了良好的成效，基于天空地一体化的普查、详查和核查体系日渐成熟。后续，还需要进一步推进 InSAR 和 LiDAR 的技术发展和推广应用，结合综合信息系统的建设，逐步实现天空地一体化地质灾害监测预警体系的建设、应用和不断完善。

8.5　本章小结

当前我国的卫星系统、地面定点监测预警系统在建设中仍然存在一些不足，没有从天地一体化系统上综合考虑，存在系统割裂。遥感卫星主要用于大区域灾害分析和灾后评估，不具备灾害发生前的实时监测、提前预警能力；地面预警受到监测设备能力限制和监测现场地质条件、气象条件的约束，监测范围、设备设置等难以到位准确。

为此，需要在进一步发展监测预警传感器等设备技术的同时，发展面向地质灾害的天、空、地一体化多要素立体监测预警体系，发展和利用基于星载 SAR 的 InSAR 技术、基于无人机的 LiDAR 技术、基于卫星物联网的地面监测数据传输技术、基于多源空间数据的地质灾害监测预警技术等，通过相关技术手段研究和工程应用，统筹利用天、空、地的监测预警设备和数据资源，提高我国地质灾害预警的准确性、可靠性和及时性。

参 考 文 献

[1] 自然灾害防治技术装备 2030 路线图研究报告 [R]. 成都：中国科学院成都山地灾害与环境研究所，2020.

[2] 王京. 长时序星载 InSAR 技术滑坡地质灾害监测研究 [D]. 北京：北京交通大学，2018.

[3] 陈银. 融入 PSInSAR 的 318 国道拉萨段滑坡敏感性评价 [D]. 成都：西南交通大学，2015.

[4] 许强，董秀军，李为乐. 基于天-空-地一体化的重大地质灾害隐患早期识别与监测预警 [J]. 武汉大学学报，2019，44 (7)：957-966.

[5] 邵海. 天-空-地-内一体化技术在高寒艰险地区地质灾害调查中的应用与思考 [J]. 科技创新与应用，2020 (8)：178-179.

[6] 赵俊三，柯尊杰，陈国平，等. 基于多源空间数据的地质灾害监测预警系统研究——以云南省德钦县为例 [J]. 地理信息世界，2017，24 (3)：35-41.

[7] 何朝阳，巨能攀，范强，等. 多源异构地质灾害监测数据集成技术研究 [J]. 人民长江，2014，45 (13)：94-98.

[8] 赵安文，刘奕含. 地质灾害监测预警设备现状及未来技术发展方向 [J]. 山西科技，2020，35 (2)：97-98.

[9] 吴攀高. 基于地声检知器和光纤光栅监测系统的泥石流地声特性研究 [D]. 南宁：广西大学，2016.